中国当代文艺学话语建构丛书（第二辑）

吴子林 主编

人物、史案与思潮

比较视野中的20世纪中国美学

·

李圣传 著

浙江工商大学出版社
ZHEJIANG GONGSHANG UNIVERSITY PRESS
·杭州·

图书在版编目(CIP)数据

　　人物、史案与思潮：比较视野中的 20 世纪中国美学 /
李圣传著. — 杭州：浙江工商大学出版社，2023.9
　　(中国当代文艺学话语建构丛书 / 吴子林主编. 第
二辑)
　　ISBN 978-7-5178-5588-0

　　Ⅰ. ①人… Ⅱ. ①李… Ⅲ. ①美学－研究－中国－
20 世纪 Ⅳ. ①B83

中国国家版本馆 CIP 数据核字(2023)第 138183 号

人物、史案与思潮——比较视野中的 20 世纪中国美学
RENWU、SHIAN YU SICHAO——BIJIAO SHIYE ZHONG DE 20 SHIJI ZHONGGUO MEIXUE

李圣传　著

出 品 人	郑英龙
策划编辑	任晓燕
责任编辑	金芳萍
责任校对	夏湘娣
封面设计	朱嘉怡
责任印制	包建辉
出版发行	浙江工商大学出版社
	(杭州市教工路 198 号　邮政编码 310012)
	(E-mail：zjgsupress@163.com)
	(网址：http://www.zjgsupress.com)
	电话：0571-88904980，88831806(传真)
排　　版	杭州朝曦图文设计有限公司
印　　刷	杭州宏雅印刷有限公司
开　　本	710 mm×1000 mm　1/16
印　　张	17.25
字　　数	246 千
版 印 次	2023 年 9 月第 1 版　2023 年 9 月第 1 次印刷
书　　号	ISBN 978-7-5178-5588-0
定　　价	88.00 元

总　序

2023 年 6 月,习近平总书记到中国国家版本馆和中国历史研究院考察调研、出席"文化传承发展座谈会"并发表重要讲话,从党和国家事业发展全局的战略高度,对中华文化传承发展的一系列重大理论和现实问题做出全面系统深入阐述,发出振奋人心的号召:"对历史最好的继承就是创造新的历史,对人类文明最大的礼敬就是创造人类文明新形态。希望大家担当使命、奋发有为,共同努力创造属于我们这个时代的新文化,建设中华民族现代文明!"[①]

历史表明,社会大变革的时代一定是哲学社会科学大发展的时代。当前,世界处于"百年未有之大变局",我们正经历着历史上最为宏大而深刻的社会变革与实践创新。这种前无古人的伟大实践,给理论创造提供了强大动力和广阔空间。这是一个需要理论且一定能够产生理论的时代,这是一个需要思想且一定能够产生思想的时代。

改革开放之初,当代中国文化曾有一种"文学主义",文学在整体文化中居于主导地位,深度参与到文化之中,激动人心,滋润人心,维系人心;文学

[①]　习近平:《在文化传承发展座谈会上的讲话》,《求是》2023 年第 17 期。

研究随之呈现出锐意进取、多元拓展的局面,取得了丰厚的学术积累与探索成果。进入 21 世纪,资本逻辑、技术理性、权力规则使人遁无可遁,一切被纳入一种千篇一律的"统一形式"之中,格式化、程序化的现实几乎冻结了应有的精神探索和想象力,既定的文化结构令人备感无奈甚或无为。当从"文学的时代"进入"文化的时代"后,文学在文化中的权重不断下降。在当代知识竞争格局中,文学研究囿于学科话语而一度处于被动状态,丧失了最基本的理论态度和批判意识。

当代著名作家铁凝说得好:"文学是灯,或许它的光亮并不耀眼,但即使灯光如豆,若能照亮人心,照亮思想的表情,它就永远具备着打不倒的价值。而人心的诸多幽暗之处,是需要文学去点亮的。"①奔走在劳碌流离的命途,一切纷至沓来,千回百折,纠缠一生;顿挫、婉转、拖延、弥漫,刻画出一条浓酽的、悲欣交集的人生曲线。屏息凝听时代的脉动,真正的作家有本领把现实溶解为话语和熠熠生辉的形象,传达出一个民族最有活力的一面,表现出一个时代最本质的情绪;他们讲述人性中最生动的东西,打开曾经沉默的生活,显现这个世界内在的根本秩序——一种不可触犯事物的存在。

在当代中国文学研究领域里,文艺学一直居于领军的地位,具备"预言"的功能与使命,直面现实并指向未来,深刻影响并引领着中国文学研究不断突破既有的格局。"追问乃思之虔诚。"(海德格尔语)与作家一样,当代文艺学研究者抓住文学的核心价值(追求"更高的心理现实",即"知人心"),并力图用蕴含着深刻的历史逻辑、理论逻辑和实践逻辑的话语释放这一核心价值,用美的规律修正人们全部的生活方式,引导人们"知善恶""明是非""辨美丑",帮助人们消除"鄙吝之心",向往一种高远之境。

21 世纪以降,文学创作、文学批评、文学传播乃至整个文学活动方式持续地发生广泛而深刻的嬗变;与之相应地,审美经验、媒介生态、理论思维、

---

① 铁凝:《代序:文学是灯——东西文学经典与我的文学经历》,《隐匿的大师》,译林出版社 2021 年版,第 5—6 页。

知识增量等交相迭变,人文学术思想形态发生裂变、重组,各学科既有的话语藩篱不断被拆除。"察势者明,趋势者智。"人们深刻体认到:中国作为一个拥有长期连续历史的巨大文化存在,其问题意识、思维方式、语言经验、话语模式需要重新发现与阐释,并且必须重新生成一种独立的、完整的、崭新的思想理论及其话语体系。这种话语体系是思想理论体系和知识体系的外在表现形式,与文化环境、传统习惯及社会制度等密切相关,具有深厚的历史积淀与现实根基。

进入新时代,文艺学研究者扎根中华大地,勇立时代潮头,与时代同行,发时代先声,积极回应当代知识生产的新要求,通过跨学科领域的研究致力于新文科观念与实践,重构当前各个知识领域的学科意识与现实眼光,有效参与对人类命运共同体的思考,孜孜于文艺学的学科体系、学术体系和话语体系的探索与创建,呈现中国特色、中国风格、中国气派的学术贡献与话语表达,为国家的现代化建设提供强大精神动力和智力支持。

理论的生命力在于创新。新领域的开辟,新学科的建立,新话语的生成,需要不同见解、彼此争议的砥砺。章太炎先生当年就慨叹孙诒让的学术之所以未能彰显于世,是因为没有人反对:"自孙诒让以后,经典大衰。像他这样大有成就的古文学家,因为没有卓异的今文学家和他对抗,竟因此经典一落千丈,这是可叹的。我们更可知学术的进步是靠着争辩,双方反对愈激烈,收效方愈增大。"①本着真理出于争辩及促进学科发展的愿望与责任,遵循问题共享、方法共享、思想共享的学术原则,浙江工商大学出版社邀请本人编选、推出"中国当代文艺学话语建构丛书"。本丛书拟分人分批结集出版相关的代表性研究成果,收录各人具有典范性的、在学界产生较大影响的佳作,以凸显"一家之言"的戛戛独造,为中国当代文艺学话语体系的建构尽绵薄之力。

"中国当代文艺学话语建构丛书"第一辑推出了当代文艺学研究界中坚

---

① 章太炎:《国学概论》,中华书局 2003 年版,第 33 页。

代学者陈定家、赵勇、张永清、刘方喜、吴子林、周兴陆的 6 部著作,备受学界同人关注。第二辑推出的是当代文艺学研究界青年才俊的 6 部著作:王怀义《中国神话诗学——从〈山海经〉到〈红楼梦〉》、王嘉军《他异与间距——西方文论与中国视野》、李圣传《人物、史案与思潮——比较视野中的 20 世纪中国美学》、王琦《当代西方书写思想之环视——以让-吕克·南希的研究为中心》、汪尧翀《居间美学——当代美学转型的另一种可能》和冯庆《诗与哲学之间——思想史视域中的文学理论》。这些青年才俊生于 20 世纪 80 年代,师出名门,大都精通外语,受过良好的西学训练,又有强烈的中国问题意识,而努力在中西思想的碰撞、交流、对话中,通过跨学科领域的研究,致力于新文科观念与实践,自觉构建崭新的文学理论、文艺美学理论话语体系。他们的学术思想比较前卫、先锋,6 部著作都是穷数年之功潜心撰写而成的,它们融思想与学术于一体,具有健全的历史和时间意识,并由此返归当下,呈现了崭新的理论话语、价值体系、思维方式和文化逻辑,汇入了 21 世纪的理论创造之巨流。

行文至此,不知何故,我突然想起了柏格森及其生命哲学——

1884 年暮春的一个黄昏,25 岁的柏格森散步到克莱蒙费朗城郊。这是法兰西腹地的高原地带,漫山遍野生长着各种高大的树木。晚霞在万里长空向东边铺洒开来,远处卢瓦尔河的支流潺潺流动。柏格森站在高处,目睹河水奔流、树木摇曳、晚霞飘逝,突然对时光之逝产生了一种非常震惊的感觉。

在与尘世隔绝的静谧与冥思苦想中,意识之流携带着一切感觉、经验,连续不断地奔涌;在那些棱角分明的结晶体内部,也就是那些凝固的知觉表面的内部,也有一股连续不断的流:"只有当我通过了它们并且回顾其痕迹时,才能说它们构成了多样的状态。当我体验到它们时,它们的组织是如此坚实,它们具有的共同生命力是如此旺盛,以至我不能说它们之中某一种状态终于何处,另一种状态始于何处。其实,它们之中没有哪一种有开始或终结,它们全都彼此伸延。"①

　　时间无边无际、缄默不语、永不静止,它匆匆流逝、奔腾而去、迅疾宁静,宛若那包容一切的大海的潮汐,而我们和整个世界则如同飘忽其上的薄雾。时间之流的感觉驱动柏格森在克莱蒙费朗任教期间潜心思考时间问题,写出了他的第一部著作《时间与自由意志》。从这部著作开始,柏格森发展了一套以"绵延"为核心概念的庞大的直觉主义生命哲学体系。1927 年,为表彰其"丰富而生机勃勃的思想及其卓越的表现技巧",诺贝尔奖委员会将诺贝尔文学奖授予柏格森,并在"授奖辞"里写道:

　　　　柏格森已经为我们完成了一项重要的任务:他独自勇敢地穿过唯理主义的泥沼,开辟出了一条通道;由此通道,他打开了意识内在的大门,解放了功效无比的创造的推动力。从这一大门可以走向"活时间"的海洋,进入某种新的氛围。在这种氛围中,人类精神可以重新发现自己的自主性,并看到自己的再生。②

吴子林

2023 年 6 月 9 日于北京

---

①　柏格森:《形而上学导言》,刘放桐译,商务印书馆 1963 年版,第 5 页。
②　柏格森:《生命与记忆——柏格森书信选》,陈圣生译,经济日报出版社 2012 年版,第
　　204 页。

序　言

　　2022 年 8 月来美国之前,我的研究兴趣主要集中在 20 世纪中国文学理论史和美学史,在充分掌握文献史料的基础上,通过深入历史文化语境,对中国近现代以来文学理论和美学中的重要基本理论问题予以"学案"性质的考察和研究。恩师童庆炳先生晚年格外重视学案研究,缘由在于当下语境中文学理论所遭遇的种种困境。童先生在《当前文学理论发展新趋势——以罗钢十年来的〈人间词话〉学案研究为例》等文章以及"百年学案 2015 南北高级论坛"等会议的报告中,不断倡导文学理论要走"学案"研究的路子。在《当前文学理论发展新趋势——以罗钢十年来的〈人间词话〉学案研究为例》一文中,童先生强调文学理论摆脱当下危机的有效办法之一就是要静下心来"反思百年来文学理论走过的路",而"文案研究、学案研究是反思百年现代文学理论的结节点",也是"目前文学理论研究的新趋势"。当然,学案研究要有发现问题的敏锐意识,对文献史料的占有细读和剖析穿透要求较高,"坐冷板凳"的笨功夫更要下得足够。相较于架空式的立论,这种建立在翔实文献史料基础上的学案研究模式,通过深入语境、深入文本,扎扎实实解决一个个悬而未决的问题,应该有其学术价值。

　　在获得国家留学基金委公派留学资格来到美国后,我更加坚定了上述想法。近半年来,几乎每周我都有机会在加州大学欧文分校人文学院学术报告厅聆听来自不同国家、不同肤色学者的学术演讲。我发现这些国际学者的研究,尽管方法前沿、视野开阔,却无不是探讨他们自己民族的文学文化问题。经过与来自美国、土耳其、澳大利亚、巴西等国家同是访问学者的朋友们交谈后,我意识到,如果离开原汁原味的语言文化环境去研究对象,往往容易隔靴搔痒、自说自话,也很难得到国际同行学者的认同。的确,与欧洲、拉美乃至日本、韩国、印度学者相比,当代中国多数学者的短处在于外语水平有限。除在国外经过系统学术训练且获得过学位的学者外,因语言环境的客观制约,大多数学者的外语很难达到很高的水平。这就客观上造成我们对国外话题的研究,很难在原汁原味的广阔语言文化现场中去与研究对象进行深度自由的对话,且还往往基于二手文献,而这是学术研究的一大忌讳。

20 世纪 80 年代以来,受思想解放和"方法论"热潮的影响,加之长期思维模式框架的限制,我们对于"西方"充满想象,对西方"方法"引进的规模,几乎超过以往任何历史阶段。这种对"西学"的趋同,在今天同样不例外。有意思的是,与国内学者对"西方"尤其是欧陆哲学新潮的追逐不同的是,英美学者更爱经典、稳扎稳打。美籍华人学者包括在美国攻读博士学位的中国留学生们,也大多选择"中国"题目。在我聆听的一些学术讲座中,来自哈佛大学、耶鲁大学、牛津大学、加州大学伯克利分校、普林斯顿大学和约翰斯·霍普金斯大学的一些国外学者,除深入民族语言文化现场外,还对文学文本进行细读并掌握了相当丰富的文献史料,这实在令人惊讶!让我记忆犹新的有两位学者。一位是在中国有着广泛影响力的读者接受理论家斯坦利·菲什(Stanley Fish)教授,在一场 100 分钟左右的学术报告中,他不断朗读并分析安德鲁·马维尔(Andrew Marvell)的诗歌《一滴露珠》("On a Drop of Dew"),在文本的细读中不断往返于文学、文化及现实间,进而阐发自己对当下学术"盲从""反专业""跨学科""人工智能"等问题的理论思考。另一位是牛津大学瓦兹肯·哈奇格·达维迪安(Vazken Khatchig Davidian)副教授,他基于对特奥蒂格(Teotig)从 1907 年到 1927 年流亡巴黎期间出版的杂志《人人年鉴》

（Ամենուն տարեցույցը）的深入研读，对这一时期奥斯曼亚美尼亚的出版、艺术及其历史文化进行了生动翔实的理论剖析。这些学者的研究报告，均从一个很小很小的点切入，但无论是出发点还是立论，都始终建立在大量文献史料和文本细读的基础上，且都能够紧贴研究对象并植根于语言文化现场，给我留下了极为深刻的印象。

我想，当下中国文学理论研究之所以要倡导学案研究，一方面在于当前文学理论研究在"泛文化"中正有脱离文献史料和架空立论之趋势，另一方面在于当前文学理论研究热衷于对西方各种"新"思潮的盲从，却因语言文化的隔膜不能紧贴研究对象，不能在语言文化现场中与对象进行自由深度的对话。西方学者的研究路径则似乎在告诫我们：回到民族语言文化土壤的母体中去！只有在最熟悉的语言文化土壤中，才能真正自由地在与研究对象没有隔膜的对话中放飞自己的思想。

当然，回归文化母体并不是指中国学者不能研究西方、关注新潮，而是说倘若不能在一种语言文化中原汁原味地触摸对象，就很难真正紧贴对象言说，其研究自然就值得怀疑，也很难得到国际同行学者的认可。相反，倘若精通母语之外的一门或多门外语，且能够自由地进入异质语言的文化现场甚至植根于异域文化思想的土壤，无疑是相应地增加了一双或多双眼睛，更加能够在不同文化母体之间紧贴穿行。如是，或许便是游学欧美多年的陈寅恪、钱锺书、朱光潜等学者融汇中西的治学模式对当下学界的启示。

为了能够在语言文化母体中更好地紧贴对象进行言说，本书尝试围绕20世纪中国美学中的重要人物、史案及思潮展开论说。20世纪以来的中国美学话语建构始终在论争与热潮中交缠演进，更在中国传统与现代以及欧美、日本与苏联等多元复杂话语背景下杂糅生成。因此，本书力图将20世纪中国美学话语建构聚焦到现代以来重要的人物、史案与思潮上，通过对历史文化语境和文献发生学的细读把握，予以学案性质的考察，力图微显阐幽、以小观大。与此同时，将现代以来的人物、史案与思潮重置于世界美学的整体性视域内，尝试在比较视野中揭示美学在20世纪的中国发生、发展及演变的话语逻辑。

上编"人物与时代"主要围绕蔡元培、朱光潜、蔡仪、黄药眠、李泽厚和吕荧六位代表性理论家,将其思想在传统与现代、本土与外来的跨文化美学视野内予以比较重估。尤其是重点考察了蔡元培与德国古典美学、朱光潜与英国经验主义美学、蔡仪与日本左翼美学、黄药眠与马克思主义价值美学、李泽厚与苏联"社会派"美学以及吕荧与社会主义现实主义之间的思想源流关系,并提出了些许新的研究观点。这些内容,不求对美学人物面面俱到地全盘扫描,但求从"点"切入,在文献史料与时代现场中廓清人物的一个面相。

下编"史案与思潮"或是聚焦 20 世纪中国美学史中悬而未决或是观点上学界仍各执一词的典型学案,在文献发生学路径的地毯式文本细读中予以学术史的重新审查,或是围绕 20 世纪 80 年代"美学热"以及"'手稿'热""五讲四美""'新启蒙'思潮"等系列重要美学事件和思潮,在历史文化语境的厚描中对其来龙去脉予以呈现和省思。对这些学案的重新审查并非要故作惊人之语,而是的的确确在意识到问题之后,努力沉潜到历史文化语境中并在翔实文献史料的细读清理中做出谨慎论断。譬如对李泽厚"积淀说"的考察,在导师童庆炳先生的启发和指导下,我曾在北京师范大学图书馆夜以继日地对李泽厚几乎所有论著进行了逐字逐句的细读和抄录,尤其是涉及"积累""层累""沉淀""积淀"等重要概念的内容,我都反复标记并进行细致分析和剖解,努力做到论从史出、言必有据。尽管文章观点发表之后,学界部分学者仍有疑虑,但我至今仍坚持认为李泽厚"积淀说"与本土思想语境中黄药眠"积累说"之间存在渊源关系。此外,在审思相关史案与思潮时,既看到事件的前因后果,又对思潮背后美学话语的思维模式、理论形态、呈现方式及其后续影响予以理论剖析,并借助同一时段内欧美美学话语的他者性视野,予以方法论的反思。

当然,想要在一本书内全面呈现 20 世纪中国美学话语建构的历程是有难度的,尤其是百年中国美学出现了一大批卓有建树的美学家。因知识背景、文化经历、思想渊源的差异,他们的美学理论建构在传统、现代与西方的话语杂糅中形色各异,并在特定历史阶段内呈现出不同的理论话语形态。因学识与精力所限,诸如梁启超、王国维、宗白华等几位重要美学家,虽然我也有相关文章写成,但"冷却"过后再读并不能满意,所以并未收入本书。对此略有遗憾,希望日后能够努力补齐。

英国经验主义哲学家弗兰西斯·培根(Francis Bacon)曾说:"真理是时间的产物,而不是权威的产物。"(Truth is the daughter of time, not authority.)至于本书,倘若能在时间的冲刷洗礼后留下蛛丝马迹,则幸甚至哉!

是为序。

目　录

上编 | 人物与时代

| 第一章 |

康德与蔡元培"以美育代宗教说"的话语建构

　　蔡元培(1868—1940),浙江绍兴人,中国近代著名的思想家、教育家和美学家,清光绪进士,数度赴德、法留学考察,民国时期曾任首任教育总长、北京大学校长等职,对近现代中国历史进程有着重大影响。尤其是其"以美育代宗教说",可谓老生常谈的话题,也是讨论 20 世纪中国文学与美学,特别是美育理论,无法绕开的经典案例。1938 年 2 月,蔡元培在《〈居友学说评论〉序》中明言,对"以美育代宗教"这一主张"本欲专著一书"且思索"历二十年之久"。[①] 这样一个蔡氏反复经营、不断思考的命题,究竟是在怎样的历史语境中被提倡的,又荷载了怎样的历史寄托? 五四时期,欧美国家、日本等的思想术语被不断译介进入中国,尤其是在文学、历史、哲学、艺术等人文思想领域,种种新思潮、新概念、新术语大量涌现。当时,蔡元培为何极力标举"美育"一词而非其他? 众所周知,蔡元培是北京大学校长,也是国民党中央执委、首任教育总长,这些特殊身份使蔡氏倡导的"美育"绝非单纯的学术主张,但其学术背后更为深层的意识形态指向究竟是什么? 今天沉潜到历史语境中不断追索并回答这些问题,无论是对"以美育代宗教说"的重新理解,还是对现代美育生成、发展的总体把握,均不无裨益。

---

① 蔡元培:《〈居友学说评论〉序》,高平叔编:《蔡元培美育论集》,湖南教育出版社 1987 年版,第 310 页。

第一节　反愚庢、反宗教与国家主义立场：
"以美育代宗教"的历史荷载

对"以美育代宗教"这一命题，当前学界更多是从知识层面对"美育"进行微观清理和历史打捞，并在中西美学线索上考镜源流。值得注意的是，作为有着特殊身份、地位、角色与立场的知识分子，蔡元培提倡"以美育代宗教说"，实则有着超出知识论层面的更为复杂的历史缘由。这种学术之外的历史负载，似乎有着更强且更为合理的解释力。通过对蔡元培美学文献的地毯式阅读，可以窥见这一命题背后极为鲜明的现实指向及其产生的历史语境。概而言之，其要有三。

一是现实社会之愚庢，尤其是中国封建专制主义以及西方宗教思想的积弊影响和束缚。早在 1902 年 5 月，蔡元培在为编选《文变》一书所作"序"中便提出："自今日观之，其所谓体格，所谓义法，纠缠束缚，徒便摹拟，而不适于发挥新思想之用。其所载之道，亦不免有迂谬窒塞，贻读者以麻木脑筋、风痹手足之效者焉。"①至 1930 年再次呼吁"以美育代宗教"时，蔡元培更明确指出："现代人的道德，须合于现代的社会，决非数百年或数千年以前之圣贤所能预为规定，而宗教上所悬的戒律，往往出自数千年以前，不特罣（挂）漏太多，而且与事实相冲突的，一定很多。"②

众所周知，蔡元培是"二甲进士"出身，年纪轻轻就点翰林，不仅经过"八股文"与"科举"的严格系统训练，还深受传统经学思想的熏陶影响。③ 然而，自 1907 年赴德国莱比锡大学留学并游历考察欧美后④，尤其是受康德主义美

---

① 蔡元培：《〈文变〉序》，聂振斌选注：《蔡元培文选》，百花文艺出版社 2006 年版，第 7 页。
② 蔡元培：《以美育代宗教》（1930 年），高平叔编：《蔡元培美育论集》，第 207 页。
③ 蔡元培：《美育人生：蔡元培自传》，江苏文艺出版社 2011 年版，第 22 页。
④ 1920 年，北洋政府还曾特派蔡元培去欧美考察大学教育及其学术研究状况。

学思想的激发①,蔡元培在西方现代学术思想的美学涵濡中日渐产生迥异于传统的学术取向。留学归国后,在深谙西方哲学、美学、教育学、心理学等多学科知识②的基础上,蔡元培在 1912 年发表《对于教育方针之意见》一文,将教育划分为"隶属于政治之教育"与"超轶政治之教育",前者"盖政治之鹄的"以求"现世之幸福",后者"立于现象世界,而有事于实体世界"。"超轶政治"之世界观教育不能"结合于宗教"而需"由美感之教育",根本原因在于宗教本身"受持经忏""附和专制"之陋习。蔡元培指出:

> 宗教之原始,不外因吾人精神作用而构成。吾人精神上作用,普通分为三种:一曰知识;二曰意志;三曰感情。最早之宗教,常兼此三作用而有之。盖以吾人当未开化时代,脑力简单,视吾人一身与世界万物,均为一种不可思议之事。……于是有宗教家勉强解答之。如基督教推本于上帝,印度旧教则归之梵天,我国神话则归之盘古。……此知识作用之附丽于宗教者也。③

可见,宗教尽管兼含美育元素,但作为"旧时代教育"的产物,不仅用现代科学方法研究后"多不能成立"④,还常常被"宗教家利用以为诱人信仰之方法"⑤。受西方宗教思想的渗透影响,当宗教在社会上还有深厚的滋生土壤且

---

① 蔡元培回忆说:"我于讲堂上既常听美学、美术史、文学史的讲演,于环境上又常受音乐、美术的熏习,不知不觉地渐集中心力于美学方面。尤因冯德讲哲学史时,提出康德关于美学的见解,最注重于美的超越性与普遍性,就康德原书,详细研读,益见美学关系的重要。"参见蔡元培:《美育人生:蔡元培自传》,第 74 页。
② 据学者统计,蔡元培在德国期间,共选修了 40 种课程,涉及哲学、心理学、伦理学、美学、文学史、文明史等众多学科,使他受益最大的除美学外,还有德国的教育机制。参见郑勇编:《蔡元培影集》,山东画报出版社 2001 年版,第 48 页。
③ 蔡元培:《以美育代宗教说》(1917 年),高平叔编:《蔡元培美育论集》,第 43—44 页。
④ 蔡元培:《以美育代宗教》(1930 年),高平叔编:《蔡元培美育论集》,第 206 页。
⑤ 蔡元培:《以美育代宗教说》(1917 年),高平叔编:《蔡元培美育论集》,第 44 页。

有"保留宗教"①的呼声时,蔡元培异常坚决地提出切不可保留宗教以充当美育,而必须以纯粹之美育完全取代之,因为"一、美育是自由的,而宗教是强制的;二、美育是进步的,而宗教是保守的;三、美育是普及的,而宗教是有界的"②。此外,用美育附丽于宗教,还要"受宗教之累,失其陶养之作用",由此"舍宗教而易以纯粹之美育"以"渐消沮者也"。③ 也就是说,只有完全挣脱宗教伦理的束缚,才能摆脱专制和盲从的积弊,进而真正破"人我之见",去"利害得失之计较",实现人的身心自由。

蔡元培作为有着深厚西方现代学术背景的教育家、美学家,其标举"以美育代宗教",首先意欲打破的就是长久以来使人麻痹的戒律义法这一有碍"传统与现代"转换的根本痼疾,尤其是与西方类似的自古以来的宗教信仰及其牵累。在儒家礼乐法度业已崩解而封建专制主义思想积弊益深的现代早期中国,蔡元培标举"以美育代宗教",就是试图以"美育"为手段摆脱专制,打破封建"体格""义法"对人的精神纠缠和束缚,借以重塑艺术化、审美化的自由人生,以解救理想失落的现代人的思想灵魂,进而探寻现代中国的发展出路。正如冯友兰先生所说,"以美育代宗教"是"为新文化运动指出的一条正确的道路,也是蔡元培为中国建设新文化提出的重要建议"④。

二是受政治裹挟出现鼓吹"以宗教为新知"的时代逆流,宗教迷信活动盛行。早在清末民初之际,"庙产兴学"运动便已兴起。由此,佛教开始复兴。

---

① 陈独秀在《新文化运动是什么?》一文中指出:"宗教在旧文化中占很大的一部分,在新文化中也自然不能没有他。……所以詹姆士不反对宗教,凡是社会上有实际需要的实际主义者都不应反对。因为社会上若还需要宗教,我们反对是无益的,只有提倡较好的宗教来供给这需要,来代替那较不好的宗教,才真是一件有益的事。罗素也不反对宗教,他预言将来须有一新宗教。……现在主张新文化运动的人,既不注意美术、音乐,又要反对宗教,不知道要把人类生活弄成一种什么机械的状况,这是完全不曾了解我们生活活动的本源,这是一桩大错。"参见陈独秀:《新文化运动是什么?》,《新青年》1920 年第 7 卷第 5 号。

② 蔡元培:《以美育代宗教》(1930 年),高平叔编:《蔡元培美育论集》,第 207 页。

③ 蔡元培:《以美育代宗教说》(1917 年),高平叔编:《蔡元培美育论集》,第 45—46 页。

④ 冯友兰:《中国现代哲学史》,广东人民出版社 1999 年版,第 61 页。

尤其是 1917 年前后,《新青年》也围绕"宗教问题"发表了系列讨论文章,其中就有大量介绍"基督"的文章和附庸"西化"的思想。朱执信《耶稣是什么东西》一文,对"历史上的耶稣、圣经上的耶稣、新教徒里的耶稣、新理想主义哲学家的耶稣和托尔斯泰的耶稣"进行了介绍,并对"宗教"的价值及其在中国的地位和意义进行了评估。[①] 当时一些有留学经历者将外国的社会进步归功于宗教,力图以基督教劝导国人;另一些沿袭旧思想者,为组织"孔教"而奔走呼号,"孔教会运动""新佛教运动"十分盛行。凡此种种,皆为当时社会历史背景。

1917 年 1 月,蔡元培受命担任北京大学校长。面对此种情势,为对抗这股鼓吹"以宗教为新知"的时代逆流,蔡氏于 1917 年 4 月 8 日做题为"以美育代宗教说"之演讲,开宗明义直指新文化运动中拉拢青年学生信教的"宗教运动",并在演讲中严厉斥责:

> 此则由于留学外国之学生,见彼国社会之进化,而误听教士之言,一切归功于宗教,遂欲以基督教劝导国人,而一部分之沿习旧思想者,则承前说而稍变之,以孔子为我国之基督,遂欲组织孔教,奔走呼号,视为今日重要问题。[②]

随后,蔡元培对宗教之发展脉络从学术角度予以清理和澄清。其认为宗教之为物,在欧洲各国已成为过去问题。宗教的内容,经过学者科学的研究,现已解决。至于宗教的仪式,虽然仍在流传,却不过是一种历史习惯,并无多大意义。然而,在现代中国,宗教却常常与某种政治势力相勾结,或为某种政治势力所利用,甚至"以孔子为我国之基督",奔走呼号,以达到不可告人之目的。蔡元培指出,"盖无论何等宗教,无不有扩张己教攻击异教之条件",宗教

---

① 朱执信:《耶稣是什么东西》,《民国日报》1919 年 12 月 25 日。
② 蔡元培:《以美育代宗教说》(1917 年),高平叔编:《蔡元培美育论集》,第 43 页。

之为累"皆激刺感情之作用为之也"。① 在此,宗教之"激刺感情"显然是附和某个教派的政治目的,因而将人的"感情"也束缚在某种狭隘的功利目的上。

可见,蔡元培倡导"以美育代宗教",另一意图是指向现实社会中"宗教"势力,尤其是政治势力、教派目的的裹挟使人在"利害"和"攻击"中丧失了纯粹之美感。蔡氏异常理性地意识到:"美育是普及的,而宗教则都有界限。……美育不要有界限,要能独立,要很自由,所以宗教可以去掉。"②"纯粹之美育"正是希望将人从这种功利束缚中解脱出来,通过美与艺术去实现人的情感陶冶与净化,使人的感情具有美的"超脱性"和"普遍性",从而陶铸高尚的情操,这也就是蔡元培所说的"陶养感情"。

三是"反宗教"运动、收回"教育权"与"国家主义"的民族立场。五四前后,与"宣扬基督""拉拢青年学生信教"和"宣扬孔教"等活动并行的是基督教教会学校的兴起,且均由外国人把持。③ 这些教会学校"不在中国政府立案注册,不受中国政府监督,不贯彻中国国民教育方针,不用中国国语和教材,设立宗教必修课,课内举行宗教仪式"④。这些情形在"民族主义"以及五四民主和科学精神的影响下,激起了包括蔡元培在内的早期现代知识分子的警觉和反抗。

早在 1907 年,《外交报》"论说"专栏便发表了《论外人谋我教育权之可

---

① 蔡元培:《以美育代宗教说》(1917 年),高平叔编:《蔡元培美育论集》,第 45、46 页。
② 蔡元培:《美育代宗教》(1932 年),高平叔编:《蔡元培美育论集》,第 278 页。
③ 到 20 世纪初期,教会学校得到进一步发展。根据 1921—1922 年"中华基督教教育调查团"的报告,1890—1912 年,教会学生人数迅猛增长,1890 年教会学生人数有 30000 多人,至 1912 年学生达到 138937 人,1917 年增加到 194624 人。在五四运动前夕,仅基督教教会学校就达 7382 所,学生总数近 214254 人;而中华教育会的 7 任会长中,除李提摩太是英国人外,其余 6 人都是美国的传教士。参见李华兴主编:《民国教育史》,上海教育出版社 1997 年版,第 766 页;陈景磐:《中国近代教育史》,人民教育出版社 2004 年版,第 308 页。
④ 许纪霖编:《二十世纪中国思想史论》上卷,东方出版中心 2000 年版,第 592 页。

危》，提出"教育必须服务于民族国家"的思想。① 1917 年，蔡元培在北京神州学会发表的题为"以美育代宗教说"的演讲对宗教的猛烈抨击，更为教育领域去除基督教影响以及随后"收回教育权"运动奠定了基调。1918 年 6 月，李大钊也组织发起了"少年中国学会"，其宗旨和决议同样在"宗教"问题上提出了具体要求："凡有宗教信仰者，不得为本会会员。……此条全体通过，以后同人不得介绍任何宗教信仰者为本会会员，并请已入会而有宗教信仰者，尊重此条议决案，自请出会。"②1922 年初，上海学生成立"非基督教学生同盟"，北京青年也成立"非宗教大同盟"，纷纷以实际行动对抗宗教对学校教育的干扰。

在强烈的爱国主义声浪中，这些要求"教育脱离宗教"的主张成为教育领域反帝、反侵略斗争的基础。1922 年 4 月 9 日，"世界基督教学生同盟"第十一次会议在清华大学闭幕。当天，北京大学召开了"非宗教大同盟"第一次大会。会上，蔡元培在关于"非宗教运动"的演讲中，再次明确提出了"收回教育权"的原则，并重申"教育独立"与"反宗教"运动的三项主张，要求"（一）大学中不必设神学科，但于哲学科中设宗教史、比较宗教学等；（二）各学校中，均不得有宣传教义的课程，不得举行祈祷式；（三）以传教为业的人，不必参与教育事业"③。

蔡元培、李大钊等现代知识分子关于"反宗教"的系列演讲和倡导使反基督教教育逐渐站到了民族主义和国家主义的立场上，这不仅使得教会学校的学生开始摆脱强制性的宗教教育，还使一些进步刊物也加入反抗行列中。④

---

① 文章提出"今之君子，知法制之为我国权，而不可授之外人矣。乃独于教育问题，关系一群之生死存亡，有什伯于行法裁判者，任外力之侵入，而夷然不思所以抵制之，其无乃知二五而不知十乎"。参见《论外人谋我教育权之可危》，《外交报》1907 年第 7 卷第 18 期。

② 少年中国学会：《少年中国学会消息》，《少年中国》1920 年第 2 卷第 4 期。

③ 蔡元培：《非宗教运动——在北京非宗教大同盟讲演大会的演说词》，聂振斌选注：《蔡元培文选》，第 154 页。

④ 如《少年中国》1923 年第 4 卷第 7 期发表的余家菊《教会教育问题》以及《中华教育界》1925 年第 14 卷 8 期发表的《我们主张收回教育权的理由与办法》等，其中国家主义立场的言论十分引人注目。

"反宗教"运动不断深入,1924 年 3 月,广州圣三一学校发生的学潮正式拉开了"收回教育权"的反基督教运动的序幕,全国各地诸多教会学校纷纷掀起了罢课、退学、"反奴化"的浪潮,民族主义与国家主义情绪高涨。教育界也予以了极大的支持,1925 年 11 月 16 日,北洋政府教育部颁发了《外人捐资设立学校请求认可办法》,其中明确提出"外国人办学校必须向中国教育部申请认可""学校不得传布宗教"①,这基本意味着"反宗教"运动宣告成功。

综上可知,宗教对近代中国教育的裹挟有着较之于教育更为复杂的政治动机,而宗教与美育的对峙,或者说美育脱离宗教,则是中国近现代转型时期寻求民主与科学发展的必然要求。从"反愚庸"到"反宗教",再到"收回教育权",以蔡元培为代表的有着特殊身份的早期知识分子扮演了极为重要的政治角色,起到了关键性的推动作用。"反宗教"运动中所倡导的"以美育代宗教",不但针砭时弊,而且具有理论宣言的性质,既折射出以蔡元培为代表的近代中国知识分子在民族困境中的历史抉择,还为宗教与教育的剥离奠定了基础,进而为新文化运动和新文化建设提供了一条由传统到现代的转换道路。

第二节　为何标举"美育":蔡元培对康德
美学思想的借鉴与改造

蔡氏最早标举"美育"一词当在 1912 年,也就是"辛亥革命"后从德国留学归来并受命为南京临时政府教育总长之际。当时,正值传统与西方、旧学与新学不断交锋碰撞,新思潮、新观念不断酝酿爆发之时,留学欧美与奔赴日本的知识精英不断引进新知识,诸如杜威的经验哲学、柏格森的生命哲学、尼采的超人意志以及日本武者小路实笃的"新村主义"等。各种新观念、新词语名目繁多,且不说传统脉络中的"趣味""兴味""神味"等概念盛行报刊,仅西学

---

① 胡卫清:《普遍主义的挑战:近代中国基督教教育研究(1877—1927)》,上海人民出版社2000 年版,第 370 页。

影响下的概念便有"美术"①"艺术""智育""德育"等。那么,蔡元培为何单单标举以"美育"取代"宗教"? 这就不得不追溯其留学德国期间对美学,尤其是康德美学思想的学习与接受过程。

蔡元培在德国莱比锡大学期间主攻美学,其思想深受康德影响。"美育"一词便是蔡元培 1912 年从德文"Asthetische Erziehung"翻译过来的,借以强调美育"陶冶性情"的作用。② 蔡氏试图通过康德美学中现实此岸与本体彼岸的模式来解释社会,把美学作为沟通现实与理想的桥梁,通过美学的情感熏陶,提起一种超越利害关系的兴趣,进而"能引起活泼高尚的感情"③,以便改良社会,建设新文化。

蔡氏之所以标举"美育",在于其将"美育"视为"感情推动力"的陶养工具和"专己性之良药"。在 1915 年所编《哲学大纲》一书之"美学观念"一节,蔡元培便将康德美学的基本观念概括为"一曰超脱""二曰普遍""三曰有则""四曰必然"④,并从思想启蒙的实际出发,对"超脱"和"普遍"加以发挥,认为人道主义是人类的共同目的,其最大阻力便是"为专己性",而美感之超脱恰恰是"专己性之良药"。就现代中国社会而言,当务之急便是实现人道主义理想社会,实现的最大阻力是中国人人性中的利己主义思想。蔡元培认为,人人都有感情,但并非都有伟大而高尚的行为,这是由于"感情推动力"的薄弱。这种感情推动力要想"转薄而为厚",则有待于"陶养",而其"陶养的工具"就需诉诸"美育"。蔡氏指出:

---

① 蔡元培也曾多次使用"美术"概念,其于 1920 年 11 月 4 日在湖南长沙周南女校的演讲中便使用了"美术的价值"这一主题,更在演讲中提出"美术与宗教同立于感情的基础之上","与其寄于幽眇的宗教,不如寄于当前的美术"。然而,蔡元培并没有也不打算"改美育为美术",因在蔡氏看来:一是美育较之美术"范围更广",但凡"有美化的程度者均在所包",尤其是"自然之美"非美术所能包举;二是美育较之美术"作用不同",年龄、习惯、教育都能造成"审美观"的差异。参见蔡元培《美术的价值》(1920 年)、《以美育代宗教》(1930 年)两文。

② 蔡元培:《二十五年来中国之美育》,高平叔编:《蔡元培美育论集》,第 216 页。

③ 蔡元培:《文化运动不要忘了美育》,高平叔编:《蔡元培美育论集》,第 57 页。

④ 蔡元培:《美学观念》,高平叔编:《蔡元培美育论集》,第 9 页。

美的对象，何以能陶养感情？因为他有两种特性：一是普遍；二是超脱。

一瓢之水，一人饮之，他人就没有分润；容足之地，一人占了，他人就没得并立；这种物质上不相入的成例，是助长人我的区别、自私自利的计较的。转而观美的对象，就大不相同。凡味觉、嗅觉、肤觉之含有质的关系者，均不以美论；而美感的发动，乃以摄影及音波辗转传达之视觉与听觉为限。所以纯然有"天下为公"之概；名山大川，人人得而游览；夕阳明月，人人得而赏玩；公园的造像，美术馆的图画，人人得而畅观。……这都是美的普遍性的证明。

……这种是完全不由于知识的计较，而由于感情的陶养，就是不源于智育，而源于美育。①

由上不难看出，蔡元培从美的"普遍性""超脱性"出发，倡导"美育"之情感陶养作用：一方面试图实现"人性"改良，祛除"迂谬窒塞""利己主义"，养成高尚超脱之道德行为；另一方面则充分借鉴吸收康德之"审美无利害观"并做进一步延伸与发挥，以凸显"美育"改良社会之功能。正所谓"美以普遍性之故，不复有人我之关系，遂亦不能有利害之关系"②，因而具有普遍性的品质，超越了利害。正是借助了"感情推动力"之陶养工具，使"美育"这一津梁能够消除"人我之见、利己损人之思"，进而起到情感陶养、人生美化之功效。

蔡氏之所以标举"美育"，还在于美育的"沟通功能"。在先验分析论中，康德把对象划分为"现象"（Phenomena）和"本体"（Noumena），因而也把世界

---

① 蔡元培：《美育与人生》，张汝伦编：《蔡元培文选》，上海远东出版社 2012 年版，第 381—382 页。
② 蔡元培：《以美育代宗教说》，《新青年》第 3 卷第 6 号，1917 年 8 月 1 日。

划分为"感性世界和知性世界"①。所谓本体即"自在之物,物自体"②,它们"只是知性的对象,但仍然能够作为这种对象而被给予某种直观,虽然并非感性直观(而是知性直观)"③。在康德看来,本体界是现象背后的"那个不可认识的事物本身",它不能被我们认识,换句话说,"对象有可知的,也有不可知的,可知的就是现象,不可知的就是本体",先验对象不能从"本体"意义上去理解,因为"这个现象界它就是真理之乡的孤岛,而本体界它就是这个范围之外的波涛汹涌的大海,你想在这个大海上面找到一块新大陆,那是不可能的"④。然而,这种形而上学的航海又并非毫无意义,在知识论之外的"实践的意义、宗教的信仰"⑤这一价值领域有其重要价值。

在康德看来,物自体虽然在经验性的领域之外不能构成知识而不能让人认识它,但我们的"理性"却"有一种本能的倾向要保留它",这种本能的倾向并非出于"认识的需要"而是"出于信仰",据此康德才主张"我不得不悬置知识,以便给信仰腾出位置"⑥。不难看出,康德之所以要区分现象界与实体界,原因之一便是要在知识和信仰、道德、实践之间划清界限,以建立起"自然的形而上学"和"道德的形而上学"两种不同的形而上学,前者关于现象界,属于知性的经验范围,后者关于物自体,属于超经验的形而上学,其"纯粹理性批判"致力于前者,而"实践理性批判"则为后者奠定基础。⑦ 正如康德所言,"我们的一切知识都开始于感官,由此前进到知性,而终止于理性"⑧。如果说"感性"和"知性"是经验领域范围内的事物,那么"理性"把握的则是经验范围以外的东西,也就是说,人的认识能力("感性""知性")只能把握"现象界",唯有

---

① 康德:《纯粹理性批判》,邓晓芒译、杨祖陶校,人民出版社 2004 年版,第 232 页。

② 邓晓芒:《康德〈纯粹理性批判〉句读》上册,人民出版社 2010 年版,第 674 页。

③ 康德:《纯粹理性批判》,邓晓芒译、杨祖陶校,第 227 页。

④ 邓晓芒:《康德〈纯粹理性批判〉句读》上册,人民出版社 2010 年版,第 674 页。

⑤ 邓晓芒:《康德〈纯粹理性批判〉句读》上册,第 673 页。

⑥ 康德:《纯粹理性批判》"第二版序",邓晓芒译、杨祖陶校,第 22 页。

⑦ 邓晓芒:《〈纯粹理性批判〉讲演录》,商务印书馆 2013 年版,第 24 页。

⑧ 康德:《纯粹理性批判》,邓晓芒译、杨祖陶校,第 261 页。

透过"纯粹实践理性"道德律令的至善方式才能引向并抵达"实体界"①。康德的这一思想有其深刻之处,他指出了人的道德至善、理想境界和乌托邦追求,仅仅凭借知识论还难以解决,因为这属于信仰的领域、意义的领域、价值的领域②。

受康德"现象界"与"实体界"美学思想的启发,早在 1912 年《对于教育方针之意见》一文中,蔡元培便指出:"盖世界有二方面,如一纸之有表里:一为现象;一为实体。现象世界之事为政治,故以造成现世幸福为鹄的;实体世界之事为宗教,故以摆脱现世幸福为作用,而教育者,则立于现象世界,而有事于实体世界者也。故以实体世界之观念为其究竟之大目的,而以现象世界之幸福为其达于实体观念之作用。"③也就是说,教育家谋求现象世界之幸福,并将其视为抵达实体世界的途径。不难看出,康德在知性经验基础上对现象与实体的区分对蔡元培的影响是根本性的,蔡氏有关"现象世界"与"实体世界"的划分及其规定,可明显见出康德美学思想的理论影子。

尽管康德对本体与现象的区分意义重大,更揭示并暴露出西方传统哲学长期以来主客对立、天人相分的倾向,但康德在借助"判断力"这个"处于知性和理性之间的中间环节"试图沟通结合纯粹理性世界与实践理性世界以实现"知性向理性过渡"时④,不仅没有消除主体与客体、认识与对象、现象与本体的对立,更以一种"更加极端、更加明确的方式强调了这一对立",因而不仅"没能彻底摆脱怀疑论,也未能真正克服独断论"⑤,还在"无目的的合目的性""上帝存有的道德证明"⑥等观念中添加了宗教神秘主义和目的论色彩。与此不同,蔡元培向往的则是通过"美育"的社会作用,实现生活改良、人生美化和社会改造,这正是蔡元培与康德思想的分水岭。

① 康德:《实践理性批判》,邓晓芒译、杨祖陶校,人民出版社 2003 年版,第 176—177 页。
② 邓晓芒:《康德〈纯粹理性批判〉句读》上册,第 681 页。
③ 蔡元培:《对于教育方针之意见》,高平叔编:《蔡元培美育论集》,第 3 页。
④ 康德:《判断力批判》,邓晓芒译、杨祖陶校,人民出版社 2002 年版,第 13 页。
⑤ 杨祖陶、邓晓芒:《康德〈纯粹理性批判〉指要》,人民出版社 2001 年版,第 230 页。
⑥ 康德:《判断力批判》,邓晓芒译、杨祖陶校,第 304 页。

宗教长期以来被作为通往实体世界的途径①,但宗教的厌世主义以摆脱现世幸福作为到达实体世界的前提,蔡元培对此不以为然。在面对"教育家何以不结合于宗教,而必以现象世界之幸福为作用"这一问题时,蔡元培认为,"现象"与"实体"并非截然对立、互相冲突之两世界,而是"仅一世界之两方面",人们的感觉既托于现象世界,则所谓实体,也就在现象之中,而非水火难容。也正是在这个意义上,蔡元培指出:"故现世幸福,为不幸福之人类到达于实体世界之一种作用,盖无可疑者。"②因此,蔡元培特别推崇作为教育之"美育"在社会改造上的神圣性功能。

显然,在对康德美学观的借鉴与改造上,蔡元培一方面将美感与宗教剥离开来,认为在科学不断进步的现代社会,哲学已脱离宗教,因而"以美育代宗教"是可行的,另一方面又将美感的普遍性、超越性特点充分张扬,借以强调通过美育陶养人之性情可以使人摆脱利害关系之现实计较。据此,蔡元培才大力提倡教育,尤其重视"超轶政治之教育"(世界观教育、美感教育),因为"美感之教育"在蔡氏看来恰能由"现象界"引至"实体界",故而起到沟通之功效:

> 美感者,合美丽与尊严而言之,介乎现象世界与实体世界之间,而为之津梁。……在现象世界,凡人皆有爱恶惊惧喜怒哀乐之情,随离合生死祸福利害之现象而流转。至美术,则即以此等现象为资料,而能使对之者,自美感以外,一无杂念。……人既脱离一切现象世界相对之感情,而为浑然之美感,则即所谓与造物为友,而已接触于实体世界之观念矣。故教育家欲由现象世界而引以到达于实体

---

① 康德提出"基督教的学说,即使人们还没有把它作为宗教学说来考察,就在这一点上提供了一个至善的(上帝之国的)概念,只有这个概念才使实践理性的这种最严格的要求得到满足",并认为"道德律通过至善作为纯粹实践理性的客体和终极目的的概念而引向了宗教"。参见康德:《实践理性批判》,邓晓芒译、杨祖陶校,第174—177页。
② 蔡元培:《对于教育方针之意见》,高平叔编:《蔡元培美育论集》,第4页。

世界之观念,不可不用美感之教育。①

美感教育何以能起如此作用呢？蔡元培认为,这与美的性质是息息相关的,因为美的普遍性、超功利性,使人在情感陶养路径上可以实现现实与理想、知识与感情的调和,进而达到人生的通达,推动人的行为养成。"美育"的目的即在于使人生美化,养成高尚纯洁之人格。可以说,通过发掘并改造康德美学思想中关于美感的普遍性、神圣性与超越性的思想,发挥"超轶政治之教育"即美感教育的作用,使"美感教育"能在现实与理想间架起一座桥梁,在情感陶养路径上培育一种超越利害关系的兴趣,进而实现精神的自由、人生的美化和社会的进步,是蔡元培标举并大力倡导"美育"的深层历史文化缘由。

第三节　情感启蒙与"诗教"转换:重建
社会理想秩序的话语方案

五四前后,在反封建与唤醒人心层面上,首推"改造国民性"的鲁迅先生。自 1903 年《斯巴达之魂》起,鲁迅便尝试倡导一种勇猛的力量之美,试图借助"立人"去实现"立国"的理想。② 此外,还有梁启超、朱光潜等人的美学实践模式。与梁启超、鲁迅、朱光潜不同,作为北京大学校长的蔡元培,则从"教育学模式"③入手,紧抓"超轶政治之教育"的美感教育,试图诉诸"美育"去启蒙心智、完善人格、陶养性灵。

尽管蔡元培美育思想深受德国古典美学,尤其是康德美学思想的影响,

---

① 蔡元培:《对于教育方针之意见》,高平叔编:《蔡元培美育论集》,第 5 页。
② 鲁迅:《斯巴达之魂》,《集外集》,译林出版社 2014 年版,第 10 页。
③ 张法先生曾指出,中国现代美学于古今转换的大变关头,受西方与日本的双重影响,产生了"一花(美学)开四叶(四种基本模式)"的景观,即梁启超的"社会学模式"、蔡元培的"教育学模式"、朱光潜的"现象学模式"及宗白华的"文化学模式"。参见张法《中国现代美学:历程与模式》,《人文杂志》2004 年第 4 期。

但在化合与改造康德"目的论"美学思想的过程中,中国传统美学与艺术精神,尤其是儒家礼乐传统与仁学思想,仍然起着主导作用。《论语》有云:"兴于诗,立于礼,成于乐。"《礼记·经解》引孔子曰:"入其国,其教可知也。其为人也,温柔敦厚,《诗》教也。"又说:"温柔敦厚而不愚,则深于《诗》者也。"《诗》与人格培育之关系,尤为体现在《论语·阳货》上,"小子何莫学夫《诗》?《诗》可以兴,可以观,可以群,可以怨。迩之事父,远之事君;多识于鸟兽草木之名"。① 可以说,作为中国古代最基本的教育形式之一——"诗教"不仅是中华文化的一大重要传统,更在完美人格培育及情感塑造上具有根基性作用。从先秦诸子始,且不说儒家将"仁义礼乐""尽美尽善""发乎情止乎礼义""思无邪"作为立身处世的根本,哪怕道家("人法地,地法天,天法道,道法自然")、法家("燔诗书而明法令")、墨家("兼相爱,交相利")等,也均有一套自己的教化体系,作为治世安邦的手段。而后,汉儒倡导"美刺",唐代韩愈提倡"道统"之说,到宋代朱熹更在"求诗人之意,达圣人之志"层面主张遵循道统、标举儒家心性哲学、弘扬"诗言志"的理念,至清代王夫之、沈德潜更是强调"温柔敦厚",倡导诗歌的道德教化功能。

然而,在传统社会向近现代社会转型的过程中,传统文化,如儒家"诗教"传统,在五四反封建、反专制的冲击下渐趋失落。正是在"诗教"失落,而"新"的人文教化系统尚未建立之时,在传统与现代、中与西的碰撞中,改变国人在"性理之学"长期束缚下麻木僵化的精神状态和思维模式,并为社会人生提供一种"新的、真正有力的精神纯化能力","持续引导人从生活现实中走出来,走向一个自由、普遍和进步的人生境界"②,进而重建社会理想秩序,成为中国现代早期思想先驱们的理论追求。其中,蔡元培"以美育代宗教说"尤为振聋发聩。

蔡元培作为国民党中央执委、中华民国首任教育总长,其"以美育代宗

---

① 　郭绍虞主编:《中国历代文论选》第 1 册,上海古籍出版社 2001 年版,第 16、17、22 页。
② 　王德胜:《功能论思想模式与生活改造论取向》,《郑州大学学报(哲学社会科学版)》2017 年第 5 期。

教"的着眼点和立足点,绝不仅仅在于反对西方宗教观和"收回教育权",还在于在对中国文化精神深刻体认的基础上借助美感的普遍性和神圣性重新恢复传统的"诗教"功能,重建道德与审美的关联,最终确立社会的信仰体系。在"宗教精神阙如"而"儒家礼乐法度"①业已崩解的现代中国,蔡元培试图以"美育"作为社会思想启蒙的手段,进而实施一种信仰重建的方案,重新塑造艺术化、审美化的人生,以解救日渐失落的理想以及现代人的思想灵魂。在此路径上,蔡元培充分汲取了"中国传统文化精神"之精髓。1912 年,在引出"公民道德"和"自由、平等、博爱"对"实利主义之教育"进行批评时,蔡元培便以儒家教义来对应阐释:

> 孔子曰,匹夫不可夺志。孟子曰,大丈夫者,富贵不能淫,贫贱不能移,威武不能屈。自由之谓也。古者盖谓之义。孔子曰,己所不欲,勿施于人。子贡曰,我不欲人之加诸我也,吾亦欲毋加诸人。……平等之谓也。古者盖谓之恕。自由者,就主观而言之也。……孔子曰,己欲立而立人,己欲达而达人。亲爱之谓也。古者盖谓之仁。三者诚一切道德之根源,而公民道德教育之所有事者也。②

在此,蔡元培有意将儒家精神与西欧自由民主思想互动互诠,这不仅是其实现"超轶政治"之美感教育的外在方案,也是希冀继承发扬传统"诗教"功能的内在追求。在古代"诗教观"的继承、转换与改造上,蔡元培极为重视"艺术"在"美育"功能改造中的重要作用。蔡氏指出:"感情兴奋之时,非理智所能调节;感情沉滞之时,非理智所能活泼也。孰调节之? 孰活泼之? 曰艺术。艺术者,超于利害生死之上,而自成兴趣,故欲养成高尚、勇敢与舍己为群之

① 潘黎勇:《"以美育代宗教":蔡元培审美信仰建构的双重价值追求》,《吉首大学学报(社会科学版)》2012 年第 1 期。
② 蔡元培:《对于教育方针之意见》,高平叔编:《蔡元培美育论集》,第 2 页。

思想者,非艺术不为功。"①要实现艺术的这种功能,关键在于通过"美育"实现潜移默化的情感陶养。蔡氏指出:

> 美育者,应用美学之理论于教育,以陶养感情为目的者也。……吾国古代教育,用礼、乐、射、御、书、数之六艺。乐为纯粹美育……无不含有美育成分者。其后若汉魏之文苑、晋之清谈、南北朝以后之书画与雕刻、唐之诗、五代以后之词、元以后之小说与剧本,以及历代著名之建筑与各种美术工艺品,殆无不于非正式教育中行其美育之作用。②

也就是说,"美育"之功能是循序渐进、潜移默化的,并在审美中通过对象激发出来,完成由"潜"到"显"的过程。蔡元培指出,"吾人固不可不有一种普遍职业,以应利用厚生之需要;而于工作的余暇,又不可不读文学,听音乐,参观美术馆,以谋知识与感情的调和",只有在这种"超脱"的审美活动中,人们才能在音乐、雕刻、图画、文学里找见遗失的情感,进而"认识人生的价值"。③

蔡元培还不断提出"美育"是自由、进步、普及的,而这种普遍、超越的美育恰好能激发人们的"创造欲"。只不过这种创造欲,同样需要艺术来完成。蔡元培指出:"现在要以纯粹的美来唤醒人的心,就是以艺术来代宗教。因为西湖的寺庙最多,来烧香的人也最多,所以大学院在西湖设立艺术院,创造美,使以后的人都移其迷信的心为爱美的心,借以真正完成人们的生活。……艺术能养成人有一种美的精神,纯洁的人格。"④也就是说,人的信仰心理不是自然形成的,而是文化教育养成的。因此,既要利用"自然美"来吸引人,

---

① 蔡元培:《〈大学院公报〉发刊词》,高平叔编:《蔡元培美育论集》,第192页。
② 蔡元培:《美育》,高平叔编:《蔡元培美育论集》,第208页。
③ 蔡元培:《美育与人生》,高平叔编:《蔡元培美育论集》,第267页。
④ 蔡元培:《学校是为研究学术而设——在西湖国立艺术院开学式演说词》,《蔡元培谈教育》,辽宁人民出版社2015年版,第64—65页。

更要创造"艺术美",要用"美的理想"来重建人的信仰,并通过"美育"来完成这种信仰心理的塑造,进而使美的信仰真正地取代宗教信仰。可见,情感陶养,归根结底还是要塑造养成"艺术化"的"人心",这不仅是艺术化人生的旨趣,还是"美育"的功能指向。直至晚年,蔡元培仍孜孜不懈:

> 我以为如其能够将这种爱美之心因势而利导之,小之可以怡性悦情,进德养身,大之可以治国平天下。何以见得呢?……人我之别、利害之念既已泯灭,我们还不能进德么?人人如此,家家如此,还不能治国平天下么?我向年曾主张以美育代宗教,亦就因为美育有宗教之利而无宗教之弊的缘故,至今我还是如此主张。①

　　不难窥见,蔡元培"以美育代宗教说"表层之目的乃是通过美感教育陶养性情,养成高尚纯洁之人格,但在情感陶养、人生美化的路径深处,实则掩藏着社会改良之终极政治理想,即"修身、齐家、治国、平天下"这一传统儒家济世经邦的理想以及文人士子普遍的心态抱负。② 换言之,蔡氏在中西美学体悟与融通基础上倡导"以美育代宗教",不仅有鲜明的现实社会改良的意旨,更有承续和转换儒家"诗教"传统功能的政治自觉。甚至可以说,悠久的"诗教"传统,在反封建、反传统与新文化运动的强力冲击下渐趋失落,却在蔡元培"以美育代宗教"的口号中,重新找到了恢复的土壤与勃兴的需求。"文以载道"的传统,由于现实之需求,通过功能转换和改造,尤其是对"载道"传统中人的"自由""感性"维度的弥补,在中西化合中有了新的现代性改良的意义。
　　综上而言,"以美育代宗教"这一命题最大的意义或许正在于恢复传统"诗教"的功能,尤其是在"情感论"路径上重建了"载道"传统与"礼乐"传统中

---

① 蔡元培:《〈美学原理〉序》,高平叔编:《蔡元培美育论集》,第 291 页。
② 美国著名美学家托马斯·芒罗在讨论 20 世纪中国美学的本土与外来传统提及蔡元培时,也着重用"这个激进的儒学弟子和教育部长"来形容他。参见〔美〕托马斯·芒罗:《东方美学》,欧建平译,中国人民大学出版社 1990 年版,第 15 页。

人的自由情感之审美感性维度,既实现了人生美化、生活改良与社会改造,又推动现实人生向前发展。在西方美学模式路径上,蔡元培为传统"载道观"加入了感性、自由的审美成分,这种康德式普遍性、神圣性、超功利、无利害之自由理想,恰恰击中了长久以来人性固化的顽疾,因而具有了现代性情感启蒙之普遍意义。换句话说,在借鉴学习西方文化与美学的过程中,蔡元培始终扎根于中国传统文化精神,尤其是儒家"诗教"传统与仁学礼乐思想,使得"以美育代宗教说"在"情感启蒙"与"艺术化人生"转向这一中西贯通、古今融合的路径上完成了民族传统美学艺术精神与西方优秀文化的改造、融合与创新,因而有着独特的历久弥新的价值和时代意义。

| 第二章 |

英国经验主义与朱光潜美学建构的立场方法

朱光潜(1897—1986),安徽桐城人,中国现代著名的美学家、文艺理论家和翻译家。先后在香港大学、英国爱丁堡大学和法国斯特拉斯堡大学求学,致力于文学、教育学、心理学和哲学美学研究,回国后任北京大学教授,并在 1980 年被推选为中华全国美学学会首任会长,为美学在中国的传播、发展做出巨大贡献。然而,受"朱光潜说"的前置性影响,学界在讨论和书写朱光潜美学时往往因依循"己说"而落入预定的框架阈限。穿透这一"显话语",不难发掘明线之外所掩埋的经验主义思想暗线。留英期间,朱光潜对经验主义哲学传统研习甚深,这不仅成为他归国后修补克罗齐"直觉论"美学的重要思想资源,还是他在"美学大讨论"中提出"物甲物乙说"的理论基础。英国经验主义作为纵贯朱光潜美学体系的"隐话语"和"暗思想",不但是其译介和理解康德美学的理论眼镜,还是其围绕《新理学》和"梅花之辩"与冯友兰、李泽厚等哲学美学家展开论争的立场与方法。探讨朱光潜美学,只有跳出"朱光潜说"这一"显话语",方可发掘其思想体系内部潜藏的丰厚复杂的思想蕴涵。

第一节　问题的提出：一条美学史书写的明线

作为学贯中西的美学大家，朱光潜历来被视为"移西方美学思想之花接中国文艺思想传统之木"①的理论代表。尽管"移花接木"观仍有争议，朱光潜对西方美学思想的借鉴与吸纳却毋庸置疑。正如朱光潜所说，"我的美学观点，是在中国儒家传统思想的基础上，再吸收西方的美学观念而形成的"②。朱光潜是桐城后学，对中国传统思想的汲取自然是其美学思想的重要面向，但朱先生对西方美学观念之吸收，却因"朱光潜说"的话语影响，基本框定了学界的阐释阈限。譬如，朱光潜 1936 年在《文艺心理学》"作者自白"中说："我受从康德到克罗齐一线相传的形式派美学的束缚。"③1982 年在为早期博士论文《悲剧心理学》所写的"中译本自序"中说："一般读者都认为我是克罗齐式的唯心主义信徒，现在我自己才认识到我实在是尼采式的唯心主义信徒。在我的心灵里植根的倒不是克罗齐的《美学原理》中的直觉说，而是尼采的《悲剧的诞生》中的酒神精神和日神精神。"④1950 年在《关于美感问题》中也说："在无产阶级革命的今日，过去传统的学术思想是否都要全盘打到九层地狱中去呢？……'移情说'和'距离说'是否可以经过批判而融会于新美学呢？"⑤1956 年在《我的文艺思想的反动性》中又说："我由于学习文艺批评，首先接触到在当时资产阶级美学界占统治地位的克罗齐，以后又戴着克罗齐的眼镜去看康德、黑格尔、叔本华、尼采和柏格森之流……这就是我的思想堕落的过程。"⑥诸如此类。正是这些"朱光潜说"，致使学界基本沿袭并"按着"这

---

①　马利奥·沙巴提尼：《朱光潜在〈文艺心理学〉中的"克罗齐主义"》，赖辉亮译，《中国青年政治学院学报》1989 年第 1 期。

②　朱光潜：《答香港中文大学校刊编者的访问》，《朱光潜全集》第 10 卷，安徽教育出版社 1996 年版，第 653 页。

③　朱光潜：《文艺心理学》"作者自白"，复旦大学出版社 2009 年版，第 2 页。

④　朱光潜：《悲剧心理学》"中译本自序"，人民文学出版社 1985 年版，第 1—2 页。

⑤　朱光潜：《关于美感问题》，《文艺报》1950 年第 8 期。

⑥　朱光潜：《我的文艺思想的反动性》，《文艺报》1956 年第 12 期。

一模式进行美学史书写,并将朱光潜美学定格在以"移情说""距离说""内模仿说"为代表的"西方近代心理学派"以及"康德与克罗齐美学传统"和"马克思主义美学"之框架脉络中。这也成为当下中国美学史书写中一条难以逾越的明线。

诚然,"朱光潜说"所提到的这些思想资源,无疑是朱光潜美学译介与建构中最直接、最重要的话语来源,但问题是这种出自"己说"的"言说模式"反倒造成学界对其"显话语"的沿袭而忽视对其他丰富复杂的"隐话语"的察觉。20 世纪初,朱光潜留学英法八年,正值西方哲学美学由近代向现代转型,各种思潮流派此起彼伏。尤其是以费希纳为代表的实验美学拒绝美的本质之形上思辨,积极运用科学实验的方法研究审美主体心理及客体形式规律,使得西方美学发生心理学转向,还出现精神分析心理学美学、完形心理学美学等实证思潮。作为主攻心理学的学生,朱光潜不仅深受英国传统哲学思想的熏陶,还深受这些心理学知识的影响,并在《文艺心理学》"附录一"中,专门对近代实验美学进行过介绍。

不容忽视的是,20 世纪西方美学的"心理学转向"以及现代心理学的起源有着极为重要的历史背景和理论渊源。最具代表性的、被称为"实验心理学之父"的冯特,便深受英国经验主义哲学的影响,还有冯特的学生、被称为"构造主义心理学"代表的铁钦纳,也对英国经验主义和联想主义产生浓厚兴趣。行为主义心理学代表华生,不仅在芝加哥大学读书期间选修过"英国经验主义哲学"课程,更在后来将洛克、休谟等英国经验主义哲学家视为理论先驱,等等。[①] 可以说,以霍布斯、洛克、夏夫兹博里、休谟和伯克等人为代表的英国经验主义哲学传统,一反过去形而上学的理性思辨,转而重视感觉经验和联想作用的思维理路,不仅经过冯特、铁钦纳、华生等人接续成为现代心理学的源头,还构成朱光潜接受心理学美学的重要知识背景,且被朱光潜自觉或不自觉地内化到其心理学美学的话语体系建构中。

---

① 　马欣川:《现代心理学理论流派》,华东师范大学出版社 2003 年版,第 31、57 页。

第二节 在"朱光潜说"之外:英国经验主义的思想暗线

学界对朱光潜思想的划分多以 1949 年为界,前期为西方美学路向,后期为马克思主义美学改造。为更好地呈现朱光潜的学思历程,笔者拟就"留英前"(1921—1924)、"留英期间"(1925—1932)、"留学归国与抗战时期"(1933—1949)、"'美学大讨论'前后"(1949—1966)几个时段进行集中研讨。只需对这些时段内的论著予以"地毯式"文献细读和比较分析,就不难发现朱光潜美学思想中始终隐埋的经验主义话语暗线。

留英前,朱光潜在香港大学主攻教育学并选修文学、生物学和心理学,由此"奠定了一生教育活动和学术活动的方向"①。在此期间,朱光潜先后发表了《行为派 behaviourism 心理学之概略及其批评》[《改造(上海 1919)》1921年第 3 期]、《福鲁德的隐意识说与心理分析》(《东方杂志》1921 年第 18 卷第14 期)、《智力测验法的标准(附表)》(《教育杂志》1922 年第 14 卷第 5 期)及美学处女作《无言之美》(《民铎杂志》1924 年第 5 卷第 5 期)。除《无言之美》对中国传统儒家思想和文学作品语言的独特美感进行过探讨外,朱光潜在此时期的文章主要集中于教育学和心理学学科知识的理论介绍。

1925 年夏抵英进入爱丁堡大学后,朱光潜不断拓展学术视野,陆续发表《完形派心理学之概略及其批评》(《东方杂志》1926 年第 23 卷第 14 期)、《近代英国名学》(《留英学报》1927 年第 1 期)、《现代英国心理学者之政治思想》(《留英学报》1928 年第 2 期)及《行为主义》(《留英学报》1929 年第 3 期)等系列文章,并开始给《中学生》撰写专栏文章。值得注意的是,开启留英之旅后,朱光潜延续了上一时期对行为主义心理学的兴趣,并上溯到英国经验主义哲学,尤其是对以霍布斯、洛克为代表的经验主义哲学家的政治思想的专门研习,如《近代英国名学》《现代英国心理学者之政治思想》等文章,对英国经验主义哲学均有涉猎。尤为重要的是,这一时期《中学生》杂志还发表了朱光潜

---

① 朱光潜:《文艺心理学》"作者自传",第 313 页。

《记得绿罗裙,处处怜芳草——美感与联想》一文,指出"美感与快感之外,还有一个更易惹误解的纠纷问题,就是美感与联想。……联想是以旧经验诠释新经验,如果没有它,知觉、记忆和想象都不能发生,因为它们都是根据过去的经验","据一派心理学家说,这都是由于联想作用"。① 在此,无论是强调美感"经验的作用",还是审美活动的"经验联想",都是经验主义哲学美学的核心主张。霍布斯在《利维坦》"论想象"中便在事物感觉经验基础上提出"复合想象"的概念②,洛克更将这种现象定名为"观念的联想"③,正如朱光潜所说:"霍布士(斯)已注意到观念联想的事实,洛克给这事实确定下一个为后来人一直沿用的名称,即'观念的联想'(Association of Ideas)。"④这也初步显示出朱光潜运用经验主义思想分析美感的理论自觉。

　　留学归国与抗战时期,在欧洲思想的浸润下,朱光潜接连推出《文艺心理学》(1936 年)、《文艺与道德有何关系?》(《中山文化教育馆季刊》1936 年第 3 卷第 2 期)、《克罗齐美学的批评》(《哲学评论》1936 年第 7 卷第 2 期)、《诗论》(1943 年)及《克罗齐与新唯心主义(上)》(《思想与时代》1947 年第 41 期)等代表性论著。除《文艺心理学》多次引用霍布斯、洛克的观点外,其他论著也反复对英国经验主义哲学美学进行了介绍,更在对克罗齐美学割断美感与联想等问题的批评上展现出其清晰的经验主义立场。譬如,在《文艺与道德有何关系?》一文中,朱光潜质疑说:"我们在分析美感经验时,大半采取由康德到克罗齐一线相传的态度……但是根本问题是:我们应否把美感经验划为独立区域,不问它的前因后果呢?"⑤在意识到形式主义美学的不足后,朱光潜接着便从经验主义的立场进行了解答:"一个人不能终身都在直觉或美感经验中过活,艺术的活动也不仅限于短促的一纵即逝的美感经验。一个艺术家在突

---

① 朱光潜:《记得绿罗裙,处处怜芳草——美感与联想》,《中学生》1932 年第 29 期。

② 霍布斯:《利维坦》,黎思复、黎廷弼译,商务印书馆 2009 年版,第 8 页。

③ 洛克:《人类理解论》上册,关文运译,商务印书馆 2011 年版,第 406 页。

④ 朱光潜:《西方美学史》,人民文学出版社 2011 年版,第 204 页。

⑤ 朱光潜:《文艺与道德有何关系?》,《中山文化教育馆季刊》1936 年第 3 卷第 2 期。

然得到灵感、见到一个意象(即直觉或美感经验)以前,往往经过长久的预备。在这长久的预备期中,他不仅是一个单纯的'美感的人',他在做学问,过实际生活,储蓄经验,观察人情世故,思量道德、宗教、政治、文艺种种问题。"①与强调美感经验活动中"孤立绝缘"的形象直觉不同,经验主义哲学承认形象思维与想象等情感心理活动的相互关联,并将美感与观念联想、道德伦理乃至政治统一起来。② 这种缝补形式主义直觉论的经验主义立场和方法,在《文艺心理学》新增写的第六章"美感与联想"中体现得尤为明显。朱光潜通过引述经验主义哲学家霍布斯关于"联想作用"的相关资源,恰到好处地补充修正了克罗齐"直觉论"美学的不足。正如朱光潜所言,"从前,我受从康德到克罗齐一线相传的形式派美学的束缚,以为美感经验纯粹地是形象的直觉,在聚精会神中我们观赏一个孤立绝缘的意象,不旁迁他涉,所以抽象的思考、联想、道德观念等等都是美感的范围以外的事。现在,我觉察人生是有机体;科学的、伦理的和美感的种种活动在理论上虽可分辨,在事实上却不可分割开来,使彼此互相绝缘"③。不难看出,当朱光潜发觉形式派美学中"孤立绝缘"的"形象的直觉"这一美感经验路线在方法论上存在"机械化"倾向时,正是以霍布斯、洛克为代表的经验主义美学家所主张的"观念联想作用",成为弥补与修正克罗齐美学思想的重要理论资源,也为朱光潜"克服形式派美学在审美、科学、道德之间的区分"进而"重新思考文学与道德关系,弥补形式派美学片面强调审美独立性的缺陷"④提供了批判的补救方案。

"美学大讨论"前后,作为文艺领域"思想改造"的重点对象,朱光潜在压力中有意疏离过去的话语并自觉运用马克思主义美学资源进行自我理论改造。其间,朱先生先后发表了《我的文艺思想的反动性》(《文艺报》1956 年第

---

① 朱光潜:《文艺与道德有何关系?》,《中山文化教育馆季刊》1936 年第 3 卷第 2 期。
② 范明生:《十七十八世纪美学》,蒋孔阳、朱立元主编:《西方美学史》第 3 卷,北京师范大学出版社 2013 年版,第 132 页。
③ 朱光潜:《文艺心理学》"作者自白",第 2 页。
④ 金浪:《朱光潜与英国经验主义传统:兼论 1930—1940 年代朱光潜修正克罗齐的背景与资源》,《文艺理论研究》2012 年第 6 期。

12 期)、《美学怎样才能既是唯物的又是辩证的》(《人民日报》1956 年 12 月 25 日)、《论美是客观与主观的统一》(《哲学研究》1957 年第 4 期)、《英国经验主义派的美学思想》(《北京大学学报》1962 年第 6 期),并出版有《西方美学史》等。其中,最具代表性的无疑是美学论争中所提出的基于"物甲物乙说"的"主客观统一论"。朱光潜提出:

> "物的形象"是"物"在人的既定的主观条件(如意识形态,情趣等)的影响下反映于人的意识的结果,所以只是一种知识形式。在这个反映的关系上,物是第一性的,物的形象是第二性的。但是这"物的形象"在形成之中就成了认识的对象,就其为对象来说,它也可以叫做"物",不过这个"物"(姑简称物乙)不同于原来产生形象的那个"物"(姑简称物甲),物甲只是自然物,物乙是自然物的客观条件加上人的主观条件的影响而产生的,所以已经不纯是自然物,而是夹杂着人的主观成分的物,换句话说,已经是社会的物了。①

有意味的是,尽管朱光潜在"被批判"中诚心接受思想改造,并有意识地从"西方美学模式"转换到马克思主义唯物论美学,但其"物甲物乙说"仍可清晰地见出英国经验主义的影子。因为洛克在对"观念意识"进行考察时,也对物体的性质做过区分并提出"物的第一性"和"物的第二性"概念。洛克指出:

> 物体的第一性质(primary qualities)不论在什么情形之下,都是和物体完全不能分离的;物体不论经了什么变化,外面加于它的力量不论多大,它仍然永远保有这些性质。……你如果把一粒麦子分成两部分,则每部分仍有其凝性、广袤、形相、可动性;你如果再把它

---

① 朱光潜:《美学怎样才能既是唯物的又是辩证的——评蔡仪同志的美学观点》,《人民日报》1956 年 12 月 25 日。

分一次,则它仍有这些性质。①

在"物体的第一性质"基础上,洛克进一步指出:

> 物体的第二性质(second qualities)——第二种性质,正确说来,并不是物象本身所具有的东西,而是能借其第一性质在我们心中产生各种感觉的那些能力。类如颜色、声音、滋味等等,都是借物体中微细部分的体积、形相、组织和运动,表现于心中的;这一类观念我叫作第二性质。②

通过对"物"的第一性、第二性的分析,洛克总结说:"物体给我们的第一性质的观念是同它们相似的,而且这些性质的原型切实存在于那些物体中。至于由这些第二性质在我们心中所产生的观念,则完全同它们不相似;在这方面,外物本身中并没含有与观念相似的东西。"③可见,洛克将物体所固有的原初性质视为"物的第一性",它是不依赖于人的主观意识的客观事物属性,而美作为"表现于心中的"观念形象则是"第二性"的,是源自客观事物作用于感官心灵的创造。

细致比较不难发现,与"物甲"和"物体的第一性质"表述一致不同,朱光潜对"物乙"的论证有意强调"主观成分"是对物本身"反映"的结果,而洛克"物体的第二性质"则极力伸张"表现于心中"之观念。尽管存在些微差别,却更似朱光潜在"革命"语境中躲避"唯心"的"保护色"。总体来看,朱光潜所谓"第一性的物"即"物甲","第二性的物的形象"即"物乙",这种言说范式与英国经验主义美学家洛克的界分和论述如出一辙。难怪有学者便提出朱光潜

---

① 洛克:《人类理解论》上册,第 107 页。
② 洛克:《人类理解论》上册,第 108 页。
③ 洛克:《人类理解论》上册,第 109—110 页。

的"物甲物乙说是就'形象'而言",而想象性的形象"由人的心灵所创造"①,这其实就是洛克所谓"表现于心中"的观念形象。可以说,在"美学大讨论"中,朱光潜"物甲物乙说"的提出和运用同样可以见出其对经验主义美学思想的汲取和化用。

第三节　经验主义的眼镜对康德美学的译介和理解

英国经验主义作为朱光潜美学思想体系中的"隐话语"和"暗思想",还体现在其对西方美学的译介上。在《西方美学史》"德国古典美学"部分,朱光潜围绕《判断力批判》对康德美学思想进行了较为详细的介绍和阐发。但由于对英国经验主义自觉或不自觉地"潜在性"接受,其对康德美学的翻译和阐发均不可避免地带上了经验主义的色彩。正如朱光潜在"结束语"中所言:

> 康德从理性派接受过来的东西远比从经验派所接受过来的为多,所以在方法上侧重理性的超验性的解释,只有在这种理性的解释行不通时,他才被迫采取经验性的解释。也正是在这种时候,他的见解特别富于启发性。②

众所周知,康德身处近代西方哲学思想的转折期,理性主义与经验主义两派哲学尖锐对立,康德哲学正是试图在批判中实现两者的调和与统一。然而,在朱光潜看来,康德美学中那些采取经验主义解释的美学思想最富启发性,譬如康德对"审美趣味""审美意象""美的理想"等观念范畴的阐释。事实上,朱光潜在《西方美学史》中对康德的这些论断,无论是话语译介还是思想阐发,都是依据自身经验主义的立场、视野和方法做出的研判。

---

① 黄应全:《朱光潜美学是主客统一论吗?》,《文艺研究》2010 年第 11 期。
② 朱光潜:《西方美学史》,第 396 页。

仅以"美的分析论"中第一契机推得的"美的定义"为例。康德提出①："鉴赏是通过不带任何利害的愉悦或不悦而对一个对象或一个表象方式作评判的能力。一个这样的愉悦的对象就叫作美。"②对此，Werner S. Pluhar(维尔纳·S. 普卢哈尔)的英译本将其翻译为"Taste is the ability to judge an object, or a way of presenting it, by means of a liking or disliking devoid of all interest. The object of such a liking is called beautiful."。③ 美国布朗大学哲学系 Paul Guyer(保罗·盖伊)的英译本将其译为"Taste is the faculty for judging an object or a kind of representation through a satisfaction or dissatisfaction without any interest. The object of such a satisfaction is called beautiful."。④ 然而，朱光潜在《西方美学史》中则将其译为：

> 审美趣味是一种不凭任何利害计较而单凭快感或不快感来对一个对象或一种形象显现方式进行判断的能力。这样一种快感的对象就是美的。⑤

这里的关键在于康德《判断力批判》原文中"Vorstellungsart"这一概念。英译本中"presenting"或"representation"都有"表象方式"的意蕴，即便在日本权威译本中也将其译作"表象方式"，日本著名美学家大西克礼将其译为：

> 趣味とはあらゆる関心なくして、或対象もしくは或表象の仕

---

① 综合比较宗白华、邓晓芒、曹俊峰、李秋玲等的译文，此处以邓晓芒译本为参照，曹俊峰、李秋玲等译本在康德"表象方式"这一关键概念的译法上皆一致。

② 康德：《判断力批判》，邓晓芒译，人民出版社 2011 年版，第 45 页。

③ Immanuel Kant. *Critical of Judgment*, Translated by Werner S. Pluhar, Indianapolis: Hackett Publishing Company, 1987, p. 211.

④ Immanuel Kant. *Critique of the Power of Judgment*, Translated by Paul Guyer, New York: Cambridge University Press, 2000, p. 96.

⑤ 朱光潜：《西方美学史》，第 353 页。

　　方を、満足もしくは不満足に依りて判断する能力である。斯の如
き一つの満足の対象を指して美といふ。①

　　然而,这一关键概念在朱光潜的译文中则译为"形象显现"。这一译法显
然是经过深思熟虑的,因为朱光潜就这一译法还通过"脚注"形式特意做了进
一步说明:

　　　　德文 Vorstellung 过去译为"表象",欠醒豁,它指把一个对象的
　　形象摆在心眼前观照,亦即由想象力掌握一个对象的形象,这个词
　　往往用作 Idee(意象,观念)和 Gedanke(思想)的同义词,含有"思维"
　　活动的意义。②

　　在此,朱光潜着意要将康德"表象"正义为"形象",这一思考自然有其用
心。因为在朱光潜思想体系中,无论是前期基于克罗齐"直觉说"的"形象直
觉论",还是后期基于"物甲物乙说"的"主客观统一论","形象"这一概念都有
着极为重要的美学位置。朱光潜之所以如此重视"形象",还在于其重视将美
与艺术视为"心灵的创造物",因为"形象的直觉"无异于"艺术的创造"。③
　　然而,在康德思想体系中,"Vorstellungsart"一词更近于"表象"而非朱光
潜意译的"形象"("意象"或"观念")。因为"表象"既有"感性的表象"即"审美
表象",也有"逻辑的表象"。其中,"审美表象"作为"自然的合目的性",它既
可以是对象的内容和对象的经验材料,也可以完全是主观的感觉、知觉、印象
或情感。而"形象"侧重于对具体对象事物的感性把握。换句话说,"形象"建

---

① 　カント.判断力批判(上),大西克礼訳,東京:岩波書店,1940,p. 77.(另,日本著名哲学
　　家牧野英二在日译《康德全集》第 8 卷中同样将其翻译为"表象方式",见カント.カン
　　ト全集 8,東京:岩波書店,1999,p. 66.)
② 　朱光潜:《西方美学史》,第 353 页。
③ 　朱光潜:《文艺心理学》,第 11 页。

立在具体"物的属性"基础之上,是由"物甲"再到"物乙"的形象显现过程。但在康德哲学思想中,"表象"作为"合目的性的审美表象",是一种"不是和客体有关,而只是和主体有关"的"先验的形式",是主体基于"反思判断力"(reflective judgment)的一种"适合性"、一种"协调一致性"。①

显然,朱光潜"形象显现"的考量和译法,实则与作为形式的"表象方式"存在一定的偏离,其症结则与朱光潜用一种经验主义的"前见"去理解和阅读康德有关。依据霍布斯、洛克等经验主义哲学家的看法,"观念"(idea)②是一切知识得以形成的基础和前提,而"人心中的观念"是"物体的性质"作用于感官的结果,也就是说,人的观念是建立在"实在性"的客观对象事物基础上的③。朱光潜对美做出"形象的显现"这一论断和理解,不仅与康德的先验性的"合目的性表象"存在一定距离,还在立于"对象材料"基础上的"形象显现"这一逻辑路径上深深烙上了经验主义的美学印迹。

除对"形象显现"/"表象方式"的译介理解外,朱光潜对康德"审美趣味""审美意象"等核心范畴的译介理解,同样借助了经验主义的眼镜。或许正如朱光潜所言,"康德一般是缺乏历史发展观点和鄙视从经验出发去分析哲理问题的,但上段引文中却流露了一点(尽管是微乎其微的)历史发展观点和对经验事实的信任。如果他朝这个方向发展,他的贡献会大得多。只是由于他严重地脱离现实,受经院派理性主义侧重玄想的学风束缚,他的思想中一点有希望的萌芽可惜没有得到充分的发展"④。从朱光潜对康德美学这一思想的评述中,也不难发现其对经验主义哲学美学方法论的拥戴与推崇。

① 邓晓芒:《康德〈判断力批判〉释义》,生活·读书·新知三联书店 2018 年版,第 172—173 页。

② 霍布斯思想中所用的 Idea(中译为"观念、理念")、Imagination(中译为"想象、想象力")等几个核心术语,在朱光潜《文艺心理学》《西方美学史》等书中也被反复挪用。参见〔英〕霍布斯:《论物体》,段德智译,商务印书馆 2019 年版,第 582 页。

③ 周晓亮主编:《近代:理性主义和经验主义,英国哲学》,《西方哲学史》,叶秀山、王树人总主编,江苏人民出版社 2005 年版,第 340 页。

④ 朱光潜:《西方美学史》,第 365 页。

第四节　《新理学》与"梅花之辩"：经验主义的立场及其论争

　　潜藏在朱光潜思想体系中的经验主义话语暗线,还清晰体现在围绕美学问题展开的各种论争中。1939 年,冯友兰的《新理学》由商务印书馆出版铅印本。该书不仅获得民国教育部组织的全国学术评奖一等奖,还在抗战时期引发持续论争,张东荪、朱光潜、李长之、胡秋原、洪谦等一大批理论家均参与其中。围绕"新理学"的相关讨论从 1940 年一直持续到 1947 年,《文史杂志》《哲学评论》等共刊发相关讨论文章数十篇,形成巨大社会反响。

　　《新理学》被视为冯友兰"哲学体系的一个总纲"①,该书将整个宇宙世界划分为"真际"与"实际"。所谓"真际"就是"形而上的理世界","实际"则是"形而下的器世界";形而上的"理"就是"道",它属于一类东西共有的规定性的"共相",是抽象的,而形而下的"器"则是具体的、有形的、可经验的实际的事物。在冯友兰看来,一切事物之成均靠理与气,这是"最哲学底哲学","并不需许多经验中底事例,以为证明"②,也就是说,"真际比实际更为根本,因为必须先有'理',然后才能有例证"③。据此,哲学是一种"纯思的对象",其方法是"纯思",其问题是共相和殊相、一般和特殊的关系问题,而作为"真际"之"理",就是一种不可感觉的抽象的"共相",是先于具体的实际的对象。正是从这些"最哲学底哲学"之"新理学"观出发,冯友兰不仅对天道、人道、历史做出自己的哲学解释,还对艺术与美进行了思考。在《新理学》"艺术"部分,冯友兰便提出:

　　　　有美之理,凡依照此理者,即是美底;正如有红色之理,凡依照
　　此理者,即是红底。此即是说:凡依照美之理者,人见之必以为美;

①　冯友兰:《冯友兰学术自传》,人民出版社 1998 年版,第 213 页。
②　冯友兰:《新理学》,生活·读书·新知三联书店 2007 年版,第 11 页。
③　冯友兰:《冯友兰学术自传》,第 215 页。

正如凡依照红色之理者,人见之必以为是红底。此是从宇宙之观点
说。若从人之观点说,凡人所谓美者,必是依照美之理者,正如凡人
谓为红者,必是依照红之理者。①

显而易见,正是在作为"纯思"之"理"的哲学观上,冯友兰将"美之理"也视为
一种超时空、超经验的形而上学的"真际",这类似于柏拉图所提出的"理式"
(eidos),是一种有"真"无"实"的"理",是脱离于感性实际世界的超时空的"存
有"之实在论立场。《新理学》对"真际"与"实际"的划分及其对美与艺术的哲
学解释,在抗战时期引发众人关注,并在哲学方法、哲学意义和哲学贡献等多
个领域收获广泛好评。

　　然而,在普遍的赞誉声中,也有批评者,美学家朱光潜最具代表性。朱光
潜认为,冯友兰《新理学》对"创立一种新的哲学系统"的努力是值得充分肯定
的,但其哲学思想体系最大的问题在于对"真际"与"实际"的划分及其范围理
解存在偏差和自相矛盾之处。朱光潜批评道:"真际是形而上的,实际是形而
下的。实际事物的每一性与真际中一理遥遥对称,如同迷信中每人有一个星
宿一样。真际所有之理则不尽在实际中有与之对称或'依照'之者,犹如我们
假想天上有些星不护佑凡人一样。"②显然,冯友兰对于"真际"与"实际"的区
别,在可思议而不可感官经验的形而上之"理"与实际的可感官经验的形而下
之具体事物这一关系上,与朱光潜的理解发生了冲突。

　　同理,冯友兰基于"新理学"对艺术美感的形而上态度,朱光潜也断难接
受。因为在朱先生眼中,"美不仅在物,亦不仅在心,它在心与物的关系上
面",它是美感经验中的"形象的直觉",是"情趣意象化或意向情趣化时心中
所觉到的'恰好'的快感",是一种"心灵的创造"。③ 因此,朱光潜认为冯友兰
"依照真际"的"理"是一种"无字天书",而这种"无字天书的本然样子"则类似

① 　冯友兰:《新理学》,第 188 页。
② 　朱光潜:《冯友兰先生的〈新理学〉》,《文史杂志》1941 年第 1 卷 2 期。
③ 　朱光潜:《文艺心理学》,第 140—141 页。

于古典主义的"典型"和希腊哲学家的"模仿",并批评指出"如果艺术凭仗这个渺茫的东西,不但批评无根据,连创作也不能有根据"①。

应该看到,朱光潜与冯友兰围绕《新理学》对艺术和美的论争,不仅在观点上大异其趣,而且在哲学立场和方法上有所区别。冯友兰对于"真际"之"理"的思考,是在告别早期"直觉说"后转向建构"新理学"体系在哲学立场上的转变。早在《一种人生观》等文中,冯友兰同样推崇"直觉说",并强调"物(兼人而言)皆即是事情,即是一串或一组之事情所合成",只不过"一类之物又有其共同之类,为其类之所以别于他类者,此乃一类所共有之性质。这共同性质,即柏拉图所谓共相,概念,亚里士多德所说形式"②。早期冯友兰一方面重视形而下的日常生活经验和实际事物,另一方面也萌发对形而上的"理"的构思。这种"没有一个一贯中心思想"③的哲学立场到抗战时期建构"新理学"体系时则发生变化,并明确转向"新实在论"④,也即对形而上"真际"之"理"的"哲学底哲学"的纯思中。这便是冯友兰《新理学》所要建构的哲学纲要,也是其美学艺术观的哲学立场。

与此不同,朱光潜恰恰立于经验主义的立场,从审美经验出发试图沟通哲学与科学、审美与人生、形而上与形而下,并在"补苴罅漏"和"调和折中"中思考文艺和美学。⑤ 如果说,冯友兰是严格区分哲学与科学,并将美视为"超经验"的形而上的"理"进行一种"最哲学底哲学"的纯思,那么朱光潜则是试图统一科学、伦理与美学,并在经验主义层面上做艺术思考。如果说冯友兰是一种"形上学和本体论的说明",朱光潜则是"经验主义和知识论(认识论)的说明"⑥。

---

① 朱光潜:《冯友兰先生的〈新理学〉》,《文史杂志》1941 年第 1 卷 2 期。

② 冯友兰:《人生哲学》,商务印书馆 1926 年版,第 278、285 页。

③ 冯友兰:《三松堂全集》第 1 卷,河南人民出版社 1985 年版,第 198 页。

④ 金春峰:《冯友兰哲学生命历程》,中国言实出版社 2004 年版,第 32 页。

⑤ 朱光潜:《文艺心理学》"作者自白",第 2 页。

⑥ 宛小平:《美的争论:朱光潜美学及其与名家的争鸣》,生活·读书·新知三联书店 2017 年版,第 37 页。

　　因深受经验主义传统影响,朱光潜不仅反对将美实体化,还在经验主义立场方法上自觉运用"经验派"哲学观点从心理学路径对美与艺术做美感经验的解释。这种立场与路向,不仅体现在与冯友兰《新理学》的论争中,还浸透在与李泽厚等美学家的"梅花之辩"中。

　　早在《文艺心理学》中,朱光潜就爱用"梅花"解释美学问题:"比如见到梅花,把它和其他事物的关系一刀截断,把它的联想和意义一齐忘去,使它只剩一个赤裸裸的孤立绝缘的形象存在那里,无所为而为地去观照它,赏玩它,这就是美感的态度了。"①朱先生早期举"梅花"的例子区分美感、科学、伦理三种态度并对美感做"独立自足,别无依赖"的解释②,显然深陷克罗齐"直觉论"审美模式中。随后,当意识到克罗齐美学在割裂美感与人生的关系并忽视"传达与价值问题"时,他充分汲取了经验主义美学家关于"经验联想"的观点,试图让审美从幽闭的个体内部经验中走出来,重建美感经验与社会人生的有机关联。在朱光潜对克罗齐"信仰式皈依"到"反思性批评"这一态度立场的转变中,经验主义的思想话语起到重要的修正和调节作用。到"美学大讨论"时期,朱光潜又试图接受马克思主义的理论话语,以完成"思想改造"。面对众人的批判,朱先生不得不又一次对"美学观"做出声明,并同样以"梅花"为例解释道:

　　　　例如画梅花,画的是一种实物,这实物的客观存在是必须肯定的。……梅花本身只有"美的条件",还没有美学意义的美。主要的理由在于美学意义的"美"是上层建筑性的,而一般所谓物本身的"美"是自然形态的,非上层建筑性的。……"物"只能有"美的条件","物的形象"(即艺术形象)才能有"美"。……美感经验或艺术

---

① 朱光潜:《文艺心理学》,第 6 页。
② 朱光潜:《文艺心理学》,第 8 页。

活动是一个复杂的过程。①

此时,朱光潜显然深受马克思唯物主义影响,因而在充分肯定"客观存在"的前提下,通过划分"美的条件"和"美"委婉表达形象创造的重要性。因"形象"涉及"心灵活动",有"唯心"之嫌,而"意识形态反映"的引入不仅能强调美感经验活动中"主观意识形态"的重要性,又恰能为"美感经验"提供马克思主义的理论支撑。然而,梅花的美是梅花这一实物适合"主观方面意识形态"进而在意匠经营中所形成的"完整形象",实则在马克思主义话语点缀下依然延续着此前经验主义的美学路向。为此,美学讨论中,李泽厚等人不以为然,也以梅花为例对朱光潜反击道:"例如月亮梅花,还没有与当时以艰苦谋生为最大内容的人类生活发生亲密的关系,因此它们就不能成为当时人们美感的对象……梅花松树的确很美,但是在古代却只有士大夫能欣赏,而当时直接从事生产的农民却不能或不暇欣赏。……通由人类实践来改造自然,使自然在客观上人化,社会性,从而具有美的性质,所以,这就与朱光潜、高尔太所说'人化的自然'——社会意识作用于自然结果根本不同。"②

必须承认,李泽厚以梅花为例,从"社会性"和"实践性"角度对朱光潜"美感经验论"的批判,的确抓住了问题所在。西方近现代心理学美学深受经验主义哲学传统的影响,经验主义对心理活动的诉诸使得情感问题成为题中之义。经验主义路径更关注个体的人的审美经验以及感性的、情绪的内心体验。受此哲学路径的影响,在心理学美学线索上,朱光潜能对自然和艺术美从观念意识的角度做出合理解释,但正如李泽厚所言,一旦进入社会美领域,其缺点就暴露无遗。与此不同,李泽厚等美学家因深受马克思列宁主义思想影响,从"社会实践"出发论美,恰能在社会性层面对审美现象予以社会历史

---

① 朱光潜:《论美是客观与主观的统一》,文艺报编辑部编:《美学问题讨论集》第 3 集,作家出版社 1959 年版,第 30—33 页。

② 李泽厚:《关于当前美学问题的争论——试再论美的客观性和社会性》,文艺报编辑部编:《美学问题讨论集》第 3 集,第 170—173 页。

的有力解释。

与冯友兰《新理学》引发的论争不同,朱光潜与李泽厚等人的"梅花之辩"都是在哲学认识论层面上的讨论,其分别就在于朱光潜基于经验主义哲学路径的心理学美学方法,而李泽厚等人则立足马克思唯物主义认识论层面的社会学美学方法。正是这种在思想立场与美学方法上的错位,不仅使得朱光潜在 20 世纪 50 年代思想改造中日渐由"直觉论"转到马克思主义"实践论"的路径上去,还预示着经验主义美学路线中强调主体感受、体验及心理结构之美感经验的路径方法在政治美学语境中的中断。这种断裂直至朱光潜以八十三岁高龄翻译并阐发维科《新科学》时,才得以部分缝合和接续。[①]

余 论

朱光潜在《英国经验主义派的美学思想》中宣称:"从培根起,经过霍布士(斯),洛克,夏夫兹博里以至休谟和伯克,英国美学家一直着重心理学的观点,把想象和美感的研究提到首位,并且企图用观念联想律来解释一般审美活动和创造活动,这样就把近代西方美学发展指引到侧重心理学研究的方向,欧洲启蒙运动时期大陆上一些重要的美学家,例如法国的狄德罗,孟德斯鸠,卢梭和伏尔泰,意大利的维科,德国的莱莘、康德、赫尔德,以至于歌德和席勒——没有不受英国美学思想影响的。"[②]的确,作为西方 17、18 世纪与理性主义哲学双峰对峙的哲学思潮,英国经验主义传统开启了美学认识论以及从心理学路径探讨主体审美经验的方向,对 19 世纪末 20 世纪初的心理学美学产生了深远影响,更成为朱光潜美学话语建构和思想编织的知识传统与理论背景。

---

① 朱光潜曾指出:与"康德和黑格尔,都是从一些形而上学的原则和概念出发,去推演出关于局部问题(例如美和艺术)的结论"不同,"维科却从心理学中一些经验事实出发,去寻求人类心理功能和人类文化各部门的因果关系,在这一点上他受到英国经验主义的影响"。参见朱光潜:《西方美学史》,第 324 页。

② 朱光潜:《英国经验主义派的美学思想》,《北京大学学报(人文科学)》1962 年第 6 期。

论及朱光潜美学,人们想到的往往就是克罗齐"直觉说"以及由此环绕的"移情说""距离说""内模仿说"等耳熟能详的"显话语",却未曾对英国经验主义美学传统予以足够重视。事实上,霍布斯、洛克、休谟、伯克等经验派的美学思想不仅在立场方法上对朱光潜影响甚巨,还在美学话语接受上为其提供了知识方向。休谟从审美心理活动出发以快感说、效用说、同情说来论美的本质,认为对象"之所以使我愉快"是由于"同情"及其"满足感",而"这些情感中最重要的一种就是别人的爱或尊重的情感,因此这种情感是因为对于所有主体的快乐发生同情而发生的"①。伯克也提出:"根据这种同情原则,诗歌、绘画以及其他感人的艺术才能把情感由一个人心里移注到另一个人心里,而且往往能在烦恼、灾难乃至死亡的根子上接上欢乐的枝苗。"②同情由效用起、审美因同情生,经验主义美学家对"审美同情"原则的这些思想主张,尽管只有不成系统的经验观察和描述,却对后世美学尤其是近代心理学美学产生了十分重要的理论影响。吉尔伯特与库恩在《美学史》中便认为"这种对同情魔力的依赖"的学说"朦胧地预示了十九世纪末'移情作用'这种理论的出现"③。朱光潜也直言:"立普司一派的'移情'说和古鲁斯一派的'内模仿'说实际上都只是同情说的变种。"④此外,"心理距离说"被视为"朱先生美学思想形成和系统化的发轫点"⑤,朱光潜也时常举"海上遇雾"的例子来解释美感,布洛"距离说"更因朱光潜《文艺心理学》的介绍在国内影响甚大。然而,在经验主义传统中,伯克同样指出:"如果危险或苦痛太紧迫,它们就不能产生任何愉快,而只是恐怖。但是如果处在某种距离以外,或是受到了某些缓和,危险和苦痛也可以变成愉快的。"⑥这种主张"距离之外"的欣赏,在心理学路径上无疑

---

①　休谟:《人性论》下册,关文运译,商务印书馆 2011 年版,第 402—403 页。

②　伯克:《关于崇高与美》,《崇高与美——伯克美学论文选》,上海三联书店 1990 年版,第 44 页。

③　凯·吉尔伯特、赫·库恩:《美学史》,夏乾丰译,上海译文出版社 1989 年版,第 336 页。

④　朱光潜:《西方美学史》,第 225 页。

⑤　余晓林:《朱光潜与"心理距离说"》,《学术界》1990 年第 5 期。

⑥　伯克:《关于崇高与美》,《崇高与美——伯克美学论文选》,第 37 页。

启发了 20 世纪初心理学家布洛对"心理距离"的思考,也预示着"距离说"的萌芽。

　　简而言之,以霍布斯、洛克、休谟和伯克等人为代表的英国经验主义哲学传统,一反过去形而上学的理性思辨,转而重视感觉经验和联想作用的思维理路,不仅经过冯特、铁钦纳、华生等人接续成为现代心理学的源头,还构成朱光潜接受心理学美学的重要知识背景,且被朱光潜自觉或不自觉地内化到其心理学美学的话语体系建构中。经验主义作为朱光潜美学思想体系中的"隐话语"和"暗思想",不仅构成其抗战时期弥补修正克罗齐美学思想的重要话语资源,也是其在"美学大讨论"中提出"物甲物乙说"的理论基础,还是其译介和理解康德美学的理论眼镜,以及围绕《新理学》和"梅花之辩"与冯友兰、李泽厚等哲学美学家展开论争的立场方法。因此,讨论朱光潜美学时,英国经验主义的哲学美学传统不容忽视,更不可或缺,而只有适当跳出"朱光潜说"这一显在的美学史框架,方可发掘其博大精深的思想体系中所潜藏的包括经验主义美学在内的多元美学蕴涵。

| 第三章 |

日本唯物论哲学与蔡仪典型论美学观的建构

　　蔡仪(1906—1992),湖南攸县人,中国现代著名的文艺理论家、美学家,先后在北京大学文学系、日本东京高等师范学校和九州帝国大学文学部求学,回国后参加抗敌宣传工作,并撰写了《新艺术论》和《新美学》,它们在抗战时期产生巨大影响。1953 年后,蔡仪长期担任中国社会科学院文学研究所理论室(原中国科学院哲学社会科学部)研究员,专职从事美学和文艺理论研究工作,对当代中国文艺理论和美学发展产生深远影响。作为 20 世纪 40 年代中国美学研究的代表性人物,蔡仪通过批判上一历史阶段中以朱光潜为代表的唯心主义流派谱系,确立了唯物主义的新美学观。这集中体现在 1942 年的《新艺术论》与 1947 年的《新美学》中。正是这两部著作,不仅从客观事物入手,形成了"艺术是认识"及"美是典型"的观点,还依照马克思主义认识论,为反映论艺术观建造了一套独具特色且体系完备的美学话语体系。据蔡仪所述,在"参考书奇缺"的大后方,这一理论体系形成的思想来源主要有二:一是"日译的马克思、恩格斯关于文学艺术的文献",尤其是"现实主义与典型的理论原则";二是日本左翼唯物论研究会①刊行的"唯物论全书"。② 前者正是学者争相征引与论述的依据,而后者却在一定程度上为学术界所忽视。

作为留日时期蔡仪学习与关注的兴趣点,日本左翼唯物论研究会所刊行的"唯物论全书"中关于哲学与文艺理论的书籍,不仅锻造了蔡仪美学思想的雏形,还直接为《新艺术论》与《新美学》的撰写奠定了理论基础。其中,尤以日本唯物论研究会的重要成员——日本著名美学家甘粕石介(见田石介,Mida Sekisuke,1906—1975)的著作为代表。蔡仪夫人乔象钟回忆说:"在'东高师'学习的四年间,他认真阅读了哲学及文艺理论的书籍,对那些书有深刻的印象,以致解放后,他还托金子二郎替他在日本购买当年他曾读过的书,如甘粕石介的《艺术论》。"③因多种原因,甘粕石介在国内并无影响力,加上蔡仪本人很少在著作中提及④,因而他没有引起学术界的重视。但透过蔡仪东京留学时期甘粕石介在唯物论研究会的重要影响以及甘粕石介《艺术论》与蔡仪《新艺术论》的谱系性关联,再加上蔡仪夫人的回忆,诸种史料证明:以甘粕石介美学艺术思想为代表的日本唯物论哲学,毋庸置疑地构成了蔡仪 20 世纪40 年代客观典型论美学建构的重要思想来源。

作为"唯物论全书"中美学艺术领域的代表著作,甘粕石介 1935 年出版的

---

① 因日本法西斯化的进程,宣传和普及马克思主义的无产阶级团体遭到镇压。1932 年初,日本法西斯阵营更是加紧了白色恐怖活动,大肆逮捕"日本无产阶级文化联盟"等团体成员,各种活动因此陷入困境。正是在这种情况下,为继续宣传马克思主义,承担上述各种组织遗留的活动,以"不带任何政治色彩和倾向"为宗旨的学术团体"唯物论研究会"便于 1932 年 10 月 23 日正式成立,并出版发行机关刊物《唯物论研究》。该会从 1932 年成立初起,便积极吸取苏联哲学的论战成果,在"哲学的列宁阶段"的旗帜下进行学术活动;该会持续到 1938 年,终因法西斯主义的残酷破坏而被迫解散,但在宣传马列主义、对抗与批判形形色色的资产阶级唯心主义哲学上起到了巨大作用。参见战军、君超、润樵:《日本战前的"唯物论研究会"》,《外国问题研究》1985 年第 3 期。

② 蔡仪:《自述》,《美学论著初编》上,上海文艺出版社 1982 年版,第 4 页。

③ 乔象钟:《蔡仪传》,文化艺术出版社 2002 年版,第 34 页。

④ 蔡仪仅在《新艺术论》第七章第四节讨论"创作方法与世界观"时明确提及并引用了甘粕石介《艺术论》中的观点,并予以了辩证的肯定和批评。

《艺术论》对蔡仪美学思想产生了极为重要的理论影响,成为蔡氏从日本归国后践履落实马克思唯物主义新美学的样本参照。在资料奇缺的情形下,甘粕石介的美学艺术思想,成为蔡仪先后撰写《新艺术论》与《新美学》的思想理论资源。甘粕石介的《艺术论》不仅在思维路径上为蔡仪提供了在唯物主义立场上批判"旧美学"以重建"新美学"的入口,还在"美"与"真"、"现实主义"与"客观""典型"的观念方法上明示了方向。蔡仪与甘粕石介在美学谱系上的这种理论亲缘与代际关系,既呈现出特殊年代中"异邦之音"在中国的回旋与延续,又在一定程度上表征着抗战时期中国马克思主义美学艺术理论话语自苏联到日本再到中国的曲线流经历程。

第一节　甘粕石介、唯物论研究会与"列宁主义"

在 1931—1937 年蔡仪求学东京高师与九州帝大期间,日本马克思主义哲学、美学界最为重要的事件就是围绕唯物论研究会所展开的各种学术活动。唯物论研究会由户坂润与永田广志等人于 1932 年共同创设,旨在展开关于唯物主义的科学研究运动。除刊行机关刊物《唯物论研究》外,还发行出版"唯物论全书"(第三次出版时改名为"三笠全书"),内容涵盖哲学、美学、艺术、历史、教育等各领域问题,宣传马克思主义。① 研究会属于左翼组织,在马克思主义的宣传和出版方面十分活跃。值得特别注意的是,当时日本唯物论研究会的学术活动主要处于苏联"列宁哲学阶段"——宣传列宁化"马克思主义",也即"列宁主义"②,关注苏联 20 世纪 30 年代前后发生的关于辩证法、逻辑

---

① 朱谦之:《日本哲学史》,人民出版社 2002 年版,第 438 页。

② 根据中国人民大学文学院张永清教授考证,"马克思主义"实则包含五个层面的内涵:一是"马克思本人的相关思想、理论体系";二是"马恩共同创立的理论学说",即"恩格斯化"的马克思主义;三是"第二国际的马克思主义",即考茨基、普列诺洛夫等理论代表,认为马克思主义是社会理论、经济理论而非一种哲学;四是"第三国际的马克思主义及列宁主义",一般统称为"正统马克思主义";五是"西方马克思主义"。各阶段马克思主义思想在理论与方法上均有较大差异。参见张永清:《理论基石与问题框架》,《文艺理论与批评》2014 年第 5 期。

法、认识论以及"理论的党派性"等问题的论争。

在 1932—1938 年,唯物论研究会会集的众多学者对马克思主义展开了多维系统的理论研究。作为当时研究会中最为活跃的成员之一,日本著名艺术理论家、黑格尔美学研究者——甘粕石介,则是美学、艺术学领域的代表人物。作为"唯物论全书"中的一册,甘粕石介 1935 年出版的《艺术论》不仅在当时的日本学界不断收获佳评,还被翻译成中文,由上海辛垦书店于 1936 年出版。为"同那些旧美学对待起来"①,该书被译为中文时,译者还将书名改成《艺术学新论》(下文仍统称《艺术论》)。此外,这一时期,受苏联"拉普理论"②的哲学思想影响,日本无产阶级理论家藏原惟人以及小林多喜二等倡导的"无产阶级与现实主义"理论在日本也产生了较大影响。

《艺术论》是日本唯物论研究会在艺术学、美学领域的代表性理论著作,甘粕石介站在马克思唯物主义的立场上,"按照建设新艺术科学的目标"③,批判了诸种"旧美学"艺术体系,并从客观现实的唯物主义认识论出发,重新考察了艺术的发生、发展,以及艺术与社会生活、艺术与科学、艺术与艺术家的世界观和创作方法的关系,并提出了"艺术作为一种客观真理的认识"这一见解。此书除绪论"新艺术理论底体系与旧美学"外,共分八章,在内容体系上可分上、下两部分。在上半部分:一方面从批判"主观的观念论"的"旧美学"入手,通过对"德意志观念论的美学"(康德、黑格尔)的批判,批评这种形而上学的美学只由"观念""意识"出发,"把规则性、比例、均齐、谐和或合目的美"

---

① 甘粕石介:《艺术学新论·译者序》,谭吉华译,上海辛垦书店 1936 年版,第 2 页。
② "拉普",即俄罗斯无产阶级作家协会,它推行"无产阶级文学",强调"文化革命"与文学之间的相互理论关系,宣传"辩证唯物主义"的创作方法,崇尚"现实主义";主张"人是客观存在的物质世界的一部分,并断言物质是第一性的、意识是第二性的";主张"存在决定意识",认为"唯心主义"就是"怀疑外部世界的现实性",因而在推行"客观现实主义"和强调文学与认识作用的前提下反对"文学中任何形态的浪漫主义"。参见张秋华、彭克巽、雷光编选:《"拉普"资料汇编》(上),中国社会科学出版社 1981 年版,第 371、378 页。
③ 甘粕石介:《艺术学新论》,谭吉华译,第 11 页。

做抽象的讨论,而"否定艺术是客观的实在之反映";①另一方面又从"实证的艺术理论"出发,对"客观方向"上的以泰纳、格罗塞为代表的社会学美学和以里普斯、柏格森为代表的"主观方向"上的心理学美学进行了检视,并认为"前者,因其方向正确,故所犯误谬也少,而留给我们的遗产也很大;而后者,则以其观念的、形式的方法,其效果便贫乏到可怜"②。在此基础上,甘粕石介还爬梳了现代日本"自然主义艺术理论""人道主义美学"以及以西田几多郎、深田康算、植田寿藏等人的思想为代表的"主观观念论"美学思想,对这些机械唯物论的艺术观和脱离现实的经院派美学加以批判,进而提出了自己关于艺术学的科学的世界观与创作方法——"写实主义",即"客观真实的"③艺术学方法,并在下半部分进行了系统阐述。

正如甘粕石介《艺术论》的序言中开宗明义指出的"大体上我是站在物质论的立场来考察这艺术学的"④一样,石介将艺术的批评基准牢牢建立在是否"正确地反映客观的真理"这一层面上,强调艺术的认识论性质以及对现实的真理反映,认为"美的本质只应该从客观的艺术之历史本身中找出来","艺术底目的还是在于如实地把握客观的真,表现客观的真,因偶然的个人底特性而着色于艺术作品,这便大半不能真实地把握现实"。⑤ 其实,受苏联理论的影响,普列汉诺夫、别林斯基等人关于"真实性""典型性"等的"无产阶级写实主义"理论在小林多喜二、藏原惟人等日本左翼先驱著作中多有提及。而作为无产阶级的理论代言人,甘粕石介不仅对藏原惟人关于"现实主义"与"典型"的理论加以合理继承,还在《艺术论》中进一步对其关于"艺术与科学的概括"即"艺术的典型"加以批判和修正。甘粕石介认为,在科学与艺术的区分上,尽管藏原惟人否定了"一般化与个别化"的区分方法,并提出了"艺术上典

---

① 甘粕石介:《艺术学新论》,谭吉华译,第 44 页。
② 甘粕石介:《艺术学新论》,谭吉华译,第 47 页。
③ 甘粕石介:《艺术学新论》,谭吉华译,第 169 页。
④ 甘粕石介:《艺术学新论·序》,谭吉华译,第 3 页。
⑤ 甘粕石介:《艺术学新论》,谭吉华译,第 125 页。

型底概念之意义"，却仍将"概括"作为艺术与科学的方法。在石介看来，"科学底方法与艺术底方法既不应该拿一般化与个别化来区别，也不应该由概括来找出共通点"①，因为：

> 艺术为要最完善地表现客观的真理，所以不得不选出最适合于它的情状、事件上的个人。把那儿底偶然的东西舍去，便一定清清楚楚地只显露出必然的本质。因此艺术中之境地、个人，并不是单纯的个别、绝对的个别，而是许多东西底代表者那样的个别，包含一般的东西的个别，即典型。……艺术底抽象是在感性的（表象的）个体的形态上把握一般的东西、必然的东西，而科学底抽象便在于论理的、一般的形态上把握现实之感性的个别的现象。②

艺术要描写客观世界，表现客观的真理，科学与艺术的目的都在于"真理底认识"。很显然，唯物论研究会主要吸收苏联"列宁哲学阶段"的思维模式在甘粕石介的美学艺术学思想中得到了清晰体现。他同样坚持"无产阶级现实主义"的世界观与方法论，坚持唯物辩证法和认识论，将反映"客观现实""客观真理""典型性"作为艺术的根本目的。甘粕石介认为："艺术是特定阶级的要求的表现，同时又是客观真理的反映，这事实在实际上是可由这世界观与现实主义矛盾去说明的。不管所属的阶级如何，艺术家所或多或少的具有着的现实主义，是反映了客观真理的。"③正是在这种社会主义的"写实主义"的方法态度上，甘粕石介还通过批判弗理契的典型学，系统阐发了自己的观点：

---

① 甘粕石介：《艺术学新论》，谭吉华译，第 133 页。
② 甘粕石介：《艺术学新论》，谭吉华译，第 126 页、133 页。
③ 甘粕石介：《弗理契主义批判——艺术史的问题》，《艺术史的问题》，辛苑译，质文社1937 年版，第 41 页。

　　所谓典型，往往容易以为是一面的特征之夸张，但这是全然错误的。真正的活生生的典型，应该是在一切的场合（人类的性格，事件，历史的时期，等等），在明显的对立关系上把矛盾包含在自己里面；同时，在和别的典型之关系上，是显著地矛盾，对立的。要不这样，典型便不能是自动的，互相藤葛的活生生的典型，那既不是现实的正确的反映，也不能是正确地认识现实的工具。①

　　可见，日本唯物论研究会因受苏联列宁哲学模式的影响，其马克思主义美学艺术理论几乎完全建立在苏联马克思主义理论基础上，在方法论上主张哲学认识论，推行"现实主义"与"真理观"，将文学艺术视为"客观真理"的摹写。尤其是苏联文艺学美学中以社会主义现实主义为核心的关于文艺的阶级性与党性原则，以及文艺与政治的关系，更在日本马克思主义哲学、美学中得到复现。其中，"藏原理论"以及唯物论研究会中以甘粕石介《艺术论》为代表的"唯物论全书"则是集中的理论体现。

第二节　异邦的启示：从甘粕石介《艺术论》到蔡仪《新艺术论》

　　1937 年蔡仪由日归国，并于 1939 年加入了郭沫若负责的政治部第三厅及文化工作委员会，从事抗敌宣传工作。因 1941 年"皖南事变"爆发，政治宣传工作被迫中止，蔡仪于是转向了对文艺理论与美学的研究。当时文艺界、美学界的主流思想是以朱光潜为代表的"西化"潮流。作为一名革命文艺工作者，因世界观与价值观的分歧，面对占据社会主流的"颓废的"艺术学、美学观，蔡仪深感郁愤和不满。加上周扬《我们需要新的美学》(1937)、《唯物主义的美学》(1942)以及毛泽东《在延安文艺座谈会上的讲话》(1942)等文艺理论政策的指导，专职于理论宣传的蔡仪愈发感到"批判旧美学，建立新美学"的历史紧迫性。这些便是蔡仪短时间内连续撰写出《新艺术论》(1942)与《新美

---

① 甘粕石介：《弗理契主义批判——艺术史的问题》，《艺术史的问题》，辛苑译，第 33 页。

学》(1947),并由此奠定"客观典型论"美学的历史背景。

作为一名留日学生,早在东京高等师范学校留学期间,蔡仪就写信参加了唯物论研究会,对其组织的学术讨论会和刊行的书籍十分关注。[①] 因此,蔡仪当时正是如饥似渴地吮吸着这些源自苏联拉普的"日化"马克思主义理论营养。当他 1937 年回国后,受限于材料的匮乏[②],甘粕石介的《艺术论》自然而然地成为蔡仪在艺术与美学领域中破"旧"立"新"的理论资源。抗战烽火中,蔡仪基于有限的资料与阅读视域写作而成的《新艺术论》,尤其是其中"艺术与现实""艺术与科学""艺术的认识""现实的典型与艺术的典型"以及"创作方法与世界观"等章节,毋庸置疑地与甘粕石介的《艺术论》存在着无法割断的谱系性美学亲缘。这种思想还延续到了《新美学》的撰写中,又进一步形成了"客观典型论"美学思想的理论底色,对当代中国美学的论争与发展产生了重大影响。以下,我们依据甘粕石介《艺术论》与蔡仪《新艺术论》在相似章节中对同一艺术理论命题的论述,来勾勒由日本到中国、从甘粕石介到蔡仪的这种理论流变,并借以澄清两者间的谱系性理论关联。

首先,看"艺术与现实"关系的论述。甘粕石介认为"现实的艺术论者以作为客观的存在的艺术作品为对象,因之而欲发现现实的法则"[③],而这种现实的法则也正是"新艺术论"之所以区别于"旧美学"的基础和前提,因为"艺术是客观的实在之反映"[④]。同样,在艺术反映现实的关系上,蔡仪持相同看法,主张"艺术是以现实为对象而反映现实的,也就是艺术是认识现实并表现现实的"[⑤],并进一步引申出"艺术是现实的典型化"[⑥]这一观点。

---

① 蔡仪:《自述》,《美学论著初编》上,第 4 页。
② 据蔡仪回忆,直到"当车尔尼雪夫斯基的'生活与美学'于一九四七年在上海出版时,我才知道他有对于典型说的批评"。参见蔡仪:《唯心主义美学批判集·序》,人民文学出版社 1958 年版,第 2 页。
③ 甘粕石介:《艺术学新论》,谭吉华译,第 12 页。
④ 甘粕石介:《艺术学新论》,谭吉华译,第 44 页。
⑤ 蔡仪:《新艺术论》,《美学论著初编》上,上海文艺出版社 1982 年版,第 4 页。
⑥ 蔡仪:《新艺术论》,《美学论著初编》上,第 8 页。

　　其次,看"艺术与科学"关系的阐发。甘粕石介认为艺术与科学的相同之处"都在于真理底认识","在于如实地把握客观的真,表现客观的真"①,而其同中之异在于"艺术底抽象是在感性的(表象的)个体的形态上把握一般的东西、必然的东西,而科学底抽象便在于论理的、一般的形态上把握现实之感性的个别的现象"②;与此相似,蔡仪同样认为无论是科学还是艺术都是"认识现实",是观察、比较、分析、综合后的"正确的认识",只不过"艺术的认识是由感性来完成,艺术的认识的内容是以个别显现着一般",而"科学的认识是由智性作用完成,科学的认识的内容是以一般包括着个别"。③

　　再次,看"创作方法与世界观"。需要首先引起注意的是,在这一话题的论证中,蔡仪明确引用了甘粕石介《艺术论》中的观点,并做了辩证的批判与肯定。蔡仪在《新艺术论》中既充分肯定了甘粕石介对苏联"拉普派"用世界观代替创作方法的口号的批评,并同样举例予以批判,但与此同时,又责难甘粕石介将"世界观与创作方法"对立的错误。但事实上,只要细读石介的著作,不但可以看出蔡仪对石介文本的误读,而且可以窥见蔡氏对其观点的挪用。甘粕石介认为"世界观是认识客观世界的工具,世界观对于创作方法具有优越性"④,并异常清晰地指出"把创作方法还原为世界观虽是错误,可是把创作方法与世界观分开则更为错误"⑤。可见,甘粕石介不仅没有将创作方法与世界观对立,还十分重视两者间的相互渗透与统一。对此,蔡仪在貌似责难的同时又对石介的观点加以继承,指出"正确的世界观对创作方法具有绝对优位",而且"世界观和创作方法并不矛盾,更非对立,而是有机地统一关联"。⑥

　　最后,看"艺术的美"与"艺术的典型"关系的论述。甘粕石介在《艺术论》"绪论"中明确指明"新艺术理论"对"旧美学"的不满后,依次对以康德、黑格尔为

---

① 甘粕石介:《艺术学新论》,谭吉华译,第 125 页。
② 甘粕石介:《艺术学新论》,谭吉华译,第 133 页。
③ 蔡仪:《新艺术论》,《美学论著初编》上,第 11—14 页。
④ 甘粕石介:《艺术学新论》,谭吉华译,第 153—158 页。
⑤ 甘粕石介:《艺术学新论》,谭吉华译,第 160 页。
⑥ 蔡仪:《新艺术论》,《美学论著初编》上,第 163 页。

代表的"观念论的美学",以泰纳、格罗塞为代表的"客观方向"上的"实证主义的艺术理论"和以里普斯、费希纳为代表的"主观方向"上的"经验的美学"给予了批判,指出这些"旧美学"的不足都在于"不以客观的艺术作品为对象,而以享受它的人间之独特的美的能力,或者因那能力而唤起的印象为对象",因为"美底本质只应该从客观的艺术之历史本身中找出来"以便表现"客观的真理"①,而艺术最完善地表现客观的真理的方法"非是这典型底把握不可。它既不是单纯的个人化,也不是单纯的一般化、概括,而是包含一般的个别化"②。美的本质在于客观事物本身,而艺术表现客观真理就在于"典型性把握"上。甘粕石介这一观点在蔡仪的论著中处处得到彰显。蔡仪认为"一切的客观现象是以真为基础的。客观事物的善或美,也是以真为基础的"③,而只有体现了"最正常的、最普遍的、最合规则合理的形象,或者说,最能表现正常性、普遍性的形象,最能表现事物的规律、真理的形象",也即"典型的形象"的真才是美的,蔡仪据此推论出"所谓美的就是典型的,典型的就是美的"。④

由上看来,无论是甘粕石介的《艺术论》还是蔡仪的《新艺术论》,均以马克思唯物主义认识论为哲学基础,从"反映/被反映"这一唯物反映论层面考察艺术,并得出艺术是一种认识,是对现实"客观真理"的反映,而实质在于"典型性"的艺术把握上这一结论。相似的写作缘起、相似的章节体例、相同的方法论原则以及相同命题的相似性阐发,这种逻辑与体例上的一致性,鲜明地呈示了蔡仪在深受"异邦之音"的启示后在学术研究中的学理延续。这种理论上的谱系关联与代际传递,一方面表征着苏联、日本与中国在特定时期处于"同一性"话语"阐释场域"内,且均为对"列宁主义阶段"思想话语的共同接受与同步阐发;另一方面则从侧面表征着抗战时期中国马克思主义美学艺术理论话语自苏联到日本再到中国的曲线流经历程。

---

① 甘粕石介:《艺术学新论》,谭吉华译,第 11 页。
② 甘粕石介:《艺术学新论》,谭吉华译,第 126 页。
③ 蔡仪:《新艺术论》,《美学论著初编》上,第 167 页。
④ 蔡仪:《新艺术论》,《美学论著初编》上,第 168—169 页。

第三节　由"艺"到"美"：蔡仪"典型论"思想的延伸与外拓

甘粕石介与蔡仪著作的哲学理论基础均为马克思主义唯物反映论，并且是对马克思"列宁主义阶段"思想话语的理论阐发。如果说马克思、恩格斯关于文学艺术的理论文献为蔡仪开辟了新的美学艺术视野，并确立了新的世界观和方法论，那么，以甘粕石介《艺术论》为代表的"唯物论全书"则为蔡仪提供了践履这一路径的效仿案例。

当《新艺术论》写作到最后一章关于"艺术的美"与"艺术的典型"问题时，蔡仪的内心无比喜悦，因为他意识到这一问题的理论前景与可拓空间。正如蔡氏当时所感，"凭已有的一点美学史的知识，想到这个论点还关系着广阔的理论领域，还需要做更充分的论证发挥，我也就感到应为此做出更大的努力"①。于是，如何围绕"典型"这一核心思想观念，在新的马克思主义美学路径上做系统延伸与外拓，成为蔡仪《新艺术论》写作中衍生的新课题。

尽管典型概念在《新艺术论》中主要是在"艺术真实"的层面上阐明艺术反映现实，表现事物规律和真理的"形象"，但对于蔡仪美学思想的形成却有着十分重要的意义。因受马克思主义"现实主义"理论的影响，蔡仪将"艺术的真"与"艺术的美"以及"典型"与"现实主义"结合起来，进而沿着唯物主义反映论的思维理路，在"艺术是现实的典型化"基础上得出"艺术的美就在于艺术的典型""美的就是典型的"②这些逻辑结论。

正是在"艺术真实"这一重要环节上，蔡仪得以将"艺术观"与"美学观"在"现实主义"与"典型论"的支撑下有机地结合起来，并由"艺"至"美"地完成文艺理论向美学研究的发展与外拓，形成其《新美学》理论轴心。对此，蔡仪曾回忆说：

---

① 蔡仪：《序》，《美学论著初编》上，第 10 页。
② 蔡仪：《新艺术论》，《美学论著初编》上，第 169 页。

在四十年代初期,我写完《新艺术论》之后又写了《新美学》。当时想试用唯物主义原则考察美学上的基本问题,并批判唯心主义的旧美学,为新美学的前进扫清道路。①

正如蔡氏所言,延续着《新艺术论》中初步形成的"美即典型"的理论见解,蔡仪很快便完成了《新美学》的写作,在对"旧美学"的全盘批判与改造中重置了一幅新的马克思主义美学图景。然而,《新美学》与《新艺术论》一样,除马克思、恩格斯"现实主义与典型"的哲学理论基础外,还与甘粕石介的《艺术论》颇多相似。这是因为《新美学》本身就是《新艺术论》在美学层面的延伸与拓展,而《新艺术论》又与《艺术论》存在着谱系性的脉络关联,因而,甘粕石介的《艺术论》构成了蔡仪写作《新美学》的思想资源与理论底色。这从以下三方面可见一斑。

其一,鲜明地体现在批判的入手处与批判的目的上。《新美学》写作目的之一在于对本土长期占据主流的朱光潜美学进行批判可谓不假,但绝非关键,蔡仪更大的抱负在于对整个"旧美学"体系加以全盘性的批判与摧毁,以重建"新美学",这才是其心中所构想的终极目标。由此,蔡仪建构"新美学"的第一步同样是挖掘与罗列出美学谱系中需要批判摧毁的"人员名册",并在此基础上"重建"美学体系。有意味的是,除本土语境中的朱光潜外,蔡仪《新美学》中所陈列的人员与甘粕石介《艺术论》中的近乎一致,如康德、黑格尔、克罗齐、泰纳、格罗塞、里普斯、柏格森等。而且两人都声明自己批判的目的是"站在唯物论"的立场建设与"旧美学"相对的"新美学"(蔡仪)/"新艺术理论"(甘粕石介)。

其二,体现在"新艺术学"与"新美学"重建的哲学基础与方法路径上。作为日本传播马克思主义美学的重要人物,甘粕石介与围绕唯物论研究聚集的其他诸多学者一样,"强调运用现代唯物论的实证精神进行哲学、科学与美

---

① 蔡仪:《序》,《蔡仪美学论文选》,湖南人民出版社1982年版,第1页。

学、文化艺术的研究"①。尤其是"受到苏联哲学战线的总清算刺激"以及"西田、田边等讲坛哲学者和资产阶级哲学家"②的理论影响,甘粕石介《艺术论》也从唯物主义认识论出发考察了艺术整体,并在对各种"唯心论哲学"的"旧美学"的批判中得出"艺术反映客观现实,是对现实真理的认识"这一逻辑结论。蔡仪在《新美学》的建构中,同样以哲学认识论为方法,在"存在/意识"的思维层面上将美感视为"客观事物的美的反映"③,坚持现实美的客观存在。

其三,在"现实主义"与"典型"的核心美学观念以及美的本质在于"客观现实本身"的逻辑脉络上相互承接。甘粕石介《艺术论》作为与"旧美学"对立的"新艺术理论体系",立足马克思唯物主义的哲学高地,不仅驳斥了各种形而上学的观念论"旧美学",还在"现实主义"与艺术"典型地把握现实"这一路径上诠释了艺术认识现实和表现客观真理的法则。也正是立足唯物主义反映论,并依照"现实主义"的法则,甘粕石介才提出美的本质只能是"客观的艺术之历史本身"④的重要论断。蔡仪《新美学》在唯物主义反映论的路径上,更将"现实主义"与"典型"的美学观念在《新艺术论》基础上加以系统发挥,进而明确提出美的本质是"客观的,不是主观的",美在于"事物本身","所谓美的就是典型的,典型就是美学"的重要结论⑤,体现出其与甘粕石介有相同审美理性基点的美的本质观念。

总体而言,蔡仪美学思想的形成起步于日本留学时期对马克思主义书籍的大量阅读。其中,马克思、恩格斯关于文学艺术的文献,尤其是有关"现实主义与典型"的言论,无疑开拓了蔡氏关于美学的思路和视野,并成为其 20 世纪 40 年代破"旧"立"新"以建构"新艺术论"和"新美学"的哲理依据。与此同

---

① 梁艳萍:《日本的马克思主义美学研究》,《湖北大学学报(哲学社会科学版)》2009 年第 2 期。

② 岩崎允胤:《唯物论研究会的创立及其发展》,叶平、谷学译,《延边大学学报(社会科学版)》1983 年第 A1 期。

③ 蔡仪:《新美学》,群益出版社 1948 年版,第 51 页。

④ 甘粕石介:《艺术学新论》,谭吉华译,第 11 页。

⑤ 蔡仪:《新美学》,第 68—69 页。

时,作为战前日本马克思唯物论研究中最引人瞩目的现象,20 世纪 30 年代唯物论研究会及其出版发行的"唯物论全书",尤其是美学艺术领域中以甘粕石介《艺术论》为代表的理论著作,同样成为蔡仪贯彻落实马克思唯物主义新美学的样本参照。蔡仪在 20 世纪 40 年代归国后的理论研究中,参考文献奇缺,甘粕石介的《艺术论》成为其《新艺术论》与《新美学》写作中可供借鉴的重要理论资源,并构成其"客观典型论"美学思想的重要理论底色。因此,尽管甘粕石介的美学理论至今未在我国形成影响,但不应由此忽视同为唯物论研究会成员的蔡仪与石介之间,还存在着一段鲜为人知却又无法割断的异域美学情缘。

| 第四章 |

马克思主义价值论与黄药眠价值美学的话语转向

　　黄药眠(1903—1987),广东梅县人,中国现代著名的文艺理论家、美学家、诗人和革命活动家,广东大学英文系毕业后在"创造社"出版部工作,1928年加入中国共产党并走上革命道路,被派往苏联青年共产国际东方部任翻译,回国后任共青团中央宣传部部长。抗战爆发后,黄药眠辗转武汉、桂林、香港等地从事抗敌文化宣传工作,任国际新闻社总编辑、"文协"桂林分会秘书长和"文协"香港分会主席兼《光明报》主编等职。1949 年受邀参加"第一次文代会"和政协"第一届全体会议",会后被任命为北京师范大学文科一级教授、中文系主任,全身心投入新中国教育事业。1957 年被错划为右派。1978年后,黄药眠恢复名誉,重新投入教学研究和人才培养工作,不仅参与成立高等学校文艺理论研究会和创办《文艺理论研究》杂志,还培养了新时期我国首批文艺学博士,对中国现当代文艺理论和美学发展产生了深远影响。

　　自 20 世纪 40 年代起,黄药眠便发表了《论美之诞生》《论约瑟夫的外套》及《论美与艺术》等一系列重要文艺学美学论文,形成了自己鲜明的"生活实践"文艺美学观[1]。1956 年,黄药眠在《文艺报》率先发表《论食利者的美学——朱光潜美学思想批判》,正式拉开"美学大讨论"的序幕。接着又在北

---

[1]　童庆炳:《黄药眠的"生活实践"文艺论》,《东疆学刊》2007 年第 3 期。

京师范大学中文系组织举办"美学论坛",并在蔡仪、朱光潜、李泽厚之后连续做了"看佛篇"①与"塑佛篇"(即《美是审美评价:不得不说的话》)两场学术报告,不仅明确反对各派美学"用哲学上的认识论的命题硬套在美学上"②,还提出了"美是审美评价"的观点。通过美学思维方式由"美是什么"向"美学评价""审美评价"的阈限转换,黄药眠摆脱了美的本质问题上"主客模式"的阈限,还对美、美感与艺术在审美评价活动视域内进行了全新思考,进而形成了一套以生活实践为基础、以价值论为核心的"价值论美学"思想体系,自觉地与"美学大讨论"中各派"认识论美学"区分开来。尽管黄药眠这一价值论美学思想因反右运动被剥夺话语权,在当时未能传播开去,从而被历史遮蔽,但今天从"大历史"角度看来,黄药眠是 20 世纪 50 年代"美学大讨论"时期迥异于"美学四派"(以高尔泰为代表的"主观派"、以蔡仪为代表的"客观派"、以朱光潜为代表的"主客观统一派"、以李泽厚为代表的"客观社会派",均是"认识论派")的"价值论派"③,其价值论美学也开辟了当代中国美学的新航向,并在当下实践论美学不断分化与突围的学术语境中闪烁着思想的光芒。

第一节　价值论美学的形成氛围及思想来源

作为"革命年代"中一名"不自觉"的诗人、作家和文论家④,黄药眠早在抗

---

① 黄药眠:《看佛篇——1957 年 5 月 27 日对研究生进修生的讲话》,《文艺研究》2007 年第 10 期。

② 黄药眠:《美是审美评价:不得不说的话》,《文艺理论研究》1999 年第 3 期。

③ 童庆炳先生在研究中也指出:黄药眠是 20 世纪 50 年代"美学大讨论"中迥异于"美学四派"的"第一学派",因为所谓"四派"实际上都是"认识论派","唯有黄药眠的观点——美是'审美评价'将视野从'主客模式'转到价值论视域来讨论美学问题,不是认识论术语的生搬硬套,而是对认识论美学简单化有所批判"。参见童庆炳:《中国 20世纪 50 年代美学大讨论的第一学派——为纪念黄药眠先生诞辰 110 周年而作》,《北京师范大学学报(社会科学版)》2013 年第 6 期。

④ 王一川:《革命的浪漫诗人文论家——黄药眠先生诞辰 110 周年纪念》,《艺术评论》2013 年第 12 期。

战时期就以一名文艺战士的身份参与到"文艺民族形式"与"主观论"的论战中，并逐渐形成了自己独特的马克思主义"生活实践"文艺观。作为文艺思想的重要组成部分，黄药眠的美学思想同样从社会生活实践出发予以社会学美学的解释。这不仅契合了"唯物论"的革命文艺传统，还为美学提供了一套较之蔡仪"客观典型论"更具说服力的方法论。因此，从 1942 年美学处女作《论美之诞生》到 1950 年《论美与艺术》，再到 1956 年拉开美学讨论帷幕的《论食利者的美学》，黄药眠始终坚持这一"生活实践论"的社会学美学路径。

　　1956 年，为响应"中共中央关于宣传唯物主义思想批判资产阶级唯心主义思想的指示"①，《文艺报》就朱光潜"资产阶级唯心主义美学思想"率先发表了黄药眠《论食利者的美学》这篇"发难"之作。黄药眠此文主要从两方面对朱光潜予以批判：一是延续早期社会学美学的思路，从"生活实践"角度批判朱光潜的"美感论"仅仅局限于"孤立绝缘的形象直觉"而忽视"直觉"之外丰富的社会生活实践；二是从创作心理学角度，合理肯定了朱光潜美感的"个性""直觉""经验"诸因素，只不过强调这种"直觉""经验""个性"的"生活实践"基础②。在这篇有着"点火"性质的批判文章中，黄药眠实则暗藏了"美感二重性"思想③，还初步萌发"审美评价"这一价值论美学思想。只因意识形态话语的建构要求，黄药眠并未深入展开，因而仍拘泥于"思维／存在"界面之"主客关系"的认识论模式阈限内。

　　正在此时，蔡仪因同样批判朱光潜的文章先后被《文艺报》和《人民日报》

---

① 《人民日报》"社论"：《展开对资产阶级唯心主义思想的批判》，《人民日报》1955 年 4 月 11 日。

② 黄药眠：《论食利者的美学——朱光潜美学思想批判》，《文艺报》1956 年第 14—15 期。

③ "美感二重性"在李泽厚《论美感、美和艺术》一文中被正式提出，被认为是李泽厚在"美学大讨论"中的重要贡献，但在黄药眠 1956 年发表的《论食利者的美学》一文中实乃题中之义。有意味的是，黄药眠在 1957 年 2 月修正此文并将其选入《初学集》出版时则明确提出美"具有客观的社会性，同时又具有个人的主观性"这一"美感二重性"思想。参见黄药眠：《论食利者的美学》，《初学集》，长江文艺出版社 1957 年版，第 50 页。

退稿,于是在"百家争鸣"气氛中调转批判矛头,瞄准"同伴"黄药眠。因在蔡仪看来,黄药眠这篇批判朱光潜的文章同样落入"唯心论",只不过"朱光潜是所谓'纯粹的唯心论',而黄药眠也许是不纯粹的唯心论罢了"①。蔡仪批判黄药眠的逻辑仍是"客观存在不依存于我们的意识,而我们的意识则反映客观存在"②这一唯物反映论原则,进而将黄药眠从创作心理学角度谈"美感个性"与朱光潜心理学美学的美感"直觉经验"同归为唯心主义加以批判。

饶有趣味的是,率先批判黄药眠的是蔡仪,最早发现黄药眠价值论美学"新说"的也是蔡仪,其文章批判指出:

> 黄药眠虽然没有说过"美生于美感经验"、凡美都是心灵的创造的话,但是在他的文章中所论的全然不是"事物如何才能算是美",而只是事物怎样才能成为"美学对象"……也正由于这个缘故,梅花在他看来,就具有着特别高的美学的意义……按"美学的意义"和"美学评价",相同于一般所谓"美的评价";"美学理想"大约相同于"美的理想"或"艺术理想"之类。黄药眠在这里着意避免用"美"之一词而以"美学"代之,当亦自有其用意。③

众所周知,蔡仪美学思想是极力反对滥用"审美"一词的,认为"美"就是"美",是"客观的"。④ 而黄药眠《论食利者的美学》提出的"美学评价"与"美学理想",显然与蔡仪这种"唯物反映论"美学思想不符。但确如蔡仪所说,黄药眠在美学思考中,着意用"美学"代替"美",用"美学评价"去代替"美是什么",如图4-1所示。

---

① 蔡仪:《评〈论食利者的美学〉》,《人民日报》1956年12月1日。
② 蔡仪:《唯心主义美学批判集》,人民文学出版社1958年版,第21页。
③ 蔡仪:《评〈论食利者的美学〉》,《人民日报》1956年12月1日。
④ 杜书瀛:《蔡仪先生——纪念蔡仪先生百年诞辰》,《美学的传承与鼎新:纪念蔡仪诞辰百年》,中国社会科学出版社2009年版,第239页。

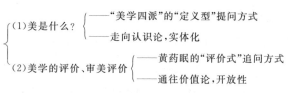
图 4-1 　"美的本质"问题的探寻路径

　　黄药眠这种刻意回避美的本质的问思方式,不仅将美的本质的知识论追问转换到"审美评价活动"内,还预示着美学范式的变革。因从哲学本质出发,"美是什么"这一问题只能得出"主观""客观""主客观统一"三种结论,而将之置换为"美学评价"或"审美评价",就上升到"审美评价活动"这一价值论视域中,既有效化解了哲学原点上"主观／客观""唯心／唯物"的思维阈限,还避免了"主观"即"唯心""反动"的政治认定。

　　然而,蔡仪《评〈论食利者的美学〉》对黄药眠的责难与批判引发了黄药眠的不满与深思。对于这种"主观"即"唯心"的唯物反映论的"正统"思维,黄药眠先是在 1957 年 2 月写作的《问答篇》中做了侧面回应。他认为在文学艺术中,除从社会科学角度去研究外,还应从心理学角度进行研究,以揭示探索个人的主观情感世界,切不能说"从主观出发就是唯心主义"。① 再就是在 1957 年初《文艺报》"美学小组"部分同志举行的小型座谈会上,黄药眠也从《论食利者的美学》一文谈起并进行了口头反击,认为:"我有没有讲清楚的地方,但说我是唯心主义,缺乏事实的根据。我是想从创作心理学的角度研究美感和艺术创作的特点。但批评文章却很少从这样的角度去考虑,只是用一般哲学原理代替对一切具体现象的分析。"②

　　黄药眠真正直接而正面的回答是 1957 年中反右前夕在北师大中文系"美学论坛"上所做的"看佛篇"与"塑佛篇"两场学术报告。论坛中,作为东道主,在听取蔡仪、朱光潜、李泽厚的报告后,黄药眠认为"各人批评别人时都有正

────────────

① 　黄药眠:《问答篇》,《初学集》,第 91—92 页。

② 　转引自方青《什么是美的本质? 美是客观的? 是主观的? 还是主观与客观的统一? 美学家们有不同的看法》,《文汇报》1957 年 6 月号。

确之处，但自己提出的看法又不能令人满意"①，原因在于各派美学家均束缚于"哲学认识论"的框框中，将美视为外在于人的孤立固定的实体化存在。黄药眠指出：

> 从认识论来说，从哲学来说，客观现实是先于人发生的，但不能因哲学有此命题而认为美也先于人而存在。若说美的存在，是先于人的存在，那就是将哲学上的认识论命题（物先于人存在）硬套在美学上，是不适当的。②

　　为反驳这种脱离人的美学思路，黄药眠延续此前"美学评价"的思路，竭力从人出发，并将美学问题延伸到"审美评价活动"视域中。为此，黄药眠集中从价值论进行立论，围绕"美是审美评价"的命题，依次从美学是什么、美与美感、形式美、自然人化、审美能力、审美个性及艺术美等多个层面进行了充分系统的阐发，由此确立了其"审美评价说"的价值论美学思想雏形。黄药眠"审美评价"思想的提出，一方面源于当时美的本质问题上普遍的哲学认识化倾向——忽视并排斥人的情感因素，另一方面则得益于生活实践基础上对马克思《资本论》等经典著作中关于"审美需要"与"价值""评价"思想的启发借鉴。

　　"美学大讨论"中，各派美学的弊端均在于将丰富多元的马克思主义方法论窄化为单一的认识论或反映论，并将审美活动等同于认识活动或物质实践活动，未能看到马克思主义思想中蕴藏的其他丰富多维的方法论，其中，价值论便是重要的方法论武器之一。马克思在《资本论》中指出，人们只是按照"满足于人的需要"及"有用的方式"去"改变自然物质的形状"，"一切商品，当

---

① 黄药眠：《看佛篇——1957 年 5 月 27 日对研究生进修生的讲话》，《文艺研究》2007 年第 10 期。

② 黄药眠：《美是审美评价：不得不说的话》，《文艺理论研究》1999 年第 3 期。

作价值,都是物质化的人类劳动"①。在阐释"剩余价值理论"时,马克思更指明:"一个歌唱家为我提供服务,满足了我的审美需要;但是,我所享受的,只是同歌唱家本身分不开的活动,他的劳动即歌唱一停止,我的享受也就结束;我所享受的是活动本身,是它引起的我的听觉的反应。"②可见,价值本质不仅与对象(商品)相关,更与人的"审美需要"相关,只有对象能够满足主体的某种审美需要,人才会感到审美的享受。《德意志意识形态》也指出:"在任何情况下,个人总是'从自己出发的',但由于从他们彼此不需要发生任何联系这个意义上来说他们不是唯一的,由于他们的需要即他们的本性,以及他们求得满足的方式,把他们联系起来(两性关系、交换、分工),所以他们必然要发生相互关系。"③在马克思看来,价值不仅与对象的属性有关,更与主体人的需要与评价息息相关,正如《1844 年经济学哲学手稿》中所指出的:"只有当对象对人来说成为人的对象或者说成为对象性的人的时候,人才不致在自己的对象中丧失自身。"④依照马克思价值论的逻辑思路,美作为人的一种价值评价,不仅不能脱离现实生活,更与主体的内在尺度与需要相关;对象之于人所谓美,正是包含着劳动实践中人的物质愿望以及生活的理想与价值满足。

　　马克思这种将"人的需要"视为人的本质之一,并将价值视为人对客观对象的"审美需要"与"评价",不仅构成了马克思主义价值哲学的基本原则,还同样成为黄药眠贯彻马克思主义价值美学的话语资源和理论依据。受此启发,在美被普遍实体化、简单化的认识论学术语境中,黄药眠凭借自己丰富的

---

① 马克思:《资本论》第一卷,人民出版社 1975 年版,第 46、72 页。
② 马克思:《资本论》,《马克思恩格斯全集》第 26 卷(第Ⅰ册),人民出版社 1972 年版,第 435—436 页。
③ 马克思、恩格斯:《德意志意识形态》,《马克思恩格斯全集》第 3 卷,人民出版社 1960 年版,第 514 页。
④ 马克思:《1844 年经济学哲学手稿》,人民出版社 2008 年版,第 86 页。

创作经验以及长期阅读马列经典原著的深刻理解①,不仅格外重视主体的情感体验,还充分注意人在"审美评价活动"中的主体性地位。因此,在《论食利者的美学》一文中,黄药眠在生活实践基础上就已充分注意到"个人意识""审美需要""审美能力"等多重因素对于美感形成的重要影响,并从"美学的意义""美学理想""美学评价"等学理维度进行美学思考。黄先生这种自发自觉的关于"美学评价"的构想在反右前夕"美学论坛"上所做的"美是审美评价"的讲演中被发挥到极致。该讲演不仅在"美学是什么"替代过去"美是什么"的思路置换中严肃批评了"哲学认识论硬套美学"及"离开人去谈物的属性"的方法论迷失,更在生活实践基础上提出"美不是存在于事物本身中,而是人对于客观事物的美的评价"这一核心思想,并从人的审美需要、审美能力、审美个性等多重维度对"美是审美评价"这一马克思主义价值美学命题予以了集中阐明。②

　　依据马克思主义价值论思想,所谓评价,是主体依据一定的价值标准对客体所做出的价值判定,价值不仅与人的需要及内在尺度相关,更与评价紧密相连,离开了价值就无所谓评价。美也正是主体在实践活动中依据自身需要而对对象形成的价值看法和评价,倘使"在价值活动和价值现象之外寻找美",则无异于缘木求鱼。③ 因此,黄药眠从"审美需要"与"审美评价"的价值论视角对美的本质的重新阐发,不仅将美学问题纳入审美评价活动视域内,还在社会实践与审美评价的路径上完成了价值论美学对认识论美学的模式超越,并率先开启了马克思主义美学路线上价值论美学的大门。

---

① 黄药眠毕业于国立广东大学英文系,精通英语、俄语,能阅读德语、法语等。1927 年加入创造社并在随后的"左转"中跟着阅读了《共产党宣言》《政治经济学导言》《费尔巴哈论纲》等大量马克思主义经典著作。随后,黄药眠加入中国共产党并于 1929 年至 1933 年在苏联青年共产国际东方部任翻译,进一步阅读了大量马列论著,储备了丰富的理论知识。参见黄药眠:《动荡:我所经历的半个世纪》,上海文艺出版社 1987 年版,第 85、132 页。

② 黄药眠:《美是审美评价:不得不说的话》,《文艺理论研究》1999 年第 3 期。

③ 杜书瀛:《价值美学》,中国社会科学出版社 2008 年版,第 68 页。

第二节　价值论美学的学理轮廓与理论主张

尽管因时代所限,黄药眠并没能将自己的美学体系明确命名为价值论美学,也缺乏系统的理论阐明。但透过其对一系列审美艺术现象的美学阐释,我们仍可从中抽绎并归纳出其价值论美学的思想轮廓。依照其理论思考的逻辑向度与学理脉络,我们可从"美论""美感论""艺术论"这一网状结构中依次加以总结评析。

一、美论:从"美是典型"到"审美评价"

黄药眠最初也从"主客模式"去追问美的本质①,并主张"美是典型",只不过与蔡仪"客观典型论"美学不同,黄药眠是从"生活实践"角度去阐释"典型"。在意识到"哲学认识论硬套美学"的不足后,又从"审美需要"与"价值评价"去解释美的本质,由此将美学视点转向价值论。其核心主张如下:

其一,美从"生活实践"中找寻。黄药眠认为,美应"从生活实践中去找寻",同时也需主动"创造出美的典型"②,审美现象也首先应"从生活与实践中去找寻根源",因为正是在"劳动创造"中,既"产生了人的主观力量"又"造成了人们对它的需要",并且"人的主观力量不断发展,人的情感与审美评价也日益变化"③。在此,黄药眠不仅从价值的"主体性"层面意识到"审美评价"随"主体需要"的变化而变化,还格外强调"生活实践"的重要性,这也恰恰是马克思主义价值论哲学的出发点与根本源泉。

其二,美是"审美的评价"。为反驳"客观""实体"化的认识论美学倾向,黄药眠转换视野,从人出发,以凸显人在审美评价活动中的主体性。黄药眠反驳说,"地球早就存在了,它的美在哪里呢","离开人去谈物的属性,将美归结为类的典型。那是错误的",因为"离开人去谈,会将美的法则抽象化","美

①　黄药眠:《论美与艺术》,《文艺报》1950 年第 12 期。
②　黄药眠:《论美与艺术》,《文艺报》1950 年第 12 期。
③　黄药眠:《美是审美评价:不得不说的话》,《文艺理论研究》1999 年第 3 期。

不是存在于事物本身中,而是人对于客观事物的美的评价"。① 在此,黄药眠要表达的就是价值主体对于评价的重要性,因为价值与评价密不可分,评价又是依据主体的内在尺度对客体的评定,因而脱离人,离开价值主体,对象就毫无意义。

其三,美存在于审美评价活动之中。黄药眠认为"美是有客观性的,不以某个人的意志为转移",但"离开人就谈不到美"。② 因此,"美存在于能满足我们物质生活与精神需要的对象之中,同时也存在于人们为追求人类幸福生活而斗争的生活中"③。这里,黄药眠实则强调美的审美活动基础,美既非独立于人之外的"客体性实体",也非脱离对象的"主体性实体",而是"主客体间"相互构成的审美评价活动关系。

其四,美是"劳动的创造",也是"自然的人化"。黄药眠认为,一方面因"人在劳动中"及"生活经验"的约定俗成,进而"在生活中不断地接触了事物,而发现了形式的美",另一方面"人与自然的关系是人化了的人与人化了的自然之间的关系",因而"人与自然的历史演变关系,决定于人的生活力"并"表现出人的生活的本质"。④ 审美活动作为一种人的本质力量的对象化结果,黄先生实则仍是要强调"主客体相互作用"的"互动性"生成过程,这也是"价值关系"区别于"认识关系"和"实践关系"的重要特征之一。

尽管黄药眠对"美"的诸种理解稍显零碎,也缺乏理论系统性,但他始终是以一种价值论的眼光,从人的价值尺度出发,把美的本质置于人与对象的"审美评价"关系中进行打量和诠释:一方面,在价值活动中用审美对象和意义的关联取代了认识关系中的现象和本质关系;另一方面,也不再关注因果本质,而是重视人与世界的审美关系。在 20 世纪 50 年代普遍宣扬"唯物／反映"的意识形态话语语境中,这不仅在思维方法上超越了"美学四派"在"主

① 黄药眠:《美是审美评价:不得不说的话》,《文艺理论研究》1999 年第 3 期。
② 黄药眠:《美是审美评价:不得不说的话》,《文艺理论研究》1999 年第 3 期。
③ 黄药眠:《美是审美评价:不得不说的话》,《文艺理论研究》1999 年第 3 期。
④ 黄药眠:《美是审美评价:不得不说的话》,《文艺理论研究》1999 年第 3 期。

观／客观""唯心／唯物"路线上的认识论桎梏,还在审美评价活动中为深入揭示美感经验及艺术现象开辟了方向。

二、美感论:从"历史实践积累"到"审美评价活动"

黄药眠对美感的阐释基本越出了"思维／存在"的界面,不仅从"历史文化积累"的角度论说明了美感生成的历史动因,分析了美感与美、快感及移情作用的辩证关联,还在价值论路线上深入探讨了美感经验与审美能力、审美个性等深层审美经验现象,初步形成了自己开放独特的美感论体系。其要如下:

第一,"美／美感"并非机械静止的"心／物"和"反映／被反映"的关系,而是辩证统一的。黄药眠认为"美与美感确实是最难于答复的",但"只抓住哲学上的教条,对美学上的问题是不能解决的"。[①] 黄药眠竭力撕碎"心物关系"层面上"美是第一性、美感是第二性"[②]这一问题域,而着力从"审美评价"这一价值论视点予以新的诠释:一方面从"生活实践"看,美感与个人的气质情愫及"审美趣味"相关,又"直接或间接地决定于生活",且"各阶层的生活不同,趣味不同,美的价值亦不同"[③];另一方面从"文化积累"看,美感还与历史文化的层累积蓄相关,形象的直觉实际是"长期的生活中积累起来的结果"[④],正是这种长期的沉淀才"逐渐形成我们的审美能力"[⑤]。黄药眠对美感的论述并没有拘泥于浅表的"什么是美和美感"与"美感是美的反映"等机械推演上,而是试图在审美活动的动态关系中对美感进行科学阐明。

第二,美感的生理心理学基础及其与"内模仿说""移情说"的关联。在"唯物"与"客观"普遍主流的话语语境中,黄药眠不但质疑"文学反映客观现

---

① 黄药眠:《美是审美评价:不得不说的话》,《文艺理论研究》1999 年第 3 期。
② 李泽厚:《美的客观性和社会性——评朱光潜、蔡仪的美学观》,《人民日报》1957 年 1 月 9 日。
③ 黄药眠:《论美之诞生》,《黄药眠美学文艺学论集》,北京师范大学出版社 2002 年版,第 2—3 页。
④ 黄药眠:《论食利者的美学》,《黄药眠美学文艺学论集》,第 52 页。
⑤ 黄药眠:《美是审美评价:不得不说的话》,《文艺理论研究》1999 年第 3 期。

实"的律条,还从创作心理学的角度明确反对认为"从主观出发就是唯心主义"①的做法,重视美感的生理与心理学基础。在黄药眠看来,"美感是由于快感,或是快感的渴望而生的",在许多时候"快感正是美感的基础",因而不能将快感与美感划分开,正如谷鲁司"内模仿说"所指"美感经验是由于主观的丰富的感情的外射而起的"②以及里普斯"移情作用"引发美感一样,美"不仅是包含作者,而且也包含欣赏者,不仅是客观的线条,色彩,声音,也是主观的要求和倾向"③。

第三,美感与审美能力、审美个性等审美经验活动。黄药眠极为重视主体的审美能力与审美个性对于美感形成的重要性,认为"没有审美能力,就不能发生美感"④,因为只有具有了审美能力,事物才构成审美对象,审美评价活动才能进行。此外,"审美能力又有个性之别,故审美现象不同于科学,科学只要得出公式后,则人人必须承认。有些人完全将审美现象中的个性色彩抹掉,认为承认了个性就没有发展规律了"⑤。在黄药眠看来,美感现象之所以不同于科学,是因为审美个性十分重要,文学艺术的形象思维"常常是和他的情感的活动伴随在一起的",并在这种情感活动中完成对形象本身的评价。⑥当然,这种审美能力和审美个性"并不是由一个美的事物来决定的,而是从生活习惯、知识教养、能力趣味等形成的整体生活结构来决定"⑦。"教养不同,阶级不同,美的评价也会不同",因而审美评价"带有个人的情绪色彩","不仅受到社会存在的影响,而且也受到其他意识形态的影响"。⑧

众所周知,"美学大讨论"时期,蔡仪谨守"反映论",强调美的"客观存

---

① 黄药眠:《问答篇》,《初学集》,第 92、95 页。
② 黄药眠:《论美之诞生》,《黄药眠美学文艺学论集》,第 8 页。
③ 黄药眠:《论美之诞生》,《黄药眠美学文艺学论集》,第 10 页。
④ 黄药眠:《美是审美评价:不得不说的话》,《文艺理论研究》1999 年第 3 期。
⑤ 黄药眠:《美是审美评价:不得不说的话》,《文艺理论研究》1999 年第 3 期。
⑥ 黄药眠:《问答篇》,《初学集》,第 109 页。
⑦ 黄药眠:《美是审美评价:不得不说的话》,《文艺理论研究》1999 年第 3 期。
⑧ 黄药眠:《美是审美评价:不得不说的话》,《文艺理论研究》1999 年第 3 期。

在”，而美感仅是对美的反映；李泽厚也坚持“美是不依赖于人类主观美感的存在而存在的”，而“美感是美的反映、美的摹写”①；尽管朱光潜指出“美感不能影响美的说法有些不圆满”以及“死守反映论”给美学问题所带来的局限，但限于意识形态束缚，只能将对象分为“物”（物甲，客观条件）与“物的形象”（物乙，主观影响），并委婉地借助马克思“意识形态式的反映”去表达“美感能影响美”②。与此不同，黄药眠的“美感论”则完全从“美感是美的反映”这一唯物静态反映论模式转到“审美评价活动”这一多维动态的价值论美学视野内。不仅从美感的生理和心理学基础延伸内化了美感的意涵，还在审美能力、审美个性等审美现象的多维视野中拓展深化了美感的结构层次，且始终将“美／美感”嵌入审美评价活动中加以整体思考。这种思维范式的转换，无论在理论还是方法层面，均将当时的美学问题思考向前推进了一步。

三、艺术论：从“艺术是美学研究的主要问题”到“探索艺术美的规律”

“美学大讨论”时期美学研究的局限除了将反映论的哲学原理简单嵌入美学问题，还在于对艺术经验和现实社会生活的剥离，进而导致美学视野和问题框架的原初与封闭。然而，黄药眠美学的特色在于他建基于价值论视野去思考美学问题，且始终没有“脱离艺术”去凌空抽象“谈美”，而是将艺术现象的考察纳入自己的美学范围，并将艺术问题视作美学问题的核心。这在一定程度上使得黄药眠的价值论美学在人的审美活动中既关注到美、美感及美的规律，还在艺术与现实生活的审美关系中深入触及创作规律、美感经验及形象思维等理论范畴，极大地丰富了其思想体系。其要如下：

第一，美学问题集中体现在艺术中。黄药眠认为，美和艺术“是相连贯的”，如果一味追究“什么是美”那就“毫无意义”，因为“我们之所以要研究它，目的是在于探究出美的规律性，并从而建设美的艺术。所以从现代人的眼光

---

① 李泽厚：《论美感、美和艺术——兼论朱光潜的唯心主义美学思想》，《哲学研究》1956 年第 5 期。
② 朱光潜：《美学怎样才能既是唯物的又是辩证的——评蔡仪同志的美学观点》，《人民日报》1956 年 12 月 25 日。

看来,美学的问题,主要的就是艺术学的问题"①。此外,艺术作为人的创造,不仅是为了"满足我们自己的审美要求",还是人"有意识地创造出来的",因而美学的问题也"集中地高度地表现在艺术中"②。

第二,美学研究"审美现象",特别是"艺术的基本规律"。黄先生认为"美学是一种科学,研究审美现象的基本规律,特别是美的最高表现——艺术——的基本规律的科学",因为艺术是"审美现象里面的一部分",而且是人依据自身审美要求而有意识进行的一种创造,更复杂地体现着审美现象的基础规律。③ 因此,既应"将艺术看作美学研究的最高标准",还应将美学研究视为研究"艺术美的规律"的科学。④

第三,艺术与生活既矛盾又统一,既是意识形态又不完全是意识形态。黄药眠认为"艺术既反映了现实生活中的美,又反映了艺术家对生活对艺术的评价",前者可以说"生活高于艺术",而后者则可以说"艺术高于生活",因此,艺术与生活既矛盾又辩证统一。⑤ 尽管"美是社会生活现象",却并不意味着"美就是生活",因为"美存在于生活中,但不仅仅是,更主要是存在于艺术中,艺术是美的中心,是美的最高表现"⑥。此外,黄先生还指出,因艺术创作中常夹杂着"社会内容",并含有"阶级性情调"与"时代色彩",因而具有意识形态性,但与此同时,在许多音乐和文学作品中,却并无明显的社会意识形态倾向。

第四,艺术是感性与理性、形象与情感的辩证统一。黄药眠认为,文学艺术"反映客观现实的本质"这一观点严重"贬低艺术文学的价值",因为文学艺术不仅"具体、生动和丰富地表现生活",还"常常带有情绪色彩,可以在情感

---

① 黄药眠:《论美与艺术》,《文艺报》1950 年第 12 期。
② 黄药眠:《美是审美评价:不得不说的话》,《文艺理论研究》1999 年第 3 期。
③ 黄药眠:《美是审美评价:不得不说的话》,《文艺理论研究》1999 年第 3 期。
④ 黄药眠:《美是审美评价:不得不说的话》,《文艺理论研究》1999 年第 3 期。
⑤ 黄药眠:《美是审美评价:不得不说的话》,《文艺理论研究》1999 年第 3 期。
⑥ 黄大地编选:《中国现代学术经典·黄药眠卷》,北京师范大学出版社 2012 年版,第 196 页。

上感染人们"①。黄先生认为:"一般地说,艺术是形象性地反映生活。但这样说不够","它必然也包含有个性","如果光是本质没有个性,则不能动人";此外,"艺术一定是感性的具体的,同时又是理性的","过去只重视理性"但"缺乏感性","艺术要求形象与思维的统一"。② 据此,黄药眠指出:"艺术的特点,不能简单地归结为形象性的反映现实,还要看有没有个性,有没有情感的激动,然后才讲有没有形象。"③

可以说,与"美学大讨论"中各派美学普遍与现实生活中的审美现象及艺术活动相隔离,并"脱离实践和实际而凌空蹈虚、自说自话"④不同,黄药眠不但擅长以丰富鲜活的实例去印证自己的美学观点,还将艺术上升到美学研究的最高标准加以探索。这不仅为其艺术论深入审美经验现象,为探究审美趣味、审美能力、审美个性等诸形态开辟了道路,还为进一步思考"文艺的本质""形象思维"等文艺理论命题奠定了美学基础,由此也在具体鲜活的现实生活及文学艺术实践中充分彰显了其理论主张的有效性和时代价值。

第三节 美学价值论转向的历史贡献及当下意义

美学的历史已充分表明,受制于认识论基础上对美的本质和美的定义的理解存在较大缺陷和不足,也屡遭争议和批判。⑤ 然而,无论在西方理论界还是在苏联,限于对马克思主义"物质决定论"和"经济决定论"的理解,马克思

---

① 黄药眠:《问答篇》,《初学集》,第 95、100 页。
② 黄药眠:《美是审美评价:不得不说的话》,《文艺理论研究》1999 年第 3 期。
③ 黄药眠:《美是审美评价:不得不说的话》,《文艺理论研究》1999 年第 3 期。
④ 谭好哲:《二十世纪五六十年代美学大讨论的学术意义》,《清华大学学报(哲学社会科学版)》2012 年第 3 期。
⑤ 著名分析美学家莫里斯·韦茨(Morris Weitz)在《理论在美学中的作用》一文中便对传统美学致力于为艺术下定义这种"本质主义"的方式提出了挑战,认为"艺术的扩张性、冒险性及其时时出现的变化与新奇的创造使得界定和封闭艺术的概念和定义的做法是荒谬可笑的","理解审美理论的作用不是把它设想为定义,这在逻辑上是注定要失败的"。参见莫里斯·韦茨:《理论在美学中的作用》,《百家》1988 年第 1 期。

关于人及"人的价值"①问题始终没有得到应有重视,其"价值学说"也长期处于理论"空场"。②　直到 1960 年苏联美学家图加林诺夫《论生活和文化价值》的出版及 1968 年《马克思主义中的价值论》的出版才象征着马克思主义价值理论的起步,而 1972 年斯托洛维奇《审美价值的本质》一书的出版,才将马克思主义价值论美学推向世界。

由此可知,尽管仍处于思想的萌芽胎动期,理论也稍显琐碎不足,但在 20世纪 50 年代的学术语境中,黄药眠对马克思主义价值论美学自觉自发的理论思考是足以载入史册的。他不仅针对当时中国美学讨论的困局提出了迥异于认识论美学的价值论美学新观点,进而扭转了美学研究的范式,还早于苏联学界率先开辟出马克思主义美学的价值论方向。③

与认识论美学仅从认识论角度探讨"主观／客观""唯物／唯心"且割裂"美／美感"不同,价值论美学从人的实践活动出发,尤其是从"主体性"角度,以"客体对主体的意义"以及主体的"审美评价"为尺度,将美视为一种人的价值需要及其审美的评价活动。黄药眠的价值论美学不仅将美学问题置于"审美评价"的价值论平台上进行研讨,有效突破了"主客二分"的认识论美学模式阈限,将"美／美感"统一起来,还格外强调"生活实践"这一马克思主义价值哲学的出发点,重视"主体需要"这一马克思主义价值哲学的内驱力,并在主客体相互作用的过程中去追问美学的意义。将"社会实践"作为人类存在

---

① 受制于极左思潮影响,在 20 世纪五六十年代中,关于"人""人性"及"人道主义"的问题始终与资产阶级捆绑在一起,被立于"阶级论"的对立面上成为"修正主义"的批判对象,可谓一大理论禁区。

② 马俊峰:《马克思主义价值理论研究》,北京师范大学出版社 2012 年版,第 12 页。

③ 当前学界普遍认定价值论在中国的正式兴起是在 20 世纪 80 年代初,其标志信号是1980 年《学术月刊》发表的杜汝楫《马克思主义论事实的认识和价值的认识及其联系》一文(参见李德顺:《价值论在中国》,王玉樑、岩崎允胤主编:《中日价值哲学新论》,陕西人民教育出版社 1995 年版,第 13—15 页)。但实际上,早在 1957 年反右前夕的美学问题讨论中,黄药眠即已萌发出价值论美学思想,只可惜因被错划为右派,不仅使得黄先生的理论思考被迫中断,其蕴含丰富价值论美学思想的文章《美是审美评价》也因政治问题在当时未能传播开去。

发展的前提,将"人的需要"视为"人的本质"之一,这也是黄药眠价值论美学思考的核心主线。这种美学思路,不仅在审美实践活动中因强调审美"需要／能力"而维护了人的"主体性",还在"主客体间性"层面上同"美学大讨论"中只重视客观性与社会性但贬低个体意识与精神需要的以李泽厚为代表的实践论美学划开界限。

与以李泽厚为代表的实践论美学不同,黄药眠的价值论美学一登场就已充分意识到实践论美学的不足,其学理建构也正是基于对李氏美学模式的批判超越。在"美学论坛"中,针对李氏美学的问题与缺陷,黄药眠一针见血地指出:"他把社会存在就看为客观,而不是看作是通过人的意识去表现出来的,他没有看到审美感的个人因素",究其原因则是"把哲学上的认识论拿来生搬硬套,认为美感是美直接产生的",因而忽视了"审美能力与修养"等"审美现象的本身特点"。① 在此基础上,黄药眠竭力扭转认识论美学的套路,在"审美需要"与"情感评价"的思维进路上将视野导向价值论。在黄药眠价值论美学思想中,"美／美感"和"主体／客体"已非简单的"反映／被反映"的哲学从属关系,亦非"实体化"的客观存在,而是相互作用的辩证统一;一方面主体受客体支配,另一方面客体又以主体的"内在需要"为尺度,并随"主体需要"的变化而变化。美作为一种主体性的价值属性,正是存在于这种主客体相互作用的过程之中。其难能可贵之处还在于,黄药眠是通过各种具体鲜活的生活艺术现象进行理论的实例阐发,这虽然招致"零碎的日常生活经验式的叙述"并"缺乏科学或理论上的系统论证"②的苛责,却恰恰避免了当时普遍脱离现实生活和艺术经验的"凌空蹈虚式"的抽象哲学玄辩,进而在认识论美学的学术藩篱中赋予了时代美学不同的历史特质。

自 20 世纪 80 年代后期起,以李泽厚为代表的实践论美学在辉煌过后便

---

① 黄药眠:《看佛篇——1957 年 5 月 27 日对研究生进修生的讲话》,《文艺研究》2007 年第 10 期。

② 李泽厚:《关于当前美学问题的争论——试再论美的客观性和社会性》,文艺报编辑部编:《美学问题讨论集》第 3 集,第 181 页。

屡遭冲击、挑战与批判,并日益走向谱系性分化。自此,在"实践论—后实践论—新实践论—实践存在论"的美学流变与发展中,美学的"实践论"模式在不断"变革"与"更新"中:一方面始终主导着美学的建设方向与学科发展;另一方面也在接二连三的争执与批判中提出了一系列文艺学美学界急需解决的发展难题。诸如后实践论美学对实践论美学的批判、新实践论美学对后实践论美学的批判以及晚近兴起的认知美学对实践论美学谱系的批判等。笔者无意参与到这些具体问题的美学混战中,但透过这些问题争执的表象——思考问题解决的办法,或谓寻找"新的做美学的方式"①——我们仍可从黄药眠先生所开辟出的价值论美学路线中寻找到化解问题的有效途径。

事实上,作为一种价值哲学活动,美学活动"很容易受到一种在文学批评和更具'客观'性质的科学研究之间的僭越性比较的损害",因为作为一种审美判断或评价,它始终与人类的情感需要与幸福满足的经验相关,而这种审美判断又"都有赖于在宽泛的必要条件下的经验的真实状况的判断"而非易于证实的"客观的事实"。② 与认识和知识内容"愈少带有主体的因素,也就愈可信、可靠和有效"不同,价值评价则总是"有主体'我'在"且因"主体的不同而有不同的结果"③,而审美意识作为"主客体之间的价值关系",也是由"审美关系的价值特性决定的"④。因此,美学研究应该摒弃"事实／价值二分法",改变"是什么"的"本质主义"认知模式,进而在"如何"的美学意义的价值阐发中"描绘这种愉悦是如何通过发挥人类基本的精神能力而得到的"⑤。美作为一种价值属性,有别于真,它是一种"不可定义的经验性质"⑥,也是社会历史实践基础上形成的"自然和社会、社会和人的相互关系"以及"产生现实现象

① 高建平:《美学的当代转型:文化、城市、艺术》,河北大学出版社 2013 年版,第 18 页。
② H. A. 梅内尔:《审美价值的本性》,刘敏译,商务印书馆 2005 年版,第 1、5、9 页。
③ 李德顺:《价值论——一种主体性的研究》,中国人民大学出版社 2007 年版,第 227 页。
④ 蒋培坤:《审美活动论纲》,中国人民大学出版社 1988 年版,第 104 页。
⑤ H. A. 梅内尔:《审美价值的本性》,刘敏译,第 141 页。
⑥ R. B. 培里等:《价值和评价——现代英美价值论集粹》,刘继编选,中国人民大学出版社 1989 年版,第 55 页。

的客观的社会——人的意义"及其"审美价值"。[①] 因此,作为评价对象的组成
部分或元素,美只是价值存在的表现形式之一。正如桑塔耶纳指出的,"显
然,美是一种价值……美学是研究'价值感觉'的学说","美是一种价值,也就
是说,它不是对一件事实或一种关系的知觉,它是一种感情,是我们的意志力
和欣赏力的一种感动"。[②] 可见,美作为一种审美价值范畴,没有价值论态度,
很难做出有效回答。正是从这一层面说,由黄药眠开辟的马克思主义美学的
价值论路线就具有十分重要的现实参照意义:它不仅超越了认识论美学的思
维局限,还为实践论美学及其谱系的建设发展提供了经验性的理论启示,更
为价值论美学的本土发扬与学理建构勾勒了一幅历史的理论草图,值得当下
学界重新挖掘与重视。

---

① 列·斯托洛维奇:《审美价值的本质》,凌继尧译,第 81 页。
② 乔治·桑塔耶纳:《美感》,缪灵珠译,中国社会科学出版社 1982 年版,第 11、14、33 页。

| 第五章 |

苏联"社会派"美学与李泽厚"实践美学"的本土建构

李泽厚(1930—2021),湖南宁乡人,中国当代著名的思想家、哲学家、美学家,1950年考入北京大学哲学系,毕业后分配到中国社会科学院哲学研究所美学研究室(原中国科学院哲学社会科学部)工作。从20世纪五六十年代"美学大讨论"起,李泽厚便崭露头角,到20世纪80年代"美学热",其"实践美学"更引领时代风潮,为当代中国哲学、美学的繁荣发展做出巨大贡献。然而,在"实践美学"问题上,当前学界似乎仍倾心于对"实践"本体的发展、修缮或革命、超越,却忽视对理论自身的廓清厘析。尤其是作为"实践美学"的原点,20世纪五六十年代"美学大讨论"中李泽厚所倡行的"客观社会说"至今仍未得到有效重视。事实上,"实践美学"的缘起与"苏联美学模式"存在着一脉相承的历史关联,中国美学在美学讨论后期并未像苏联"社会派"一样将美学纵深引向价值论,还始终停留于"主客二分"的哲学认识论模式中。这种"主体性"的残缺直至"新启蒙"语境中对康德与马克思互补改造才得以弥补,但其理论基因中的思想残余并未根除,因而才招致"后实践美学"至今仍不绝于耳的批判与超越。为此,对"客观社会说"与苏联"社会派"美学加以对位性阅读,不仅能够从思想原点上爬梳"实践美学"的逻辑缘起与形成路径,更能在时代历史的流变脉络中正视并反思其理论的功过得失。

第一节　苏联"社会派"美学的挪用与"自然人化"的引入

李泽厚在"美学大讨论"中最为卓越的贡献无疑是提出了"美感二重性"并率先引入"自然人化"的观点,进而在客观社会的人类历史实践活动中找到了一条新的建立在"客观社会"基石上的美的本质和意义的寻思之路。① 尽管其学理论说仍有较多缺点,但因"找到了正确的方向"②,李泽厚在讨论中瞬即获得众多响应者。

然而,李泽厚最先引入马克思"自然人化"的观点,除因《经济学—哲学手稿》于 1956 年 9 月在中国首次出版外,③另一个更为重要的学理性因素在于广泛的苏联学术译介浪潮中对苏联"社会派"美学的话语挪用。④ 因对马克思《巴黎手稿》的重新发现,苏联学界对之产生了极大兴趣。尤其是万斯洛夫与斯托洛维奇等人,积极引用《巴黎手稿》中关于自然在人的社会劳动中被"人

---

① 李圣传:《从"生活实践论"到"实践美学"——论李泽厚美学中"社会性"与"实践性"的思想来源》,《文艺争鸣》2013 年第 4 期。

② 蒋孔阳:《关于当前美学问题的讨论》,《文汇报》1959 年 11 月 15 日。

③ 早在"美学大讨论"前,周扬、蔡仪、黄药眠及冯契等人就对马克思《巴黎手稿》加以引用了,如:周扬《我们需要新的美学》(《认识月刊》1937 年 6 月 15 日);蔡仪《新美学》(群益出版社,1948 年,第 20—21 页);黄药眠《论美与艺术》(《文艺报》1950 年第 12 期);尤其是冯契 1956 年 4 月 14 日《文汇报》发表的《谈美》一文,更是反复多次引用了马克思关于"社会生活实践"以及劳动"对象化"等手稿内容。只因时代阈限,他们均未注明出处,也不可能提及《经济学—哲学手稿》,原因在于:发现该手稿并以"经济学—哲学手稿"明确"命名",在苏联和中国都经历了一个漫长过程。苏联"1932 年才正式发表《经济学—哲学手稿》",而该手稿直到 1956 年和马克思、恩格斯的其他早期著作一起汇成《马克思恩格斯早期著作》一卷并首次在苏联出版时,才引起学界的注意和兴趣;中国到 1956 年 9 月才由何思敬翻译且第一次以"经济学—哲学手稿"为书名正式出版该书。参见泰·伊·奥伊则尔曼:《马克思的〈经济学—哲学手稿〉及其解释》,刘丕坤译,人民出版社 1981 年版,第 17 页。

④ 从当时报刊资料上发表的各类美学讨论文章看,尽管学界已经出版了何思敬译、宗白华校的《经济学—哲学手稿》中文译本,但当时人们对马克思主义美学尤其是其"自然人化"思想的关注,更多的是受到同时期苏联"社会派"美学文献的译介影响。

化"的观点来重新解释美的本质,进而形成了与传统"自然派"针锋相对的意见。与德米特里耶娃等"自然派"学者将美视为客观事物的属性不同,他们从人类社会历史关系入手,主张"美不能脱离人和社会而存在",强调社会历史实践的重要性,由此获得"社会派"的称谓。苏联美学界的这些论争通过《学习译丛》《译文》《哲学译丛》《新建设》《哲学研究》等杂志被源源不断地即时翻译到国内,从而对新中国成立之初的学术思想界产生了广泛深刻的美学影响。① 其中最有代表性的是"社会派"美学纲领性人物万斯洛夫在苏联《哲学问题》1955 年第 2 期发表的《客观上存在着美吗?》一文,它通过林牧生的翻译刊载在《学习译丛》1955 年第 7 期上。该文开篇即对美学史上的"客观唯心主义""主观唯心主义"和"直观唯物主义"进行了批评,据此在承不承认"美的客观性"以及脱离不脱离"社会实践"两个基点上得出"马克思列宁主义美学承认美的客观性,估计到社会实践在人们的美感的发生和发展方面的作用"这一结论。很显然,在承认"客观性"的同时,万斯洛夫更想强调"社会历史实践"的重要性。为此,他还以车尔尼雪夫斯基"美是生活"为例,在"客观性"与"社会实践"的双重视域内,既肯定其唯物主义的立场以及"主观能动性",又从人本主义的角度批评其"不能完全揭示社会实践对美感发生的作用,不能揭示人们的劳动对人们的审美标准形成的意义"②。为表明美的"客观性"之外人的"社会历史实践"的重要性,万斯洛夫通过援引马克思"自然人化"观进一步指出:

正如马克思所说的,在劳动中进行着自然界的"人化"和人的"对象化"。……自然界只有成为人的生活活动的场所和条件,成为

---

① 尤其是《学习译丛》杂志,更专辟"问题讨论""书刊评介""答读者问"等栏目,将苏联《哲学问题》《党的生活》《文学问题》等杂志上的美学讨论文章源源不断地即时翻译到国内。如:阿·列别杰夫《评"哲学问题"杂志美学栏》,《学习译丛》1955 年第 3 期;伏·兹:《对"马克思主义美学问题"一书的讨论》,《学习译丛》1955 年第 6 期;等等。

② 伏·万斯洛夫:《客观上存在着美吗?》,林牧生译,《学习译丛》1955 年第 7 期。

人的自然生活环境，即人所掌握了的世界的时候，自然界对人才是
美的。……美虽然也是客观上存在的，即存在于人的意识之外的，
但美只对于人才存在，因为感受、理解和评价美的能力，是只有人才
有的能力，这种能力是在人们的社会历史实践中发生和发展的。①

　　与"自然派"提倡"美在客观自然"不同，万斯洛夫通过引入马克思"自然
人化"观，有力地阐明了人与对象间的审美实践关系：自然只有在"人化"之后
成为人的审美对象，才有美丑之分，否则无任何意义，因为"美只对于人才存
在"；美也必然依赖于一定的社会历史关系，它是在"自然人化"的劳动活动
中，在人类社会历史实践中实现生成的。

　　回到中国学术语境中，原本以批判朱光潜"资产阶级唯心主义美学"为起
点的思想改造运动，因"批判方"内部蔡仪与黄药眠观点发生分歧，不得不延
伸到学术层面做进一步研讨。因此，在各行各业"向苏联学习"的时代浪潮
中，向苏联美学界寻找理论批评的话语资源，成为众人参与讨论的不二选择。
因苏联学术著作的广泛译介及本土《经济学—哲学手稿》出版的影响，苏联
"社会派"从马克思"自然人化"角度重新阐发美的本质的思想，同样给李泽厚
带来了重要的理论启发。加上此时蔡仪类似于苏联"自然派"主张"美在客
观"思想的巨大影响，李泽厚也遵循着万斯洛夫的美学理路，从"客观性"与
"社会性"入手，批判朱光潜的唯心主义和蔡仪的机械唯物主义，并得出"美不
是物的自然属性，而是物的社会属性"这一初步结论。

　　受"社会派"美学影响，李泽厚也从"社会实践"和"自然人化"角度对车尔
尼雪夫斯基"美是生活"与蔡仪"客观自然说"进行了批评。李氏认为车氏美
学的不足在于"它比较抽象、空洞"，并"没能完全摆脱费尔巴哈的人本主义的
影响"，因为"社会生活，照马克思主义的理解，就是生产斗争和阶级斗争的社
会实践"。很明显，与万斯洛夫相似：李泽厚同样在"客观性"与"社会实践"两

---

① 伏·万斯洛夫：《客观上存在着美吗？》，林牧生译，《学习译丛》1955 年第 7 期。

个维度对车尔尼雪夫斯基的美学进行了批评,既肯定其"唯物主义"的路向,又批判其脱离"社会实践"的"人本主义"倾向。面对本土"旧唯物主义"代表的蔡仪"客观自然说",李泽厚同样从社会生活出发,批判他"把人类社会中活生生的极为复杂丰富的现实的美抽象出来僵死为某种脱离人类而能存在的简单不变的自然物质的属性、规律"①,并援引马克思"人化的自然"从社会历史关系层面予以了批评:

> 自然在人类社会中是作为人的对象而存在着的。自然这时是存在在一种具体社会关系之中,它与人类生活已休戚相关地存在着一种具体的客观的社会关系。所以这时它本身就已大大不同于人类社会产生前的自然,而已具有了一种社会性质。它本身已包含了人的本质的"异化"(对象化),它已是一种"人化的自然"了。②

应该看到,李泽厚倡导的"人化的自然说"在诸多层面均与苏联"社会派"美学有着千丝万缕的关联。甚至可以说,李氏正是受苏联美学话语的启发影响,才得以通过从"社会性"角度援引马克思"自然人化"观对美的本质加以重新论说。

此外,在"人类社会历史关系"这一逻辑起点与理论展开的思维进路上,李泽厚也与万斯洛夫存在着颇多相似处。"人化的自然"强调人在审美活动中的重要作用,重视社会历史关系的现实基础。万斯洛夫认为"只有始终受到社会制约的人的意识,才能感到美",而这种能力是在"社会历史实践中发生和发展的",因而自然界也只有成为"人所掌握了的世界的时候",即成为人

---

① 李泽厚:《论美感、美和艺术——兼论朱光潜的唯心主义美学思想》,《哲学研究》1956年第5期。

② 李泽厚:《美的客观性和社会性——评朱光潜、蔡仪的美学观》,《人民日报》1957年1月9日。

的"对象化"之后，自然界对人才是美的。① 与万斯洛夫一样，李泽厚同样指出自然客观条件本身并不是美，它"只有处在一定的人类社会中才能作为美的条件"，因为"自然在人类社会中是作为人的对象而存在着的"，与人类生活构成一种具体的社会关系，它已是一种"人化的自然"了。②

可以说，在美学讨论中，年轻的李泽厚正是发现了苏联"社会派"美学的理论长处，并对之加以借鉴吸收，进而在批判朱光潜"唯心论美学"过程中将美的阐释视角从蔡仪的"客观自然说"延伸到社会历史关系层面，并在"自然人化"的哲学地基上搭建起了"客观社会说"的美学框架。也正是对苏联"社会派"美学的话语挪用，李泽厚《美的客观性和社会性》一文才得以依循万斯洛夫《客观上存在着美吗？》一文的行文思路，渐次从"美是主观的还是客观的"和"美能脱离人类社会而存在吗"两个方面进行申说，并最终在马克思"自然人化"的哲学基础上提出"美的客观性与社会性统一"这一核心论点。当然，除万斯洛夫《客观上存在着美吗？》一文较早产生理论影响外，斯托洛维奇《论现实的审美特性》、布罗夫《美学应该是美学》以及特罗菲莫夫等人的《马克思列宁主义美学原则》等论文，也均对以李泽厚为代表的美学学人产生了深刻的理论影响。

从以上分析可知：李泽厚"客观社会说"及其"自然人化"美学思想的形成除受本土美学资源的诱导刺激外，更是对苏联"社会派"美学的话语挪用。应该承认，不仅李泽厚美学思想受到"苏联美学模式"的启发，甚至整个"美学大讨论"均是在苏联理论话语的"前置性"阅读下展开的。中苏美学界在同一时间域内关于美的本质问题的讨论既是"马克思—列宁—斯大林"主义在"主观／客观"思维框架内的一场同步共振的哲学论辩，又是一场以"社会主义现实主义"作为唯一合法性原则的美学批判。如果说蔡仪的"客观典型说"与以德米特里耶娃、波斯彼洛夫为代表的苏联"自然派"主张相似，体现着斯大林时期唯物主义反映论的美学要求，那么李泽厚的"客观社会说"则与以万斯洛

---

① 伏·万斯洛夫：《客观上存在着美吗？》，林牧生译，《学习译丛》1955 年第 7 期。

② 李泽厚：《美的客观性和社会性——评朱光潜、蔡仪的美学观》，《人民日报》1957 年 1 月 9 日。

夫、斯托洛维奇为代表的苏联"社会派"美学近似,体现着后斯大林时期美学试图超越机械唯物主义哲学认识论的初步尝试。

第二节 苏联"社会派"美学的影响与"实践美学"的萌芽

"实践美学"萌芽于"美学大讨论"中,其理论形成的历史语境是:1949年前蔡仪《新美学》中既已形成的"客观典型说"与朱光潜由"心物关系论"发展而来的"物甲物乙说",在1949年后再次形成了双峰对峙的美学局面。李泽厚"实践美学"的萌发正是建立在对两者的批判与调和上。与蔡仪、朱光潜不同,李泽厚通过引入马克思"自然人化"的思想,主张用"生活、实践的观点"去解释美的本质,认为"美的客观性依据,就在于美在社会实践过程当中产生,是'自然人化'的产物"。① 李氏批判中所持的"实践"观念以及"自然人化"的理论依据,除本土学术语境中黄药眠早前反复阐明的"生活实践论"美学观以及革命文艺语境中反复宣传的毛泽东"实践论"②思想外,另一个重要的思想来源同样是外部语境中对苏联"社会派"美学的话语移植。

与中国学界类似,苏联从1956年起也爆发了一场持续多年的美学争辩,形成了"社会派"与"自然派"分庭抗礼的局面。尤其是布罗夫《艺术的审美实质》(1956)一书提出的"审美"问题,更直接扭转了苏联美学的传统思维模式,为"社会派"对"现实审美关系"以及"主观能动性"的阐发奠定了方向。针对以德米特里耶娃为代表的主张"美是客观地存在着的"③传统美学家,万斯洛夫等"社会派"美学家积极从马克思《巴黎手稿》中汲取理论营养,尤其是通过

---

① 王柯平主编:《跨世纪的论辩——实践美学的反思与展望》,安徽教育出版社2006年版,第19页。

② 在新中国成立初期,中央报刊均在"头版头条"发表学习毛主席《实践论》的文章,要求清除"资产阶级唯心主义""主观主义""经验主义"等错误思想,以利于社会主义建设。为此引发了一股学习和讨论"现实主义"及"实践论"的理论热潮。

③ H.德米特里耶娃:《美的美学范畴》,《论苏维埃艺术中美的问题》,杨成寅等译,上海人民美术出版社1957年版,第50页。

援引"人化自然"的概念从而将对象纳入"社会—历史—实践"的背景中加以考察。正是依据"社会历史实践"的思维路径,"社会派"美学家得以证明美仅仅属于在实践过程中被"人化了的"现象。① 万斯洛夫认为,只有"借助人们改造世界的社会历史实践",才能在"客观世界纷纭万状的外在物质属性中反映出一个社会人的本质",因为"美只有在实践过程中,'人化的'现象所固有的,也就是被导向实践领域里被改造的和未被改造的形态中"。② "美虽然也是客观上存在的",但是只对于人才存在,因为只有人具有"感受、理解和评价美的能力",而这种能力又是在"人们的社会历史实践中发生和发展的"。③ 斯托洛维奇也指出,审美关系的能力是由"社会关系的具体体系"所决定的,而其"社会历史实践进程中客观形成的社会意义、社会含义则是审美属性的内容"。④

很显然,与"自然派"美学家将"审美特性"或"美"仅归结为"客观存在的"⑤自然属性不同,苏联"社会派"美学家更强调对象事物"在社会历史实践进程中客观地形成的社会意义"⑥及其所蕴含的审美内容。正是在"社会实践"的维度上,"自然派"与"社会派"形成了理论上的鲜明对峙。苏联美学家罗马年柯一针见血地指出:

> 实质上,这一切都归结为一个乍然看来是简简单单的问题:美是否客观地存在于自然之中,亦即是否不依赖于人类而存在;或者美从来只是由于人类的社会实践而产生,离开人类的社会实践,离

---

① 凌继尧:《苏联当代美学》,黑龙江人民出版社 1986 年版,第 40—41 页。
② 万斯洛夫:《美的问题》,雷成德、胡日佳译,陕西人民出版社 1987 年版,第 76、78、48、61 页。
③ 伏·万斯洛夫:《客观上存在着美吗?》,林牧生译,《学习译丛》1955 年第 7 期。
④ 斯托洛维奇:《现实中和艺术中的审美》,凌继尧、金亚娜译,生活·读书·新知三联书店 1985 年版,第 32—33 页。
⑤ 格·尼·波斯彼洛夫:《论美和艺术》,刘宾雁译,上海译文出版社 1982 年版,第 90 页。
⑥ 列·斯特洛维奇:《论现实的审美特性》,"学习译丛"编辑部编译:《美学与文艺问题论文集》,学习杂志社 1957 年版,第 53 页。

开人的"心理",离开艺术,美就绝对不能存在呢?①

正如罗马年柯所说,"社会派"美学家在"自然人化"基础上着力强调"人类的社会实践",主张美是"在劳动活动中,在基于社会发展客观规律的社会历史实践中实现的"。② 因为事物只有处在"社会历史实践过程中",它们的具体可感的形式才能在人的社会关系中表征出审美的意义。"社会派"美学关于"实践性"的理论思想得到了苏联学界的广泛支持,并在后来的"审美派"及"生产派"美学家中得到进一步的修正和发展。

苏联"社会派"在基于"自然人化"的"社会实践"路径上对"自然派"强有力的理论反驳,不仅扭转了传统机械唯物论的美学视角,还渐趋将"审美特性"及人的主体性的"审美评价"引入美学研究中,为此后苏联美学从单一的哲学认识论中剥离、纵深引向价值论打下了基础。正如美学家卡冈所言,20世纪50年代下半叶的苏联美学界"不仅以认识论为依据,而且以马克思列宁主义哲学的其他部分为依据,去更加广泛、更加全面地把握问题的途径",并将美学的兴趣"日渐转移到人的方面,人与现实的关系方面"。③ 苏联"社会派"美学家在不改变唯物主义立场的前提下,以"社会历史实践和个人的实践"为基础论证了"美以及整个审美的本质是社会和人的,是由人的社会实践和个人的实践产生的"④,这不但是对斯大林时期机械反映论思想的一次美学反驳,而且在"中苏文化交流"学术气候下,对以李泽厚为代表的"实践美学"的萌芽形成了无可回避的直接理论影响。

受苏联美学启发,李泽厚也将美的本质置于社会历史关系中加以考察,且同样通过马克思"自然人化"的引入,将"美"上升到人类社会历史实践中进

---

① B. 罗马年柯:《自然美的现实性》,《现代美学问题译丛(1960—1962)》,商务印书馆1964年版,第61页。

② 斯托洛维奇:《现实中和艺术中的审美》,凌继尧、金亚娜译,第29页。

③ M. C. 卡冈主编:《马克思主义美学史》,汤侠生译,北京大学出版社1987年版,第144页。

④ 亚·伊·布罗夫:《美学:问题和争论——美学论争的方法论原则》,张捷译,文化艺术出版社1988年版,第25页。

行解答。与蔡仪"物的形象的美是不依赖于鉴赏的人而存在"①及朱光潜"物的形象"是"自然物的客观条件加上人的主观条件的影响"②视域不同,李氏认为"自然对象只有成为'人化的自然',只有在自然对象上'客观地揭开了人的本质的丰富性'的时候,它才成为美",而人之所以能够"在自然对象里直觉地认识自己本质力量的异化,认识美的社会性",却是"一个长期的人类历史的过程"。③ 李泽厚指出:

> 一个自然物美不美,对一个自然物能不能产生美感,能不能欣赏它,这决不偶然,它首先并不被决定于人们的社会意识,而首先被决定于这个自然物在一定社会时代中的客观社会性质。……通由人类实践来改造自然,使自然在客观上人化,社会性,从而具有美的性质。④

美的本质是"人化的自然",因此,人就不仅仅是自然的鉴赏者、认识者,同时还应作为实践者、改造者而存在。李泽厚批评蔡仪指出:"脱离人类社会生活、实践的根本观点的机械唯物主义是不能回答的。它不能解决具有深刻社会性质的美的问题",而"只有从生活、实践的观点才能回答这问题"。⑤ 可以见出,在反复的批判论辩中,李泽厚逐步将自己的美学支撑点落实到了"实践"的根基上,强调自然事物在人类实践中具有了社会意义和美的性质。通

---

① 蔡仪:《评"论食利者的美学"》,文艺报编辑部编:《美学问题讨论集》第2集,作家出版社1957年版,第9页。
② 朱光潜:《美学怎样才能既是唯物的又是辩证的——评蔡仪同志的美学观点》,文艺报编辑部编:《美学问题讨论集》第2集,第21页。
③ 李泽厚:《论美感、美和艺术——兼论朱光潜的唯心主义美学思想》,《哲学研究》1956年第5期。
④ 李泽厚:《关于当前美学问题的争论——试再论美的客观性和社会性》,文艺报编辑部编:《美学问题讨论集》第3集,第168、172、173页。
⑤ 李泽厚:《〈新美学〉的根本问题在哪里?》,《美学论集》,上海文艺出版社1982年版,第143页。

过将美学建立在"实践论"基础上,李泽厚也对美的本质做出重新释义:"美的本质就是现实对实践的肯定;反过来丑就是现实对实践的否定。美或丑存在的多少取决于人类实践的状况、人类社会生活发展的状况,取决于现实对实践的关系。"①李氏认为,美的本质源于社会实践,自然的美丑取决于"自然向人生成"的程度,只有艺术地掌握了客观规律的实践才是创造美的实践。

除李泽厚将"客观社会说"的理论内核日渐挪向"实践论",进而正式意味着实践论美学在中国的萌发外,朱光潜也在"美学大讨论"后期将由"直觉论"美学发展而来的"审美认识论"上升到"美学的实践观点"②的维度上。当然,在中国"实践美学"的理论起点上,李泽厚与朱光潜也存在分歧。针对朱光潜强调"用艺术方式掌握世界"的美学实践观点,李泽厚批评说,"人类的实践活动,主要的和基本的是指人类的生产实践",因为"生产实践才真正起着改造客观世界的能动作用,艺术实践却只是通过它所创造的作品能动地作用于人的主观世界(思想、意识)",但从整个社会因素来看,"实践是认识(意识)的前提",所以"生产实践是艺术实践的前提,又是艺术实践的归宿"。③ 可见,李泽厚从"物质世界"与"劳动实践"角度提出的"社会实践论"美学与朱光潜发扬"主观能动性"与"精神创造性"提出的"艺术实践论"美学在马克思主义"实践美学"的观点上再次发生了争执与分歧。

这种分歧一方面体现了李泽厚与朱光潜"美学大讨论"前期中"客观社会说"与"主客观统一说"在学理上的分歧残留,另一方面也表明李泽厚前期"客观社会说"中"客观性"与"社会实践性"的两个重要理论维度在后期"实践美学"发展建构中仍然延续。李氏对此也有说明:"我们认为,美的本质必然地来自社会实践,作用于客观现实(美是客观的),经过审美和艺术的集中和典

---

① 李泽厚:《〈新美学〉的根本问题在哪里?》,《美学论集》,第 147 页。

② 朱光潜:《生产劳动与人对世界的艺术掌握——马克思主义美学的实践观点》,《美学问题讨论集》第 6 集,作家出版社 1964 年版,第 208 页。

③ 李泽厚:《美学三题议——与朱光潜同志继续论辩》,《美学论集》,第 158—159 页。

型化（反映论），又服务于生活、实践（实践观点）。"①然而，无论是李泽厚的"社会实践论"还是朱光潜的"艺术实践论"：从理论原则上看，都是对马克思"实践论"以及"自然人化"思想的美学展开，只是其路径方向不同；从理论的缘起上看，则都是在"苏联模式"美学话语，尤其是"社会派"美学影响下的学习、借鉴与阐发。对此，从"美学大讨论"后期朱光潜先生的美学呼吁中可见一斑：

> 我们现在建设美学，必须从马列主义哲学的基础出发；而从马列主义哲学基础出发，必须以苏联为师。我们参加美学讨论的人还不是每个人对此都已有足够的认识。我们要向前进，就须认识到自己的不足，认识到不足在哪里。……总之，边讨论，边学习，边建立，这是我们今后美学工作的道路。②

不可否认，在"实践美学"的理论缘起上，苏联"社会派"美学从马克思"自然人化"思想出发，进而在"社会历史实践"关系上阐释美的社会性意义的思想，对中国学术语境中"实践美学"的萌发与转向起到了直接而重要的外部作用。甚至可以说，相较于本土学术语境中黄药眠早年倡导的"生活实践论"美学观以及革命文艺传统中广泛宣传的毛泽东"实践论"的思想资源，苏联"社会派"美学的理论影响更加直接，也更为深刻。

第三节　"实践美学"对苏联"社会派"美学的偏离

受本土学术语境的制约影响，"实践美学"在萌发后的论辩发展中，又蕴含着迥异于苏联"社会派"美学的本土特点。尽管李泽厚的"客观社会说"在理论缘起上与苏联"社会派"美学具有一脉相承的历史关联，并且在"客观性"／"社会实践性"的理论向度以及"人化"／"对象化"的阐释视野上契合一

---

① 李泽厚：《美学三题议——与朱光潜同志继续论辩》，《美学论集》，第 167 页。
② 朱光潜：《把美学建设得更美！》，《文汇报》1959 年 10 月 1 日。

致,但因李氏在对苏联美学的挪用接受中有着本土问题的现实考虑,以及理论甄别的自我选择,因而在话语建构与发展中又呈现出与苏联"社会派"美学的巨大偏离与差异,由此也象征着中苏美学各自走上不同的发展道路。

苏联美学界在讨论之后转向对人的审美意识以及劳动美学、技术美学、价值论美学的探究。尤其是图加林诺夫《论生活和文化的价值》(1960)、《马克思主义中的价值论》(1968)、斯托洛维奇《审美价值的本质》(1972)以及布罗夫《美学:问题与论争》(1975)的出版,预示着苏联美学从哲学认识论的美学圈套中走出而纵深转入对价值美学的探索。对艺术活动和审美价值的多层次探讨也使得苏联美学在认识论方法之外延伸到心理学、价值学、社会学、符号学等方法运用中。这不仅极大地拓宽了美学研究的方法论基础,还为苏联美学界在 20 世纪七八十年代带来了极高的国际声誉。[①]　而中国的"美学大讨论"虽与苏联美学讨论呈现"同步共振"的关联,且有着"相同的理论来源""相似的意识形态背景"和共同遵循的"理论指导原则",[②]但终因各自的文化气候及现实问题不同,因而在讨论后期的理论走向上呈现出根本的学理差异。例如,李泽厚"客观社会说"尽管在逻辑起点上吸纳了苏联"社会派"关于"自然人化观"与"社会实践观"等的理论资源,但在后期理论的建构发展中却与斯托洛维奇、图加林诺夫等"社会派"美学家倡导的"美是一种价值"这一坚持"美的价值本性"的观点存在着巨大的偏离。这种差异性尤为集中地体现在如下诸方面。

其一,在美的"认识关系"与"审美关系"上的思维差异。尽管李泽厚"客观社会说"与苏联"社会派"美学均将"美／美感"问题置于"社会历史实践"层

[①]　自 1960 年到 1984 年,苏联美学家先后参加了在希腊雅典、荷兰阿姆斯特丹、瑞典乌普萨拉、罗马尼亚布加勒斯特、西德达姆施塔特、南斯拉夫杜布罗夫尼克以及加拿大蒙特利尔召开的四年一度的第四至十届国际美学大会,成为国际美学论坛中最为活跃的一股美学力量。其中仅 1972 年在罗马尼亚第七届国学美学会议上,苏联就有 38 位学者参加,仅次于美国和德国。参见凌继尧:《苏联当代美学》,黑龙江人民出版社 1986 年版,第 28—29 页。

[②]　章辉:《苏联影响与实践美学的缘起》,《俄罗斯文艺》2003 年第 6 期。

面加以考察,但与李泽厚长期深陷美的认识论关系中,强调美只是"客观生活的美的反映",坚持"马克思主义哲学反映论"①不同——万斯洛夫、斯托洛维奇、布罗夫、塔萨洛夫、别里克等人则进一步将美延伸到"人与现实的审美关系"上加以探讨,注意到认识关系之外的"功利实践关系、伦理关系、政治关系和宗教关系",②重视"美所包含的人的内容和主观的因素",进而关注人的"审美的感受、体验、趣味、理想和范畴"③以及社会教育过程中养成的"社会的评价"④等人对"现实审美关系的多样性"。⑤

其二,对美的"客观性"与"社会性"的理解在"客观实体性"和"价值特性"这一阐发路线上也极为不同。苏联"社会派"美学尽管也主张审美特性的"客观性",但主要就"社会历史关系"及"审美价值特性"所表现的"具体社会内容"而言。受布罗夫"艺术审美特性"/"审美特征"⑥等思想影响,他们强调审美主体的情感感受,并试图"把人的思想、意志和感情结合起来",⑦重视人在审美活动中的价值需要。尤其是万斯洛夫、塔萨洛夫等人还辩证地指出"社会实践产生美的过程不是一个纯客观的过程,而是有人的审美意识参与其间的过程"⑧,它与科学认识用抽象公式表达事物的规律、本质不同,"现实现象的审美属性是具体感性的",它呈现的是"现实审美关系"中人对事物的"审美评价"。⑨ 斯托洛维奇更指出:"事物的审美特性就是它们的社会性。马克思

---

① 李泽厚:《论美是生活及其他——兼答蔡仪先生》,《新建设》1958 年 5 月号。
② 斯特洛维奇:《现实和艺术中的审美》,凌继尧译,生活·读书·新知三联书店 1985 年版,第 131 页。
③ 列·斯特洛维奇:《审美关系的客体问题》,现代文艺理论译丛编辑部编:《现代文艺理论译丛》第 3 辑,人民文学出版社 1962 年版,第 96 页。
④ A. 别里克:《为什么可以争论趣味》,《现代文艺理论译丛》第 3 辑,第 213 页。
⑤ 贾泽林等编:《苏联当代哲学(1945—1982)》,人民出版社 1986 年版,第 385 页。
⑥ 阿·布罗夫:《艺术的审美实质》,高叔眉、冯申译,上海译文出版社 1985 年版,第 199—205 页。
⑦ 列·斯特洛维奇:《论现实的审美特性》,《美学与文艺问题论文集》,第 54 页。
⑧ 贾泽林等编:《苏联当代哲学(1945—1982)》,第 385 页。
⑨ 万斯洛夫:《美的问题》,雷成德、胡日佳译,第 48 页。

把事物的审美特性和一定的社会的、人的需要联系起来,把事物的审美功能称为使用价值。"①与"社会派"美学不断突破哲学认识论防线进而延伸到价值论路线不同——李泽厚等美学家则仍然谨守"社会存在决定社会意识"的方法论原则,将"美"视为一种"实体化"的"客观存在",甚至还对"红旗"的美做出"客观的(不依存于人类主观意识、情趣的)社会存在"②的解释,混淆了作为象征符号与实体物的美学差别,烙下了深刻的时代意识形态局限的印记。

其三,苏联"社会派"美学突破认识论防线后不断扩展丰富美学的价值论体系,而中国"实践美学"萌发后却始终停留于"主客二分"的哲学认识论模式而裹足不前。苏联美学讨论后期,美学的价值论路线成为一大主流。1960 年列宁格勒大学出版了图加林诺夫的《论生活和文化的价值》,该书集中就马克思主义的价值学说和美学的价值论进行了阐发,提出了美的各种现象是一种"价值的综合","美的价值不仅在于感觉,在于美所给予人的快乐,而且还在于它在人的意识中所引起的高尚的和崇高的思想"。③ 尽管在立论和观点上稍显粗略甚至不足,却引出了美学的价值路线。而到 1972 年斯托洛维奇《审美价值的本质》的出版,则意味着苏联美学讨论后其学科发展不仅势头良好,还走进了国际美学的前沿。该书开门见山地提出不能"把美学本身归结为认识论"④,并就审美价值的标准、结构、特征范围和形式以及审美关系和评价多个层面进行了系统建构,在中国 20 世纪 80 年代的"美学热"中被译介并产生深远影响——而中国"美学大讨论"后期,无论是李泽厚还是朱光潜,尽管走上了"美学的实践论"路线,却始终"没有摆脱传统的认识论的模式,即主客二分的模式",因而既没有像苏联"社会派"一样将美学上升到哲学的价值论层面,也无法"从古典哲学的视野彻底转移到以人生存于世界之中并与世界相

---

① 列·斯特洛维奇:《论现实的审美特性》,《美学与文艺问题论文集》,第 53—54 页。
② 李泽厚:《美的客观性和社会性——评朱光潜、蔡仪的美学观》,《人民日报》1957 年 1 月 9 日。
③ 图加林诺夫:《论生活和文化的价值》(内部发行),生活·读书·新知三联书店 1964 年版,第 161—162 页。
④ 斯托洛维奇:《审美价值的本质》,凌继尧译,中国社会科学出版社 1985 年版,第 15 页。

融合"这一现代哲学视野内。①

　　总之,以李泽厚为代表的"实践美学"萌发于 20 世纪"美学大讨论"时期的"客观社会说",它既是本土语境中对蔡仪"客观典型说"与朱光潜"主客观统一说"美学的批判与缝合,又是对黄药眠早期"生活实践论"的社会学美学以及毛泽东"实践论"思想的理论继承与发扬,更是外部语境中对苏联"社会派"美学话语的借鉴与挪用,可谓"内部诱发"与"外部缘起"的美学"结合体"。但它在萌发后的理论发展与建构中发生偏离变异,尤其是在 20 世纪 70 年代末及 80 年代启蒙现代性语境中,通过对中国古典美学的补接继承以及西方美学尤其是康德"主体性"美学的批判改造,形成了既迥异于苏联"社会派"美学又不同于西方马克思主义实践美学的具有中国特色的实践论美学理论体系,至今仍对中国美学的发展有着重要影响。

---

① 叶朗:《从朱光潜"接着讲"》,叶朗主编:《美学的双峰——朱光潜、宗白华与中国现代美学》,安徽教育出版社 1999 年版,第 18—19 页。

| 第六章 |

社会主义现实主义与吕荧美学思想的矛盾摇摆

吕荧(1915—1969),安徽天长人,中国现代著名的文艺理论家、美学家和翻译家,先后在北京大学、西南联大求学,曾任山东大学中文系主任。在 20 世纪五六十年代"美学大讨论"中,吕荧发表了系列文章参与争鸣,并著有《美学书怀》,对当代中国美学发展产生重要影响。在中国美学史版图中,吕荧是一位有着极高理论素养的马克思主义文艺理论家和美学家。尤其是在 20 世纪五六十年代"美学大讨论"中,他不仅针对蔡仪"美是典型"的观点进行了驳难,率先发动了批判引擎,还在随后与蔡仪、朱光潜等人的来回论辩中形成了自己"美是社会意识"的独特美学思想。论及吕荧,人们首先想到的就是"胡风事件"以及"美学大讨论"中与高尔泰双峰并举的"主观派"。但事实上,在美学论辩中,尽管吕荧与高尔泰在逻辑起点上均持"主观"论调,却因依循的理论资源不同,因而当深入"美/美感"问题的阐发中时,两人便发生了对立。吕荧在美学讨论中仍延续着 20 世纪 40 年代关于"诗"与"真"的社会主义现实主义文艺思想,并将这种"真实性"立为"最高的美学规范"。① 正是这种"求真"与"求美"的社会主义现实主义精神,铸型了他整个的理论品格和学术个性。然而,作为科学认识的"真"与价值需要的"美"显然不在同一层面上。这

---

① 吕荧:《旗——读法捷耶夫的〈青年近卫军〉》,《吕荧文艺美学论集》,上海文艺出版社 1984 年版,第 389—390 页。

种知识话语的求真理想在"主观"即"唯心"即"反动"的意识形态话语建构要求下,最终致使吕荧在论争中显露出无法自控的美学矛盾和理论摇摆——游移于"主观"与"客观"之间。这种学理上的双向振摆,只要通过与蔡仪、朱光潜、高尔泰三位美学家的相互驳难与参照,便可一览无遗。

第一节　亦敌亦友:吕荧与蔡仪的美学因缘

"美学大讨论"中,蔡仪与吕荧在气势汹汹的相互批判中颇有仇恨"不共戴天"的架势。然而,在各种代表性美学观点中,与蔡仪美学最为"密切"的无疑正是吕荧。撇开细微论点上的差异,吕荧因在哲学认识论的路线上与蔡仪执手与共,且均遵奉列宁的《唯物主义与经验批判主义》,这就使得两人在逻辑起点上有了共同的哲学基础。当朱光潜严厉斥责众人"不加分析地套用列宁的反映论"[1]时,正是吕荧与蔡仪携手反驳,在坚守唯物反映论的战线上予以朱光潜强烈反击。蔡仪与吕荧,在"客观典型"与"主观观念"的论调中似乎各执一端,但在理论内核上却殊途同归。理据有三。

其一,尽管论美的出发点不同,理论的落脚点却一致。蔡仪主张"从现实的美入手",切入点在"客观的现实事物"[2];吕荧则主张从"人的观念"出发,切入点在"现实生活"。[3] 前者的逻辑重点在物,后者的关注重心却在人。这是蔡仪与吕荧美学思想最为根本的分歧,也是两人相互驳难的历史起因。然而,美学起点上的分歧并不意味着结论的悖反。请看蔡仪与吕荧经过相互责难的美学辩论后所得出的结论,它们是何其相似。就吕荧"美是观念论",蔡仪反驳说:"美是客观现实产生的,它的决定者,它的标准,都是客观现实。要

---

① 朱光潜:《论美是客观与主观的统一》,文艺报编辑部编:《美学问题讨论集》第 3 集,第 14 页。

② 蔡仪:《新美学》,第 27、52 页。

③ 吕荧:《美学问题——兼评蔡仪教授的"新美学"》,《美学书怀》,作家出版社 1959 年版,第 5—6 页。

之，我们所谓客观事物的美是由客观现实决定的，不是由主观的观念决定的。"①对此，吕荧答复说："我的研究结果为：美是人的观念，不是物的属性。人的观念是主观的，但是它是客观决定的主观，人的社会生活，社会存在决定的社会意识。在这一意义上它有客观性。"②其实，在《美是什么》一文中，针对"读者来信"中唯心主义的质疑，吕荧便有着明确回答："美的观念（即审美观），一如任何第二性现象的观念，它是第一性现象的反映，是由客观所决定的主观。"③很明显，蔡仪的逻辑思路是从客观事物出发，得出美在于客观现实本身；而吕荧虽从人的观念、意识出发，否认美是事物的固有属性，主张从现实生活中去看出美，但他又把主观的观念看成是社会存在的反映，因而导致其美学的最终归宿同样是客观的。这种由主观到客观的论辩逻辑：一方面受"社会存在决定社会意识"的哲学认识论思维方法所限；另一方面则在于知识分子在"求真"路线上的科学探索，即美学的"知识话语"在政治意识形态压力下，为迎合"意识形态话语"需求下的客观与唯物而表现出的话语扭曲与知识变形。

其二，尽管论美的主张不同，但理论的学理依据却一致。其实，吕荧与蔡仪不仅在出发点上泾渭分明，在许多理论主张上也颇为对立。如：蔡仪主张"美是典型，典型即美"，批判"由主观意识去考察美"等论调；吕荧则明确反对"美是典型"，主张"美并不是固定的"，"是人的一种观念"，应从"社会生活"出发去考察美。这样两种几乎"对立性"的美学论点，为何偏偏却走向了"同一性"的美学归途呢？其根本原因除意识形态的话语要求外，更在于共同遵守的方法论指南——哲学认识论。蔡仪与吕荧作为20世纪40年代的美学家，都严格遵循着"马克思—列宁—斯大林"的唯物主义反映论路线，尤其是遵奉列宁《唯物主义与经验批判主义》为真理指南。这种从"社会存在决定社会意

---

① 蔡仪：《批判吕荧的美是观念之说的反马克思主义本质——论美学上的唯物主义与唯心主义的根本分歧》，《唯心主义美学批判集》，第10页。

② 吕荧：《再论美学问题——答蔡仪教授》，《美学书怀》，第113、117页。

③ 吕荧：《美是什么》，《美学书怀》，第41页。

识"出发的哲学路线被运用到美学学科上,纵使吕荧再想强调人的"意识""观念"等主观性要素在美学活动中的重要性,他最后也只能补充说任何社会意识都是第二性的,是社会存在的反映。因而他最终与蔡仪在观点的对峙中走到一起。

其三,在反击"同敌"朱光潜的方式上,立场、观点、路线如出一辙。朱光潜发表《我的文艺思想的反动性》这一"自我批判"的文章后,其美学观点也由1949 年前的"形象直觉论"置换成了"主客观统一论",并且他希望通过马克思主义的立场转变完成身份认同,借此重获话语权。但在马克思主义理论家蔡仪和吕荧看来,朱光潜基于"物甲物乙"的"主客观统一论"无疑仍是"唯心主义的"。(1)先看蔡仪的批判。蔡仪认为,朱光潜对审美与科学反映形式的区别自己也是承认的,但"无论前者或后者,如果是正确的反映,它的内容就是客观的;如果所反映的是所谓'夹杂着主观成分的物',就是歪曲的反映",因为现实主义艺术要求就是"真实地反映现实","艺术的内容是现实的真实,不是主观臆造"。① (2)再看吕荧的批判。吕荧认为,唯物主义者看来物就是物,"当客观存在的物的形象为人的感觉所反映"时,"这物的映象,仍然是同样的物的形象,并不是'夹杂着人的主观成分的物'了",如果这种物的形象"因为'夹杂着人的主观成分'而成为另一个'物'('物乙')",那么"物乙"也就因人而异而使得"物的客观存在的真实的形象、形态的认识"成为不可能,"一切的科学也就是不可能的了"。② 十分明显,无论是蔡仪还是吕荧,都是从现实主义"客观真理"出发,要求人的意识和观念必须反映现实"真实",进而揭示客观的科学规律,这是吕荧与蔡仪美学信奉的路线方针,也是两人共同的美学立场和原则。因朱光潜倾心西学多年,其美学的思维逻辑仍是心理学美学的路向,重视人的意识情感,而这种以人的审美经验活动为枢纽的美学路线无疑是与由"物"到人的唯物反映论相背离的。这就是吕荧与蔡仪根本无法与之"共事"而要严加责难的理由。

---

① 蔡仪:《朱光潜美学思想旧货的新装》,《唯心主义美学批判集》,第 114 页。
② 吕荧:《美学论原——答朱光潜》,《吕荧文艺美学论集》,第 449 页。

从表面看来,吕荧基于"观念论"的"社会意识说"美学与蔡仪基于"美即典型,典型即美"的"客观典型说"美学在美的本质路线上各执一端、针锋相对,但因两人均谨守哲学路线上的唯物反映论,因而在"客观真理"的美学追思中终究殊途同归。

第二节　同室操戈:吕荧与朱光潜的美学瓜葛

如果说吕荧与蔡仪因持唯物反映论的哲学原则而实属同一美学阵营,那么,吕荧与朱光潜,则在"主观性"的理论维度上有着千丝万缕的美学关联。当我们细察朱光潜与吕荧在"物乙"与"美是观念"等核心问题上的相互批判与责难时,未免深感同室操戈之痛。

吕荧说:"对于美的看法,并不是所有的人都相同的。同是一个东西,有的人会认为美,有的人却认为不美;甚至于同一个人,他对美的看法在生活过程中也会发生变化,原先认为美的,后来会认为不美;原先认为不美的,后来会认为美。所以美是物在人的主观中的反映,是一种观念。"①无论吕荧自己是否承认或自觉意识到,这种美在人的头脑中的"主观的"反映不正是在强调人的"审美意识"的重要性吗? 这显然就是"主观性"的看法,正如当时有人立即反驳所说的:"既然美是存在于人的主观头脑中,那么即使吕荧声明说:美的观点、美的意识是'社会生活的反映',但是这实际上还是抽调了意识所赖以反映的客观内容,而叫人从意识、观念、主观中去找寻美。这不是唯心论又是什么呢?"②吕荧在"主观性"论调下硬要为自己贴上唯物主义的标签,并想尽办法证明自己的"客观性"。这种理论观点上的焦灼,从朱光潜先生的批评中可洞悉一切:

---

① 吕荧:《美学问题——兼评蔡仪教授的〈新美学〉》,四川省社科院文学所编:《中国当代美学论文选1953—1957》第1集,重庆出版社1984年版,第5页。
② 余素纺、梁水台:《美是主观的,还是客观的? ——评吕荧的美学观点》,文艺报编辑部编:《美学问题讨论集》第4集,作家出版社1959年版,第20页。

　　吕荧的全部美学只有这样几句话:"美的观念"就是美,就是美的原因,也就是美的结果;美又是第二性的,又不是第二性的;美感只是快感,审美要靠理性判断。吕荧何以走到这样自相矛盾的死胡同里呢? 我看原因很简单。他的基本论点只有一个:"美是人的一种观念。"这样的提法的主观唯心主义的色彩太刺眼了,于是他想尽方法来遮掩。一种方法是偷梁换柱,用"社会意识形态"来装饰他所谓"观念。"另一种方法是骑墙,他又要迎合流行的机械唯物主义的看法,说美仍然是客观存在的,他忘记了就在这同一篇文章中他已经一再否定了美的客观存在。①

　　如朱光潜的批评所指出:尽管美学观点与所持的理论依据在吕荧美学体系中产生了矛盾和分裂,但正是这种理论上"不自觉"地带有主体意识的"观念性"主张,反而使得吕荧美学具有了时代急缺的闪光点。仅在这一维度上,朱光潜也颇为认同:"这种'美的观念'倒是社会意识形态总和中的一部分,也就是说,它是一定历史条件下的世界观和阶级意识决定的。吕荧模糊地认识到社会意识形态对于美的重要性,他的这一点好处我们是应该承认的。"②但朱光潜在认同吕荧"观念说"在"社会意识形态"这一层面上的合理性时,又接着从"意识"取代"存在"即"观念"取代"美"这一唯物主义的路线上给予了棒喝:"这种'美的观念'是否就等于'美'呢? 说二者相等,就无异于说'花的观念'就等于'花'。谁也可以看出,这是彻头彻尾的主观唯心主义。尽管你承认'花的观念'由客观决定,这也不能挽救你,使你摆脱唯心主义,因为你必将肯定了意识(美的观念)就是存在(美),把观念代替了存在。"③

① 朱光潜:《美就是美的观念吗? ——评吕荧先生的美学观点》,文艺报编辑部编:《美学问题讨论集》第 4 集,第 31—32 页。
② 朱光潜:《美就是美的观念吗? ——评吕荧先生的美学观点》,文艺报编辑部编:《美学问题讨论集》第 4 集,第 26 页。
③ 朱光潜:《美就是美的观念吗? ——评吕荧先生的美学观点》,文艺报编辑部编:《美学问题讨论集》第 4 集,第 27 页。

　　应该说,当朱光潜做出这样一种学理判断时,即已表明了自己唯物主义的立场,他是要反对脱离"社会存在"而从人的"主观意识"去谈美的唯心主义的路线倾向。从朱先生自身美学观点由"形象直觉"到"主客观统一"的转捩中也反映出他竭力摘下唯心主义帽子转向马克思唯物主义的决心。但是,朱先生不仅在《文艺心理学》中反复表达着美是"心借物的形象来表现情趣""凡美都要经过心灵的创造""美就是情趣意象化或意象情趣化时心中所觉到的'恰好'的快感"①等与吕荧"观念说"论点极为一致的"主观论"思想,而且在"物甲物乙"说中,也仍未完全脱尽这种思想的残留。请看蔡仪对朱光潜的批判:"朱先生的所谓'物''物本身'就是'自在的物',所谓'物的形象''夹杂着人的主观成分的物'就是主观意识,然而朱先生不称前者为'自在的物',却称为'自然物',不称后者为主观意识,却称为'社会的物',虽然颇费心机,却是徒致理论的混乱,不仅不能掩饰他的主观唯心主义,反而更暴露了他的主观唯心主义的纯然独断论的特点。"②吕荧对朱光潜"物甲物乙"说也同样指责到:"朱光潜教授所说的'物的形象'不是客观的物的表象,而是主观地'反映了现实或者表现了思想情感'的'艺术形象',即以物为心、以心造物的产品;所以他所说的'反映现实',只是主观的生产创造的结果,主观的思想情感的表现,不是现实的如实的反映。"③

　　从上分析可知:朱光潜批判吕荧"美是观念"之说的唯心主义论据与蔡仪及吕荧批判朱光潜本人的理论根据是一致的,批评的切入点均是认为吕荧(朱光潜)在强调人的"主观意识"层面脱离了"社会存在"而堕入唯心主义的泥淖中。朱光潜因急于摘掉唯心主义帽子完成身份立场上的政治认同,不惜煞费苦心地在学术与政治的"夹缝"中用主流美学话语以及主流方法论曲折地阐发自己的美学思想,并在"主客观统一"的美学"新论"中延续着自己过去

---

① 朱光潜:《文艺心理学》,第140—141页。
② 蔡仪:《朱光潜的美学思想为什么是主观唯心主义的?》,文艺报编辑部编:《美学问题讨论集》第3集,第226—227页。
③ 吕荧:《美学论原——答朱光潜教授》,《吕荧文艺美学论集》,第457—478页。

心理学美学路线上的知识话语。

朱光潜与吕荧,尽管两人在美学建构的方法论层面上有着本质的区别,但就强调审美过程中人的"主观意识"这一知识性论点,他们是极为一致的。只可惜,在唯物主义成为主流话语的意识形态压力下,他们不惜同室操戈,相互指责与批判,以凸显自己的身份立场,借以维护自身理论话语的合法性。

第三节　形同实异:吕荧与高尔泰的美学界限

吕荧、高尔泰均因不满蔡仪机械唯物主义的"客观典型论",才相继提出了"美是观念"及"美即美感"的理论命题。尽管在美的"主观性"框架下吕荧、高尔泰似乎结成了"主观派"联盟,但除此之外,两人的美学思想在研究路径和思维理路上均存在着根本性差异,在美感问题上甚至持截然相反的理论主张。因此,当我们重估"主观论"美学时,就不得不重视和厘清这些观点的分歧,辩证地看到吕荧、高尔泰美学思想的同中之"异"。

其一,他们截取的马克思主义思想资源各不相同,因而对美的本质的理解也不同。吕荧从列宁《哲学笔记》中的"观念,即真理论"以及马克思《政治经济学批判·序言》中的"社会存在决定人们的意识"出发,认为"主观性"的观念仍是"客观存在的现象"而"由社会存在决定"。这也是吕荧明明提倡"观念说"却反复坚称自己是唯物主义者的学理原因。高尔泰是"美学大讨论"中引用马克思主义经典理论最少的美学家,他对美的阐发更多的是一种诗性的感悟,但在为数不多的引用中,他汲取的理论资源恰恰是《1844 年经济学哲学手稿》中所阐明的"自然人化"思想。因此,高尔泰能够打破"存在决定意识"的律条,从人自身出发去思考美学,在"客观存在"的对立面将人的"主观性"坚持得彻底斩决。

其二,从"生活"与"心灵"论证美的本质的逻辑出发点不同。吕荧受"社会存在决定社会意识"的影响,仍从"社会生活"出发去论证"美的观念",认为美"是客观的存在现象",但又"并不是离开社会和生活的抽象的客观的存在的现象"①,而是社会生活的反映;高尔泰则从"自然的人化"出发高度重视人的作用,从人的审美心理结构、人的心灵去论证美,进而得出"美,只要人感受到它,它就存在,不被人感受到,它就不存在"②。从生活出发论证美与从心灵出发论证美的路径差异,就是两者搭建"主观论"美学在逻辑起点上的学理分歧。

其三,对"美感问题"的阐发路径不同。吕荧认为美感因"外物作用于我们的感官引起的","美的认识必须经过感性阶段——美感",但无论是美的概念还是美感,都是客观现实的反映,直接由生活决定。因此,吕荧对美感的思考逻辑遵循着由"社会生活—美感—美的观念"这一感性上升到理性的认识过程;高尔泰则认为"美产生于美感","美感大于美","不被感受的美,就不成其为美",物只是"美的"物象,是"引起美感的条件",离开了人的感受美就不存在,美感从根本上讲就是"人的一种本质能力,是一种历史地发展了的人的自然的生命力",它源自以情感为中介的沉淀着历史文化内容的主体心理结构。③ 在这一思考向度上,高尔泰遵循的则是"历史文化心理结构—美感—美"这一美的求索历程。

此外,因哲学路径上的理据差异,吕荧、高尔泰在对美的"客观性"理解以及"美学评价"的尺度上也不甚相同。高尔泰"美即美感说"在某种程度上即是朱光潜1949年前直觉论美学的余韵回音。高尔泰不仅认为"美是一种创造",甚至将美的"主体性"进一步推向极致,指出美感的"绝对性"。④ 这种观点恰恰是吕荧所要批判的,他将心物"统一于人的主观的精神之中"⑤视为形式主义的唯心主义。吕荧扎根于现实生活的土壤,主张从人的生活理想出发追寻美,因此当他提倡"美是人对物的观感和评价"时,他所依据的也是"人对

① 吕荧:《美学问题》,《吕荧文艺美学论集》,第416页。
② 高尔泰:《论美》,文艺报编辑部编:《美学问题讨论集》第2集,第134页。
③ 高尔泰:《美是自由的象征》,《论美》,甘肃人民出版社1982年版,第48—51页。
④ 高尔泰:《论美感的绝对性》,文艺报编辑部编:《美学问题讨论集》第3集,第388页。
⑤ 吕荧:《美学论原——答朱光潜教授》,《吕荧文艺美学论集》,第471页。

事物进行判断或评价中形成的关于客观世界客观事物的美的概念和观念"①；而高尔泰则明确将之定位于主观的人的"意识世界"，认为"'美'是人对事物自发的评价"，"没有了人，就没有了价值观念"，"所谓主观的，只是人们自觉地运用自己的意识，去认识世界"，②美只属于"能感受到它的人们"，它发源于人的心中。③

　　通过对吕荧与蔡仪、朱光潜、高尔泰三位美学家思想的清理与比较，我们已经可以对"美学大讨论"时期的吕荧美学思想做出这样一个简明扼要的历史再评价：吕荧美学思想在人的"观念"与"意识"的脉络线索上隐隐闪烁着 20世纪 50 年代"美学大讨论"中极为缺失的"主体性"倾向，散射出朦胧的"审美意识"的现代性觉醒，这也是吕荧与高尔泰美学之所以在当时被人们同归为"主观派"的历史因由；遗憾的是，尽管吕荧从批判蔡仪"见物不见人"的"客观典型论"入手，试图重新赋予美的人的现代性主体意涵，进而提出了"美是人的一种观念""美是社会意识"的论点，但他从"真"与"诗"的社会主义现实主义的"客观真理"出发，又将美理解成客观生活"真理式"的本质反映，进而在哲学认识论层面上取消了作为人文学科的美学的价值论内涵，取消了人的审美情感活动，造成了审美活动与逻辑认识的思维混淆。客观的"真"与感性的"美"的逻辑等同也扼杀了美学的感性学内涵及其价值学特性，因而最终返归到了蔡仪美学的路径上。这也是吕荧与高尔泰在美学内核的分歧中不可同归为"主观派"而视之，并急需在当下美学学术史研究中得到梳理与廓清的关键。

　　总的来说，在 20 世纪 50 年代"美学大讨论"中，因深受列宁"观念，即真理""唯批"及车尔尼雪夫斯基"美是生活"等思想影响，吕荧在对客观的"真"与感性的"美"的探索中发生了游移与误置。"知识话语"的求真理想与"意识形态话语"的建构要求之间的纠葛，加上学科定位上将价值论的美学视为认

---

① 吕荧：《再论美学问题——答蔡仪教授》，《吕荧文艺美学论集》，第 504 页。
② 高尔泰：《论美》，文艺报编辑部编：《美学问题讨论集》第 2 集，第 138 页。
③ 高尔泰：《论美感的绝对性》，文艺报编辑部编：《美学问题讨论集》第 3 集，第 394 页。

识论的错位,不但使其美的本质之寻思在"主观""观念"与"客观""唯物"的逻辑推进中来回拉锯、左右摇摆,还在社会主义现实主义的文艺理想中显露其美学思想难于自圆的内在学理矛盾:其一,吕荧"主观观念论"表面上与蔡仪"客观典型论"针锋相对,却因共同谨守哲学认识论,而在"客观"与"唯物"的美学实质上殊途同归;其二,"观念意识"本属"主观论"范畴,与朱光潜"物乙说"相似,吕荧却硬要为自己贴上"唯物主义"的标签,并在"存在决定意识"的理论反击上对朱光潜施以"唯心主义"的打击,实可谓同室操戈;其三,吕荧与高尔泰表面结成"主观派"同盟,但在思维方法与美感路径上却截然相反,其暗含的美学思想也貌合神离。吕荧美学思想之所以呈现出这种在"主观""观念意识"与"客观""唯物反映"之间来回拉锯、左右摇摆,且自始至终难于挣脱的内在学理矛盾,既是特定历史条件下单一性的唯物反映论思维模式的局限所致,也是因为特殊时代学术语境中科学探索上"知识话语"的求真理想与"意识形态话语"的建构要求发生了对抗与冲突,进而呈现出美学话语上的纠缠、游移与振摆。

下编 │ 史案与思潮

| 第七章 |

李泽厚"积淀说"对黄药眠"积累说"的接受与改造

长期以来,学界学人均从域外理论思潮的影响出发,将李泽厚的"积淀说"溯源至克莱夫·贝尔"有意味的形式说"、荣格"集体无意识论"、皮亚杰"发生认识论"以及格式塔心理学等,却恰恰忽视了从美学本土时代语境出发对"积淀说"的形成做出契合历史的考究。事实上,李泽厚的"积淀说"更大程度上仍是受本土思想的启发和接受而形成,是中国美学自身逻辑发展的历史结果。早在 20 世纪五六十年代探讨"文化/心理"结构的历史渊源及其美学特征时,这一思想观念就开始理论萌芽。它的原型则紧承黄药眠"美学大讨论"以及在此之前所反复论及的历史文化的"积累"这一命题而来。

第一节 "积淀":一个命题的逻辑演进史

谈及李泽厚的"积淀说",人们往往直接定位于《批判哲学的批判》或《美学四讲》,因为正是此二书首次提及"积淀"命题以及对作为美学范畴的"积淀"进行了集中阐释。但是,一个学说的提出并非突发奇想,它必有一个复杂而又曲折的历史思考过程,以及刺激萌发此说的理论原型。李泽厚的"积淀说"同样如此。通过对文献的细读翻检发现,李泽厚的"积淀"命题先后经历了"积累—沉淀—积淀"这一漫长的求索历程才最终面世。而其"积淀说"最初的理论雏形——"积累",就发端于 20 世纪 50 年代"美学大讨论"中,而且

"积累"与后期的"积淀"无论是在理论的内涵还是外延上均十分相似。

1956 年,在《文艺报》组织的批判朱光潜"资产阶级唯心主义美学"的大讨论中,继贺麟、黄药眠、曹景元、敏泽等人之后,年轻的李泽厚也发表了美学处女作《论美感、美和艺术》。正是在此文中,在批判朱光潜混淆"美感直觉"与"感性直觉"时,他首次使用了"积累"这一命题:

> 人类独有的审美感是长期社会生活的历史产物,对个人来说,它是长期环境感染和文化教养的结果。心理学已经证明了日常生活中一般直觉的经验积累的客观性质,例如,听到熟人的声音就知道这是谁(这一点黄药眠先生在《论食利者的美学》一文曾谈到),而美感直观与这种一般直觉不同的是,它具有着更高级的社会生活和文化教养的内容和性质。①

很显然,在"美感问题"立场上,正如李泽厚在以上引文中所解释的,他同样认同前辈黄药眠的观点,主张从社会历史的角度对"美感直觉"做出"经验积累"与"生活知识"的社会性解释,而非朱光潜"孤立绝缘"的"见形象而不见意义"②的"形象直觉"。李氏文章继续说:"社会生活是一条长河,它滔滔不绝地流向更深更大的远方,它是变动的;但是,追本溯源,生活又有着它的继承性,变中逐渐积累着不变的规范、准则。"③因李氏美学一登场便倡导"美感二重性",尤其强调美感的"社会生活的客观功利性",所以其"积累"在这里正是在"社会性"层面上主张美"是人类文化发展历史和个人修养的精神标志","是长期社会生活的历史产物"。④ 这种重视从历史社会生活出发去揭示审美感

---

①　李泽厚:《论美感、美和艺术——兼论朱光潜的唯心主义美学思想》,《美学问题讨论集》第 2 集,第 213—214 页。

②　朱光潜:《文艺心理学》,第 2—3 页。

③　李泽厚:《论美感、美和艺术——兼论朱光潜的唯心主义美学思想》,第 213 页。

④　李泽厚:《论美感、美和艺术——兼论朱光潜的唯心主义美学思想》,第 213 页。

受的思想①也再次体现在 1957 年发表的《"意境"杂谈》一文中。在该文中,李泽厚依旧从"积累"这一角度指出:

> 在艺术家捕捉到某一"意境"时,即使有时是一刹那间的灵感或直觉所致,看来似乎是"不落言筌不涉理路"的"一味妙悟"所致,但这也正是长期搜寻积累的结果……艺术意境的形成总是经过千锤百炼的结果。②

从前后文语境来看,这里的"积累"当指艺术家经过漫长创作实践而陶积养成的艺术素养,直接指向人类历史反复层累、堆积而成的文化心理结构。同样在 1957 年由黄药眠组织的北京师范大学"美学论坛"上,李泽厚所做的"关于当前美学问题的争论"演讲中,他再次使用了"积累"这一命题:

> 在我们看来,首先应该分别二种根本不同的直觉:一种是低级的原始的相当于感觉也可以说是在理性阶段之前的直觉。这就是朱光潜、克罗齐所说的"小孩无分真与伪"时的直觉。另外一种直觉我们了解为一种高级的经过长期经验积累的实际上是经过理性认识阶段的直觉。③

①　在 1955 年 6 月 26 日《光明日报·文学遗产》发表的《关于中国古代抒情诗中的人民性问题——读书札记》一文中,李泽厚就已开始使用"凝固"这一术语,并指出在考察客观自然事物的美时,要注意"'凝固'在这描写中的人的思想感情的特点",注意人们"长期的历史的现实生活"。参见李泽厚:《门外集》,长江文艺出版社 1957 年版,第 133—134 页。
②　李泽厚:《"意境"杂谈》,《门外集》,第 150 页。此段话中,李泽厚对"积累"的论说与黄药眠《论食利者的美学》(1956)无论是思维还是用语均十分相似。
③　李泽厚:《关于当前美学问题的争论——试再论美的客观性和社会性》,《美学问题讨论集》第 3 集,第 152 页。

在此,李泽厚将美感"直觉性"理解为经过长期"经验积累"的结果,其思想仍与《论美感、美和艺术》一文前后相承,且与黄药眠《论食利者的美学》一文中对朱光潜"形象直觉"的批判观点一致。正是沿着黄先生的批判理路,李泽厚在批判朱光潜唯心主义美学时,就是要强调美感的社会性维度,指出时代性、阶级性与文化教养等因素对于美感形成的重要影响。李泽厚对"积累"的反复使用或谓之"理论自觉",正因为这一命题恰好符合了李氏对于美感"客观社会性"在历史层面的美学思考。

1963 年,李泽厚在《典型初探》中又用"沉淀"代替"积累"去描述这一美感的历史生成过程:"漫长的封建社会使人们的审美意识与有严格秩序规范的封建伦常观念紧密地结合在一起,在根本上受着它的规定和制约,对现实的审美感受沉淀着社会的伦理观念和道德要求。"①同样在 1963 年,李泽厚在《审美意识与创作方法》一文中对"沉淀"有着更为明晰的论述,并显示出与后期"积淀"近乎一致的学理内涵:

> 在审美感受,理解(知性)沉淀为知觉,成为感性的方面;在审美理想,情感沉淀为理想,成为理性的方面。一方面,只有理解沉淀在感性中,才可能构成不同于一般感觉的审美感受;另一方面,只有情感沉淀在理性的思维中,才可能构成不同于一般概念的审美理想。②

从 1956 年的"积累"到 1963 年的"沉淀",命题不但在"学理名称"上发生了更易,而且在强调这种"积累／沉淀"的心理结构指向上也发生了微妙的变化。尽管都从"历史积累"的角度去把握审美感知的历史生成效果,但此时与早期将美感集中落实到"外在的"历史的"客观社会性"相比,有所微调的是:李氏

---

① 李泽厚:《美学论集》,第 316 页。

② 李泽厚:《审美意识与创作方法》,《学术研究》1963 年第 6 期。此段话中,李泽厚对作家创作意识中"沉淀"的论说与黄药眠《意识状态试论——创作论的一段》(1951)无论是讨论主题还是所用话语均极为相似。

开始将"内在的"个体的、感性的、直观的主体心理作为他解释美感的路径。这种思想的转换显然与他这一时期对西方美学思想的批判吸收密切相关,①且进一步延伸到"文革"之后。李氏在此基础上通过对康德美学思想的学习改造做了进一步的理论发挥。

在 1979 年出版的《批判哲学的批判——康德述评》一书中,李泽厚在前期"积累""沉淀"的理论基础上,再一次将"沉淀"易名为"积淀",并由此走上了"积淀说"的理论系统化创构之路:

> 自然与人的对立统一关系,历史地积淀在审美心理现象中。
> ……真与善、合规律性与合目的性在这里才有了真正的渗透、交融与一致。理性才能积淀在感性中,内容才能积淀在形式中,自然的形式才能成为自由的形式,这也就是美。美是真、善的对立统一……审美是这个统一的主观心理上的反映,它的结构是社会历史的积淀,表现为心理诸功能(知觉、理解、想象、情感)的综合。②

结合李泽厚前期对于"美感二重性"的理论构思不难看出,他在此使用的"积淀"命题,仍是指向社会历史文化的积累、凝积对于审美心理的情感效应,强调审美经验中理性与感性、内容与形式的互渗交融。这与早期的"积累""沉淀"所表述的意蕴在理论实质上是前后契合的。只不过"积淀"较之于前期的"积累""沉淀",更加重视将美学"对客体的研究引向对主体的研究"③,强调"自然向人的生成"过程中历史文化积淀对于审美心理现象的转化作用。

---

① 这一时期,李泽厚对现代英美美学有了系统的研究,尤其是对贝尔、弗莱、朗格等人着重艺术的感性形式的美学理论有了深入的探索,先后撰写了《英美现代美学述略》(1964)、《帕克美学思想批判》(1964)等文章。尽管其视角仍是对"唯心主义"的批判,反对他们脱离社会生活、历史文化的美学倾向,但在批判中显然有着合理的理论吸收。

② 李泽厚:《批判哲学的批判——康德述评》,人民出版社 1984 年版,第 406、415 页。

③ 陈新汉:《审美认识机制论》,华东师范大学出版社 2002 年版,第 10 页。

从"美学大讨论"期间的"积累"到"沉淀"再到后期的"积淀"这一整个理论变迁来看,李泽厚在学理思考的逻辑脉络上是前后相承的。"美学大讨论"期间李氏美学思想的根基就是"美感二重性",即强调在感性直观的非功利性中有超感性的理性的功利性质。那么,理性究竟如何化为感性,社会性又如何表现在个体中,历史又如何转化为心理建构的过程呢? 这些问题由于"美感是美的反映,美在先,美感在后"①的哲学认识论的思维局限,在美学论争中始终无法得到很好的解决。这也是李泽厚萌发"积累"并依次更易为"沉淀"和"积淀"所要思考和破解的难题。难怪后来李泽厚提及"积淀说"时,要说自1956 年提出"美感二重性"后就一直认为:

> 要研究理性的东西是怎样表现在感性中,社会的东西怎样表现在个体中,历史的东西怎样表现在心理中。后来我造了"积淀"这个词,就是指社会的、理性的、历史的东西累积沉淀成了一种个体的、感性的、直观的东西,它通过"自然的人化"的过程来实现的。②

这也直接印证了"积淀"是由美学讨论期间"积累"及"沉淀"演变发展而来的结论。从早期的"积累"到后期的"积淀",正是李泽厚实践论美学逐步完善的理论体现,即:从美学的客体性研究(强调"客观社会性")进展到主体性研究,从对美的外在存在形态的研究进展到对人的主体审美心理活动的研究。李泽厚这一美学进路的动力机制就在于通过主体性的历史实践活动,在"自然的人化"与"人的自然化"过程中完成社会、历史、理性逐渐向个体、感性、直观的迁移,并在历史文化的层累、积淀中逐步完成由"工艺社会结构"向人的"文化心理结构"的内化生成。

简言之,李泽厚"积淀说"思考的缘起就是要解决"美学大讨论"期间"美感二重性"命题中理性／感性、社会／个体、历史／心理间如何转化的问题。

---

① 李泽厚:《美学三书》,天津社会科学院出版社 2008 年版,第 472 页。
② 李泽厚:《美学三书》,第 472 页。

因此，从"积累"到"沉淀"再到"积淀"，在同一理论的命题变迁下，通过对人的历史实践活动的强调，在双向"自然人化"的过程中既完成了外在的"工艺——社会本体"的建立，又完成了内在心理的"情感——心理本体"的个性创造，从而逐步完成了美感从强调"外在性"的客观社会性向"主体性"的心理本体的重心转向，且始终蕴含着相同的问题意识。李泽厚从"积累"起步，经过不断的反思、调整，最终确立了"积淀"说，这一方面与"文革"后重新用马克思主义实践论对康德主体性美学的双重整合与改造息息相关，另一方面又与"美学大讨论"期间黄药眠美学思想的直接启发前后关联。因为作为"积淀说"的逻辑起点——无论是"积累"还是"沉淀"，同样清晰地体现在黄药眠文艺美学思想中，而且理论指向内在一致。

第二节　"积累"："积淀"的起点与向度

"生活实践"是黄药眠文艺美学思想的逻辑出发点，因此他极为重视个体审美经验中文化积累与历史传承的作用。在 20 世纪三四十年代发表的各种文论、美论及诗论中，黄药眠就表现出对历史生活沉淀、层积对于主体心理结构影响的理论关注。到了 20 世纪 50 年代，黄药眠进一步强化了这一思想，并有意识地形成了对"积累说"的理论构想。对于历史文化传承的描述，黄先生自 1939 年起先后使用了"积蓄""积累""沉淀""凝结""层积""堆集""堆积""累积"等十多个概念，并最终在 1956 年"美学大讨论"中把它们集中归结到"积累"这一命题上，显示出对"积累说"自觉的理论建构，并对李泽厚产生了直接的美学影响。

由于特殊的革命经历，黄药眠自 1928 年创造社"向左转"时期起就熟读各种马克思主义书籍，①并在莫斯科苏联共产国际工作期间有机会接触到大量马克思主义经典著作，较早地具备了扎实的马列主义理论素养。其中，也包括列宁关于"逻辑的格"在人的千百万次反复实践后"固定"下来的思想。通

---

① 　黄药眠：《动荡：我所经历的半个世纪》，上海文艺出版社 1987 年版，第 85 页。

过文本细读发现,受列宁及苏联各种文献资料的影响,黄药眠对"积累说"的理论探寻大致经历了 20 世纪 30 年代的初步萌芽期、20 世纪 40 年代的形成探索期以及 20 世纪 50 年代的运用成熟期三个主要阶段。

在 1939 年发表的《目前中国的诗歌运动》一文中,黄药眠首次提出了"积蓄"的命题,指出:"文艺的理论虽然一般的已建立了起来,可是由于作家的生活经验太少,所以也就很少人能够从这简短的历史过程中积蓄起很丰富的情感,创造出完整的诗歌。"①这里,单就个体的生活经历的角度来看,生活经验中的情感"积蓄"与文化的"积淀"作用在内涵上显然不甚一致,但若从历史文化对于个体的文化心理的积淀影响出发来看,这种人的情感积蓄的过程显然同时也是外在文化传承积淀的刺激过程。从这一角度来理解,黄药眠此处论及的历史"积蓄"仍然触及了"积累说"的内涵,但没有考虑成熟,可看成其思想的幼芽。同样在 1939 年《中国化与大众化》一文中,黄药眠在艺术形式问题上又将艺术形式对日常生活内容的历史影响概括为"遗传"②,显示出这一时期对"积累说"的思考还处于初步萌芽阶段。

1945 年发表的《论约瑟夫的外套》一文中,黄药眠在对舒芜"主观论"思想的批判中又提出了"积累"的概念,但论说相对简单。他认为"主观"这东西仍是"人类在生存斗争的几百万年中所不断积累、学习、锻炼而逐渐发展得来的东西"③。1946 年在批判朱光潜《文艺心理学》而写作的《论美之诞生》一文中,黄先生在反驳朱光潜割裂现实生活的"形象直觉"美学观时,再次提出了"沉淀"和"积累"的命题:

> **每个人都要生活,因此每个人都必然会有功利观念。这种生活**

---

① 黄药眠:《目前中国的诗歌运动》,《黄药眠美学文艺学论集》,第 581 页。
② 这里黄药眠先生所谓"遗传",并非生理学意义上遗传物质的传递,而是侧重人的心理结构层面上文化累积的历史作用,相当于随后黄氏所使用的"积累"和李泽厚所用的"沉淀"。
③ 黄药眠:《论约瑟夫的外套》,香港人间书屋 1948 年版,第 9 页。

上的功利主义,久而久之也就沉淀在生活意识的底层,而无形中影响到他的审美观念。……美感经验也是基筑在科学知识之上的,也是经过抽象认识的积累,把本质之存在于现实中的直接形态再体验和再表现,科学和美感经验,是并不对立的。①

从这篇文章起,黄先生对生活发展过程中人类历史文化的积累、沉淀对于美感经验形成的重要性有了较为清晰的把握和理解。1946 年 7 月在《文艺生活·光复版》上发表的《思想和创作》一文中,黄药眠将作家吸收中外名著养料从而逐渐成长的这一历史累积过程称为"文化积累"。1946 年 11 月在《文艺生活·海外版》上发表的《论文艺创作上的主观和客观》一文中,黄药眠又将作家思想意识、情感等主观的"观念体系"由"生活上所得来的零碎的经验和意念"形成的历史过程称为"凝结"。可以说,整个 40 年代黄药眠对"积累说"仍处于漫长的理论探索阶段,这充分体现在他话语使用的"杂乱言说"上。

进入 20 世纪 50 年代,黄药眠对"积累说"的理论构思日渐成熟,并开始自觉地将其运用于理论的实践分析中。在 1951 年发表的《意识状态试论——创作论的一段》一文中,他通过作家创作中审美意识的研究对"沉淀""层积""堆积""积蓄"四个"积累说"的理论形态进行了反复充分的论述,其中对"层积"的阐释更达七次之多。文章指出:

> 这样生活不断改变,新的意识压迫旧的意识,就不断层积下去,形成了意识的层积状态。有些原有的意识,因日子久了,渐渐被层积到下面去,而沉淀到下意识里去。……一个人的意识,并不是简单的浮面的东西,而是长期的生活历史层积起来的。②

很显然,作为一名有着丰富创作经验的作家,黄药眠意识到作家"主观意识"

---

① 黄药眠:《意识状态试论——创作论的一段》,《新建设》1951 年第 3 卷第 6 期。
② 黄药眠:《意识状态试论——创作论的一段》,《新建设》1951 年第 3 卷第 6 期。

的重要作用。但与朱光潜不同的是，他是从"社会的结构"和"阶级的生活实践去理解"①这种"主体性"意识。黄药眠认为，因人的劳动实践，"原有的意识"被反复层积、沉淀到"下意识"里去，而这个"潜伏下去的意识"并没有消亡，而是在"有利于它"的外在环境的刺激下又"浮了起来"，这种意识的矛盾运动不仅是生活体验的经验积累，也是美的形式和审美感受获得的生命驱动力。黄药眠此时对"层积"的构思可谓自觉自发，正如后来此文遭受批评后在检讨文章中所说："企图用'层积'字样去形容这个时期的人们的意识状态。"②1953年11月在《文史哲》发表的《论文学中的人民性》一文中，他再次将历史文化的生成积淀过程概括为"文化的累积"。这也预示着黄先生在学术思考中向"积累说"自觉靠拢的理论倾向。

1956年，黄药眠发表了"引起了有关美学界广泛的争论"③的《论食利者的美学》一文，尽管该文受时代所限，具有较浓的意识形态色彩，但同样蕴含着可供发掘的美学资源。其中就包括黄药眠长期思考并最终确立的对"积累说"的理论构想。该文对"积累"的论说达五处之多，其深思熟虑后的理论运用可见一斑：

> 我们对于梅花的直觉的形象，乃是我们对于客观世界的主观的反映。而它之所以形成，乃是经过长期的生活实践积累起来的，这里绝没有一点神秘的东西。……他总是根据他自己的生活经验，他自己的立场，把这许多人许多事中的一些他所认为美的，认为和他最有密切关系和最有意义的东西，积累成为表象，藏在自己的记忆里面。……这种经历越多，那么他对于农民的各个生活侧面的表象也积累得越多，许多带着皱纹慈祥的面孔，许多老年人的充满爱抚的眼睛，就常常带着深厚的情感色彩藏在他的记忆里。……作者脑

---

① 黄药眠：《意识状态试论——创作论的一段》，《新建设》1951年第3卷第6期。
② 黄药眠：《关于"意识状态试论"的检讨》，《新建设》1951年第4卷第5期。
③ 黄药眠：《我又来谈美学》，《黄药眠美学论集》，河北教育出版社1991年版，第139页。

子里的形象的涌现，骤看起来好像是一刹那间的直觉，但实际上它乃是在长期的生活中积累起来的结果。……人类有几千年的文化的积累，这些文化不仅教育了我们怎样去感觉，而且也改造了感觉本身，成为了人化了的感觉。就是在生活实践的过程中，我们现在也还常常在修正我们的感觉。①

从黄药眠对"积累"的学理论说中可以发现，这一思想的形成与他对生活实践与文化积累传承的重视是水乳交融的。黄药眠反复强调历史环境、生活实践、知识教养对个体审美能力形成的重要性，认为美感直觉的形成"乃是由于一个人对事物的深刻的认识和经验的积累"②，是历史发展中生活实践反复沉淀、积累的结果。正是时代历史文化的凝结、积累、流传，影响着人的思想、情感与观念，进而陶养着人的审美感，使感觉成了"人化的感觉"，具有了人类历史堆积、积蓄、沉淀而来的社会内容。在《论食利者的美学》一文中，黄药眠还通过援引列宁"逻辑的格"这一思想来对此加以论证："一般地说直觉是建筑在人们对于事物的丰富的经验和知识基础之上的；它不是和逻辑对立的。列宁说过：'……人的实践，不知重复亿万次，在人的意识中以逻辑的格固定下来。'列宁这句话正说明了包含在生活里面的逻辑。"③

可见，受列宁思想的影响启发，与朱光潜"直觉论"美学路径不同，黄药眠将这种复杂的美感经验现象看成人类劳动实践中经过反复的层累、堆积才最终历史地生成的结果。列宁在《哲学笔记》中分析"逻辑的范畴和人的实践"关系时对此有着详细的论述：

---

① 黄药眠：《论食利者的美学——朱光潜美学思想批判》，《初学集》，第 46、52、53、73 页。李泽厚美学讨论时期发表的处女作《论美感、美和艺术》一文中首次对"积累"的论说，与此处无论是举例阐释还是文字论说都极为相似，可对照前文李泽厚对"积累"的论述。

② 黄药眠：《论食利者的美学——朱光潜美学思想批判》，《初学集》，第 44 页。

③ 黄药眠：《论食利者的美学——朱光潜美学思想批判》，《初学集》，第 44 页。

对黑格尔说来,行动、实践是逻辑的"推理",逻辑的式。(此处的"逻辑的式"即是黄药眠先生 1956 年根据俄文原文翻译的"逻辑的格",下同——笔者注)这是对的! 当然,这并不是说逻辑的式把人的实践作为它自己的异在(＝绝对唯心主义),而是相反,人的实践经过亿万次的重复,它在人的意识中以逻辑的式固定下来。这些式正是(而且只是)由于亿万次的重复才有着先人之见的巩固性和公理的性质。①

"逻辑的格"是指人类一代又一代的实践经验通过文化层积和积累最终以"格"的形式"固定"在人的认知结构中。受此影响,黄药眠基于"生活实践"将美感看成社会历史反复堆积、沉淀、积累的结果,这与列宁所指出的经过亿万次的重复在人的意识中以"逻辑的格"固定下来而具有公理性质的阐发在学理内涵上是深度契合的。美感尽管是刹那间的"直觉",但它却是人通过反复实践层积、沉淀于人的"下意识"之中的形象"浮现",是人的意识以"逻辑的格"固定下来的历史沉积物。

从美学发展的逻辑脉络来看,黄药眠受列宁"逻辑的格"思想影响经三四十年代反复思考与探索,并最终于"美学大讨论"中酝酿成熟而提出的"积累说",其贡献理应载入当代中国美学史册——因为它不仅从"生活实践"的层面有力地破解了朱光潜的"形象直觉说",阐明了美感经验的社会历史内容,还从自身创作实践出发,论证了"长期生活历史层积"以及"经验积累"在美感形成过程中的重要性。这不但影响了青年李泽厚对"积累""沉淀"的最初理论思考,更直接开启了"积淀说"的大门。

---

① 列宁:《哲学笔记》,中共中央"马克思、恩格斯、列宁、斯大林"著作编译局译,人民出版社 1993 年版,第 186 页。

第三节　"积累"与"积淀"：理论的相承与影响

　　"积累说"和"积淀说"分别是黄药眠"生活实践论"美学和李泽厚"实践论"美学的核心命题，他们都从人类历史实践活动中去解释美，把历史文化的"积累""积淀"作为阐释复杂的美学艺术现象的一把钥匙。李泽厚本人在最初论述美感直觉"经验积累"的客观性时曾明确提及黄药眠，但他并没有对黄先生关于"积累说"的论述材料进行直接引证，这却并不妨碍对二者理论相承瓜葛的考察。尤其是在"积累""沉淀"等命题上，李泽厚与黄药眠不仅思维、术语一脉相承，甚至在论述主题上也如出一辙。这更加彰显着"积累说"与"积淀说"在诸多理论层面上的交互相通，镶嵌着理论承接的历史印痕。

　　首先，"积淀说"对"积累说"的继承不仅体现在对"积累""积蓄""沉淀"等学术名词、思想术语的一脉相承上，更体现在苏联知识经验通过黄药眠等人实现"中国化"后对李泽厚等后代学人进一步的理论影响上。"美学大讨论"是李泽厚的学术起步期，正是在与朱光潜、黄药眠、蔡仪等老一辈理论家的学术交锋中，他才提出了"客观性与社会性统一"的美学观点。而其"积淀说"的最初理论形态——"积累""沉淀"，也正是肇始于美学论辩中。作为青年共产国际东方部的翻译，多年留苏经历使得黄药眠储备了丰富扎实的马克思列宁主义知识，尤其是他对车尔尼雪夫斯基、列宁、巴甫洛夫等人的理论颇有研究。因此，在批判朱光潜美感经验的"形象直觉说"时就一方面从创作心理学[①]的角度指出"个人

---

①　黄药眠《论食利者的美学》一发表，便同样遭到了蔡仪"唯心主义"的抨击，因为在蔡仪看来，黄药眠在批判朱光潜的文章中，反复使用"生活经验""当时的心境"以及带有"主观性"的"美学评价""美学理想""美学的意义"等词汇，这种"没有客观的标准"的批评使得"批判者成了被批判的思想的另一个化身"。（参蔡仪：《评"论食利者的美学"》，《人民日报》1956 年 12 月 1 日）而黄药眠对此的直接回应就是："我是想从创作心理学的角度研究美感和艺术创作的特点。但批评文章却很少从这样的角度去考虑，只是用一般哲学原理代替对一切具体现象的分析。"（转引自方青：《什么是美的本质？——美是客观的？主观的？还是主观与客观的统一？美学家们有不同的看法》，《文汇报》1957 年 6 月号）

的主观性"的重要性,强调美是人的"审美评价";另一方面又反复征引马克思
关于"实践"的思想以及列宁"逻辑的格"、茅盾的"生活实践经验"等原理,来
论说人类"文化的积累""生活实践积累"对于美感经验形成的重要性。应该
说,黄药眠基于"生活实践"对"积累说"的构思仍是苏联文论美学"中国化"的
一个时代缩影。这种论点和关于"积累"的命题也大致相同地出现在同一时
期苏联学者的著作中。如"自然派"美学代表德米特里耶娃就指出:"一个艺
术家,不间断地、孜孜不倦地观察生活,参加到生活中去,他就会积蓄下来相
当丰富的知识、印象、画面、细节等等","当这些积累下来的印象结晶化为确
定的形象时,一个艺术家就会感觉到有把这些印象分与人们的要求"。① 因黄
药眠与德米特里耶娃均是承续着"马克思—列宁—斯大林"的美学思想,所以
两者间存在着一定的相似性并不偶然。但与德米特里耶娃"美在客观自然"
思想不同,黄药眠是从"社会性"和"实践性"出发,注重美感形成的外在性的
历史文化生成尺度。而李泽厚美学中对于"积累"的最初阐发正是发源于此,
他也强调美感是长期社会生活的历史产物,是环境感染和文化教养的结果,
进而在美感的"经验积累"的基础上主张外在性的"客观性"和"社会性"的统
一。由此不难理解,李泽厚在"美学大讨论"时期发表的各类文章中,开始有
意识地借鉴黄药眠"积累""沉淀"等理论命题描述着各种审美现象。尽管在
阐发中有着自己独立的理论运思,但总体上仍是对前辈黄药眠美学思想的继
承与接受。

　　其次,"积淀说"对"积累说"的继承体现在基于生活实践土壤对美感做出
的"经验积累"的描述上,且均将审美心理现象看成历史动态生成的结果。受
列宁"逻辑的格"思想影响,黄药眠对个体的审美经验总是从文化积累和历史
传承性的角度进行解释,认为"作者脑子里的形象的涌现,骤看起来好像是一
刹那间的直觉,但实际上它乃是在长期的生活中积累起来的结果",人类长期
的"文化积累"不仅"教育了我们怎样去感觉,而且也改造感觉本身,成为了人

---

① 　H. 德米特里耶娃:《几个美学问题》,《论苏维埃艺术中美的问题》,杨成寅译,上海人民
　　美术出版社 1957 年版,第 16 页。

化的感觉"。① 这种将人类的审美感受看成文化积累、历史生成结果的思想直接影响了李泽厚。在《关于当前美学问题的争论》《"意境"杂谈》《典型初探》和《审美意识与创作方法》等文章中,李泽厚除使用"积累""沉淀"等相同的"学理命题"外,理论的内涵、讨论的主题甚至是举例分析均与黄药眠极为相似。如:在对作家艺术家诸如直觉、灵感、感性、情感等审美心理感受的解释上,李泽厚与黄先生一样也理解为"一种高级的、经过长期经验积累的、实际上是经过了理性认识阶段的直觉"②,"即使有时是一刹那间的灵感或直觉所致","这也正是长期搜寻积累的结果""是经过千锤百炼的",③强调其社会生活的内容和历史层积、沉淀的结果。同样,后期李泽厚在对"积淀说"的逻辑阐发中也延续了这种思考。如在解说"中国的青铜饕餮"时,他指出"在那看来狞厉可畏的威吓神秘中,积淀着一股深层的历史力量。它的神秘恐怖正是与这种无可阻挡的巨大历史力量相结合,才成为美——崇高的","正是这种超人的历史力量才构成了青铜艺术的狞厉的美的本质"。④ 可以说,在理论思考的路径上,无论是早期对"积累""沉淀"的论说,还是后期对"积淀"的学理建构,李泽厚与黄药眠的思维理路均颇为相似。他们均从历史文化积累的角度切入,在"外在自然人化"的层面将审美情感的心理建构过程视为历史动态生成的结果,体现着同一学术语境下的理论相承性。

再次,从历史文化生成的角度出发,将审美现象理解为内容沉淀于形式,理性沉淀于感性的动态过程。在分析美感经验时,黄药眠认为"美感都是根据于人们的情愫,气质和趣味"等主观感性因素而定的,但是这些感性因素都是"直接或间接地决定于生活","这种生活上的功利主义,久而久之也就沉淀在生活意识的底层,而无形中影响到他的审美观念"。⑤ 在黄药眠看来,美感

① 黄药眠:《论食利者的美学》,《初学集》,第 53 页。
② 李泽厚:《关于当前美学问题的争论——试再论美的客观性和社会性》,《美学论集》,第 77 页。
③ 李泽厚:《典型初探》,《美学论集》,第 316 页。
④ 李泽厚:《美的历程》,生活·读书·新知三联书店 2011 年版,第 40 页。
⑤ 黄药眠:《论美之诞生》,《论约瑟夫的外套》,第 27—28 页。

是人们根据自己的审美经验以及生活现实而定的,它是理性沉淀于感性的历史过程。在"形式美"的问题上,黄药眠也从"生活内容沉淀于形式"进而影响美的角度进行了历史生成性的解说:

> 什么是形式美呢? 例如说,人吸空气时紧张,呼出空气时松散,由于劳动的律动,发现了节奏,从人的身体结构和手脚的对称对工作的方便,发现了比例、对称、均衡,从许多复杂性的事物里发现了多样性的统一性与统一性的多样性。……这些都是从生活中经验到的东西。我们就极力地描绘这些东西,经过不断的制作,形式就固定下来,成为人判断美的形式的标准。……我认为形式的美必须从人的生理,从劳动,从看到的许多事物中,加以创造,形成形式,如绘画、雕刻等。而绘画雕刻本身就成为传统,如画牛的四只脚,很平稳,使后来人感到必须如此画它才美,才变成传统。慢慢下来,许多形式就构成了。[①]

形式之所以见出"美"来:一方面在于人的社会生活实践;另一方面在于文化的积累传承。正是因为在人的劳动实践中对事物进行创造、形成形式并将其作为一种传统积累延续下来,人才在形式中感受到一种历史传统与生活内容沉淀于其中的意义。同样,李泽厚在 20 世纪 80 年代也是从黄药眠"积累说"所分析的角度出发,将自然形式看成是历史积淀的过程,是理性积淀于感性、内容积淀于形式的综合结果。李泽厚认为:"抽象形式中有内容,感官感受中有观念,如前所说,这正是美和审美在对象和主体两方面的共同特点。这个共同特点便是积淀:内容积淀为形式,想象、观念积淀为感受","美在形式而不即是形式。离开形式(自然形体)固然没有美,只有形式(自然形体)也不成其为美"。[②] 可见,从历史动态生成的角度出发,在将审美现象、自然形式

---

① 黄药眠:《美是审美评价:不得不说的话》,《文艺理论研究》1999 年第 3 期。
② 李泽厚:《美的历程》,第 18、27 页。

等看成是内容积淀、固定于形式,理性层积、积淀于感性的历史结果,将创立美的过程看成是比例、对称、均衡等"外在的合规律性"与人的意识、情愫、气质、趣味、生理等"主观的合目的性"的统一这一层面上,"积累说"和"积淀说"在学理维度上都有着极为明显的理论相似性。

由上可知,作为"积淀说"的理论雏形,"积累说"不仅蕴含了"积淀说"的理论内涵,更为前者的历史出场提供了充分的前期理论准备。从"积累说"到"积淀说",也清晰地体现了本土美学语境中同一理论学说在不同历史时期、不同理论形态下的日臻发展与成熟。

第四节 从"积累说"到"积淀说":理论的改造与拓新

尽管在"积累"的交接点上,李泽厚的"积淀说"与前辈黄药眠一脉相承,但这绝非意味着李氏是对黄氏"积累说"在美学层面上的话语移植或简单延伸。相反,李泽厚不但在"积累"命题上与黄药眠同中有异,而且还通过吸纳改造康德"先验论"、贝尔"有意味的形式论"、荣格"集体无意识原型论"以及苏珊·朗格"情感结构"等观点不断改造创新,极大地完善和丰富了"积淀说"的理论内涵。这集中体现在如下三方面。

第一,从历史积淀出发,通过对西方美学话语的批判性吸收,对主体的情感心理结构进行了理论的系统阐发,并逐渐从认识论、目的论移向了历史本体论,不仅拓展了审美积淀论的哲理蕴涵,还改变了辩证唯物论所规定的哲学基本问题。因反右,黄药眠很早便退出了美学论坛,他对"积累说"的建构也仅仅停留于理论初始的勾勒上,尤其是对于个体的、感性的、心理的美感维度,黄药眠只有"零碎的"[①]论说,主要仍是局限于认识论层面的社会性阐发

---

① 1957年反右前夕在北师大举办的"美学论坛"上,李泽厚做了"关于当前美学问题的争论"这一演讲,其内容随后发表于《学术月刊》10月号上。该文"后记"中李泽厚认为"右派军师"黄药眠"只是对美感作了一些极零碎的日常生活经验式的叙述"。这一方面反映了李泽厚在反右背景下对黄药眠美学的不满,另一方面也暗含了某种极其微妙的学术认同。

上。作为"积累说"的承接者,李泽厚不但很好地继承了前辈的理论思想,还在"积淀说"的建构中,通过对西方话语的吸纳改造对之进行了深度的理论新释,在"工艺——社会本体"与"情感——心理本体"的双向拓展中对之进行了理论再创。

其中使他受益最深的理论资源除了康德"主体性"美学思想外,便是贝尔提出的"有意味的形式"这一美学命题:"在每件作品中,以某种独特的方式组合起来的线条和色彩、特定的形式和形式关系激发了我们的审美情感,我们把线条颜色的这些组合和关系,以及这些在审美上打动人的形式称作'有意味的形式',这就是所有视觉艺术作品所具有的共同特性。"①很明显,贝尔对"有意味的形式"的理解主要集中于感受和想象这种艺术的形式韵律,侧重强调的是审美过程中形式因素的审美特性。但是,有"意味的形式"引发人的审美情感,而人的审美情感又来源于"有意味的形式",这中间的逻辑自洽如何解决呢?贝尔的阐发只停留于艺术形式激发形成个体心理情感这一层面。李泽厚看到了贝尔这一思想的卓见,于是拿起了经由"积累说"而来的"积淀说",指出了对之加以改造的必要:"克乃(莱)夫·贝尔(Clive Bell)提出'美'是'有意味的形式'(Significant form)的著名观点,否定再现,强调纯形式(如线条)的审美性质,给后期印象派绘画提供了理论依据。但他这个理论由于陷在循环论证中而不能自拔,即认为'有意味的形式'决定于能否引起不同于一般感受的'审美情感'(Aesthetic emotion),而'审美情感'又来源于'有意味的形式'。我以为,这一不失为卓见的形式理论如果能加以上述审美积淀论的界说和解释,就可脱出这个论证的恶性循环。正因为似乎是纯形式的几何线条,实际是从写实的形象演化而来,其内容(意义)已积淀(溶化)在其中,于是,在不同于一般的形式、线条,而成为'有意味的形式'。"②很显然,李泽厚吸收了贝尔的理论营养,但他的理论与贝尔等形式派美学家所理解的纯形式、线条的审美性质又有着很大的差别,因此主张对之加以改造。李泽厚逻辑思

---

① Bell Clive. *ART*, New York: FREDERICK A. Stokes Company Publishers, 1913, p. 8.

② 李泽厚:《美的历程》,第 27—28 页。

考的路向仍是沿着早期着重于历史生成的"积累""沉淀"这一维度的,把这种纯形式、线条的审美情感看成是"积淀(溶化)"了社会历史内容的结果。

对荣格的"无意识集体原型",李泽厚也加以合理吸收。他明确指出"荣格强调的是艺术——审美的超个人的无意识集体性质,这与我讲的'积淀'有关"①。与此同时,分歧却更为明显。与荣格更多地指向先验存在的某种类似本能的生理学上的物质传递不同,李泽厚强调的是"文化——心理结构"的历史作用。他在接受高建平先生的访谈时曾指出:"我所主张的是文化的作用,比较接近于纪尔兹(C. Geertz)的看法。'人类学本体论'之所以加上'历史'或'文化'二字,正是为了区别于一切强调从生物学、生理学来讲人类学的哲学。"②李泽厚延续的仍是"美学大讨论"时期关于"积累""沉淀"等强调美感心理的历史文化积累的作用这一思考路径。除贝尔、荣格外,苏珊·朗格情感与形式的符号论美学也启发了李泽厚对"情感——心理本体"的话语建构。苏珊·朗格从艺术家自我情感的表现出发,企图调和统一贝尔、弗莱等只强调审美过程中形式因素的形式主义美学与克罗齐、科林伍德等只注重审美活动中主观因素的表现主义美学。她认为,"对于某些音乐的形式,十分微细的变化实际上无碍大局","而情感则不能";"它表现着作曲家的情感想象而不是他自身的情感状态,表现着他对于所谓'内在生命'的理解,这些可能超越他个人的范围,因为音乐对于他来说是一种符号形式,通过音乐,他可以了解并表现人类的情感概念"。③ 受此影响,李泽厚也指出:"所谓独特的审美感情,乃是与这种艺术形式相对应的主观感情结构。这个作为心理结构的审美感情,已经不同于作为这种心理结构因素之一的一般情感,它使这种一般情感在理解、想象诸因素的渗透制约下得到了处理,也即是所谓'情感的表现'

---

① 李泽厚:《美学三书》,第 464 页。
② 李泽厚:《哲学答问》,《李泽厚哲学文存》下编,安徽文艺出版社 1999 年版,第 491 页。
③ 苏珊·朗格:《情感与形式》,刘大基、周发祥、傅志强译,中国社会科学出版社 1986 年版,第 37—38 页。

(Collingwood)、'情感的逻辑形式'(S. Langer)。"①

　　尽管李泽厚"积淀说"的建构延续的仍是早期"积累说"从历史文化积累的角度将人类审美心理看成是历史的审美积淀这一思考路向,但他仍批判地吸收了西方理论资源的有益成分,尤其是在对感性、个体、主观的心理情感结构的审美心理形式的把握上影响更为明显。这不仅使得李泽厚美学得以进一步从"外在的自然人化"转向对"审美心理结构的数学方程式"的"情感——心理本体"的"内在自然人化"的关注和研究,②逐渐完善了"积淀说"的意涵,还将康德以来的哲学认识论的基点"从先验移向了实践","从认识论、目的论移向了历史本体论",改变了传统的"物为第一性、心为第二性"的哲学模式,③这是李氏美学的巨大贡献。

　　第二,创造性地从审美积淀的角度把人类的心理和情感看成是历史动态生成的结果,把创造美的过程看成是一个原始积淀、艺术积淀、生活积淀的综合过程。在 1989 年出版的《美学四讲》中,李泽厚创造性地从形式层、形象层、意味层三个层面对"积淀说"进行了更加系统化的理论建构。他认为原始人类经过漫长的生产劳动过程,表现出对自然秩序、形式规律的掌握和运用,产生了最早的美的形式和感受,其中就是原始积淀在起着作用,它是从生产活动过程中,在创立美的过程中获得的。美的形式与"感知人化"相对应,而艺术形象却是"情欲人化"的结果,它是从再现到表现、从具体的形象到抽象的形式的行程流变,是艺术积淀的产物。但是,生活积淀和艺术积淀都有将内容形式化从而导致"习惯化、凝固化"的倾向,因此,作为艺术品意味层的生活积淀就是要透过形式的寻觅和创造"从而使此形式自身具有生命、力量和激情"④。积淀作为"自然的人化",是历史、理性、社会化为心理、感性、个体的过程,是公共普遍性到个体独特存在的实现。经由"审美的积淀",人的"理性的

---

① 　李泽厚:《美学三书》,第 490 页。

② 　王生平:《李泽厚美学思想研究》,辽宁人民出版社 1987 年版,第 164 页。

③ 　刘再复:《李泽厚美学概论》,第 32 页。

④ 　李泽厚:《关于主体性的补充说明》,《中国社会科学院研究生院学报》1985 年第 1 期。

内化的普遍智力结构"成为"自由直观的个体创造能力",从而达到"以美启真";经由"审美的积淀",人的"理性的凝聚"成为"自由意志",从而达到"以美储善"。① 正是主体在实践活动中,让理性内化为人的"心理情感本体"、外化为"工艺社会本体",让社会、历史、理性积淀在个体、感性、直观中,从而实现了人生意味与天地万物的同构交汇,实现自然向人的生成。

第三,在"积淀说"的理论建构中,将积淀划分为"广义的积淀"和"狭义的积淀",并进一步指出在"迎接积淀"的同时要"打破积淀"。广义的积淀指一般的心理模式,即"所有由理性化为感性、由社会化为个体,由历史化为心理的建构行程";而狭义的积淀是指"审美的心理情感的构造"。② 李泽厚认为,积淀是由历史化为心理,由理性化为感性,由社会化为个体的过程,但这种公共而又普遍的积淀如何进一步落实为个体独特存在而实现呢? 这就因感性个体的差别而存在不同,在美学上就展现为"人生境界""生活感受"和"审美能力"的个性差异。因此,对感性个体、生命意义的追寻就需要通过"情感心理"来寻索和建立。这样,一方面是历史化内容为形式,从而存在着习惯化、凝固化的倾向;另一方面,因个体生命力的感知、理解、想象、情欲处于不断的变换组合中,而使得个体存在日益常新。于是,李泽厚在建构"积淀说"的同时又发出了"打破积淀"的呼吁,倡导"积淀常新,艺术常新,经验常新,审美常新"。应该说,李泽厚对"积淀说"在历史与逻辑双重维度的展开中,辩证地看到了艺术审美既离不开社会、群体、理性的积淀,也离不开自然、个体、感性的突破。正是这种矛盾运动着的传统与更新使得其"积淀说"彰显着极为深厚的哲理意蕴,体现了李泽厚的美学智慧。

总之,李泽厚的"积淀说"先后经历了"积累—沉淀—积淀"这一漫长的理论求索程才最终面世,而其"积累"的思想资源直接发源于"美学大讨论"时期黄药眠所提出的"积累说"。黄药眠的"积累说"同样是受列宁"逻辑的格"这一思想的启发而渐趋形成的,并经历了"积蓄—沉淀—积累"这一长久的理

---

① 李泽厚:《关于主体性的补充说明》,《中国社会科学院研究生院学报》1985 年第 1 期。

② 李泽厚:《关于主体性的补充说明》,《中国社会科学院研究生院学报》1985 年第 1 期。

论运思才于"美学大讨论"中成熟。正是"积累"这一理论命题,桥接起了黄药眠受苏联理论思想影响于 20 世纪 30 年代起开始反复思考并于"美学大讨论"中酝酿成熟的"积累说"和李泽厚在美学论争中加以继承并最终于 20 世纪 70 年代末正式提出的"积淀说"。在此基础上,通过对西方理论资源的批判改造,李泽厚又从"工艺——社会本体"和"文化——心理本体"的双向"自然人化"中拓展了其理论内涵,其中蕴含着创造性的发展,具有理论再创性。从"积累说"到"积淀说",两者不但在汉语文化语境中具有直接的学术渊源,而且在思维术语上一脉相承,在理论实质上内在契合,体现着当代中国美学的进步与发展,还清晰完整地深描勾勒出从 20 世纪 30 年代到 80 年代整个中国美学的演进历程。

| 第八章 |

反映论、真理观与蔡仪美学的方法问题

　　蔡仪是 20 世纪中国美学史上运用唯物主义建立马克思主义美学体系的先驱。从 20 世纪 40 年代《新艺术论》《新美学》到新中国成立后的两次"美学热",他矢志不移地坚持马克思主义唯物反映论原则,并围绕"美是客观""美是典型"等核心命题,建构起了马克思主义唯物反映论美学的庞大体系,在中国美学史版图中卓然成家。与他崇高的美学史地位一样,蔡仪也是中国美学谱系中最具争议性的人物之一。在 20 世纪五六十年代"美学大讨论"中,他被论敌贴上了"机械唯物主义""见物不见人"的标签而饱受质疑和批评。在后世评论者眼中,有人认为他的美学思想是"陈旧的、机械的、僵化的、简单化的"①,也有人认为他是"以马克思主义哲学为基础的,既符合辩证唯物主义,也符合历史唯物主义"②。今天,当我们重新考察这段众说纷纭的美学史案,重新检阅与思考蔡仪美学时,既应看到他对中国当代美学学科发展的历史性贡献,也要辩证发现并反思其美学理论建构中的方法论局限。

---

① 赵士林:《当代中国美学》,第 181 页。
② 张国民:《论蔡仪美学的性质》,王善忠、张冰编:《美学的传承与鼎新:纪念蔡仪诞辰百年》,中国社会科学出版社 2009 年版,第 95 页。

第一节 "心物二元"的西方哲学传统与蔡仪美学建构的起点

心物关系是西方哲学中的重要理论范畴,尤其是笛卡儿的"我思故我在",更是直接开启了西方哲学的认识论转向。沿此路径,莱布尼茨、康德、黑格尔直至 19 世纪俄国革命民主主义的美学家们,均从"物质／心灵""物自体／现象界""客观／主观""唯心／唯物"等知识论上的二元论去理解和把握世界。由此,在心物关系上,形成不同的哲学思想潮流。这种"心物二元"关系的矛盾,尽管到 20 世纪初期,尤其是在胡塞尔、海德格尔等人开启的现象学哲学中着力予以消解和超越,在此之前却占据着西方哲学传统的主流。反映到美学问题上,"心物二元"普遍存在于西方美学传统中。甚至可以说,在西方美学开启现代转向之前,其哲学立场和思维方法均是在主客二分中思考人和世界的关系。这种"主客二分""心物二元"的立场直至非理性主义和反形而上学的哲学转向,才渐趋实现对"心物二元"的传统"主客二分"思维模式的超越和消解。

然而,受西方古典本质主义思维模式的哲学影响,无论是在苏联还是日本,这种思维方法同样延续到了近现代以来许多人文学者思想话语的建构中。尤其是"二战"后日本马克思主义的唯物论哲学,在西方古典美学和苏联马克思主义哲学的双重影响下,同样陷入这种形而上的"主客模式"的哲学思辨中。受此影响,早年留学日本的蔡仪,也正是在这种"心物二元"的"主客模式"上思考和建构美学的。

如果说周扬在 1937 年《我们需要新的美学》一文中所说的"对观念论美学的批判是一件于新艺术理论的建立十分重要的工作"[①]规定了此后美学的发展走势,那么蔡仪则是沿着这一路向思考"新美学"的早期实践者。蔡仪美学

---

① 周扬:《我们需要新的美学——对于梁实秋和朱光潜两先生关于"文学的美"的论辩的一个看法和感想》,参见《周扬文集》第 1 卷,人民文学出版社 1984 年版,第 215 页。

思想的形成,有着鲜明的时代色彩和政治动机,①用他自己的话说就是"借以刺破那压下来的黑色帷幕让自己透一口气"并批判"数十年乃至百余年来种种否定美学而主张艺术学的论调"及"论定艺术的所以为艺术"②的旧美学观。为此,作为留日归国的文化战士,受"二战"后日本唯物论美学的启发,蔡仪也着力从马克思唯物主义切入进行话语建构,由此奠定了唯物主义"新美学"的理论基石。

在1947年出版的《新美学》中,这种运用唯物主义建立马克思主义美学话语体系的倾向清晰地体现了出来。蔡仪提出:在研究对象上——美学的全领域包括美学的存在、美的认识和美的创造,也就是包括美、美感和艺术;在思想基础上——美学其实就是一种哲学,因此美学也是关于美的存在和美的认识的发展的法则之学,其本质是哲学;在美的本质上——美是客观的不是主观的,美的根源也不在于最高理念或客观精神,是在于客观事物;在研究途径上——现实事物的美是美感的根源,也是艺术美的根源,美既然在于客观事物,那么由客观事物入手便是研究美学的唯一正确的途径;美的客观事物须具备怎样的属性条件呢? ——美的东西就是典型的东西,就是个别之中显现着一般的东西,美的本质就是事物的典型性,就是个别之显现着种类的一般,美的就是典型的,典型就是美。很显然,蔡仪从唯物反映论出发,并在逻辑上遵循着"哲学—美学—认识论"这样一条主线建构自己的美学话语体系。且不管其合理性,蔡仪的确用唯物主义的新方法在改造"旧美学"上做足了示范

---

① 钱竞认为,蔡仪从事美学研究的原因有二:其一,是由于自由主义营垒中的美学代表人物朱光潜先生的思想一直未曾得到过中国马克思主义美学的批评,或者说全面、学理化的回应,因而迫切需要具有马克思主义哲学素养的美学专家给予正面的、富有建设性的回答;其二,是因为在"皖南事变"后,周恩来、郭沫若领导的政治部第三厅(后改为"文化工作委员会")的抗日宣传工作在国民党当局的压迫下处于停止状态。针对包括蔡仪在内的中青年同志的愤怒和苦闷,周恩来特意嘱咐大家可以趁此机会,加强理论学习与研究,并且以此为契机形成了"文委"从事研究著述的风气。蔡仪也听从了这一指示,以回到文艺理论的研究为政治任务而认真对待它。参见钱竞:《中国马克思主义美学思想的发展历程》第4卷,中央编译出版社1999年版,第232页。

② 蔡仪:《序》,《美学论著初编》上,第10页。

工作,为中国马克思主义的美学圈画了第一张草图,更为随后的"美学大讨论"埋下了火种。

尽管蔡仪从马克思主义唯物论出发建构"新美学"的初衷契合"建立马克思主义的辩证唯物论"①这一意识形态话语要求,其观点却未能获得认同。1953 年,吕荧在《文艺报》上率先抨击《新美学》,认为:"《新美学》不仅从超社会超现实的观点来看美,把美看作超越人的生活和人的意识的客观存在;而且也从超社会超现实的观点来看人,把人看作不属于任何历史时代、任何社会、任何阶级的客观存在,一种生物学上的种类。"②面对围攻,蔡仪一方面选择在批评黄药眠美学思想的基础上重申自己对美学的理解,认为"物的形象是不依赖于鉴赏者的人而存在的,物的形象的美也是不依赖于鉴赏的人而存在的。……艺术要描写现实的真实,要以形象反映客观事物的本质规律,这是合乎反映论、合乎现实主义的原则的"③,另一方面也在此基础上对吕荧早先的批评进行回击,并再次强调道:

　　吕荧所谓美是观念之说,既不符合于现实生活的实际,也不符合于马克思列宁主义反映论的原则……唯物主义的根本观点,认为客观存在不依存于我们的意识,而我们的意识则反映客观存在,这就是列宁所说:"物存在于我们之外,我们的知觉和表象乃是物的反映。"反之,唯心主义的根本观点就是否认我们意识之外的客观存在,否认我们的意识是客观存在的反映。……这里显然可以看出美学上的两条完全相反的道路:一条是唯物主义的;一条是唯心主义的。它们的根本分歧,就在于承认或否认客观事物本身的美,就在

① 毛泽东:《农业合作化的一场辩论和当前的阶级斗争》,《毛泽东选集》第 5 卷,人民出版社 1977 年版,第 199 页。

② 吕荧:《美学问题——兼评蔡仪教授的〈新美学〉》,四川省社会科学院文学研究所编:《中国当代美学论文选(1953—1957)》第 1 集,第 13 页。

③ 蔡仪:《评"论食利者的美学"》,文艺报编辑部编:《美学问题讨论集》第 2 集,第 9、14 页。

于承认或是否认美的观念是客观事物的美的反映，一句话，在于认为美是客观的还是主观的。①

可见，蔡仪在"反映论"和"客观存在"的美学路径上，依然延续着20世纪40年代《新美学》中的建构路径，坚持美是客观事物的反映，并从客观事物自身属性去找寻美的根源。这种从客观事物属性去找寻美的本质的思维方法，正是西方古典本质主义"主客二分"模式的体现。这种"心物二元""主客二分"的西方哲学认识论思维模式，不仅在日本近现代唯物论哲学中得到体现，还同样被列宁推广运用到文学艺术问题的阐发分析中，并在《唯物主义和经验批判主义》中发展形成了系统的唯物反映论方法原则。依据列宁的看法，所谓"反映"，就是"物的复写、映像、模写、镜像"，"物、世界、环境是不依赖于我们而存在的。我们的感觉、我们的意识只是外部世界的映象"。②

正是在这些基于唯物反映论的"真理式"思维模式的前置性影响下，蔡仪同样从哲学认识论的唯物反映论出发，去思考美的本质问题。蔡仪认为："认识可能像平面镜(这只是比喻)所反映的近似于对象的正确映像，这种认识既符合于客观对象，认识内容也就是所反映的客观对象，因此客观世界和它的规律是可以认识的，而科学的法则或真理也就是客观的。"③蔡仪认为认识论的基本规定就是存在决定意识，意识反映存在，但"意识不能影响存在"，如果认识的事物中"夹杂着人的主观成分"，那就是"赤裸裸的主观唯心主义"。④

显然，蔡仪正是从认识论的反映论出发，尤其是基于列宁《唯物主义和经验批判主义》阐明的唯物反映论思考美的本质。这种美学思维方法在逻辑起

① 蔡仪：《论美学上的唯物主义与唯心主义的根本分歧——批判吕荧的美是观念之说的反动性》，四川省社会科学院文学研究所编：《中国当代美学论文选(1953—1957)》第1集，第45—47页。
② 列宁：《唯物主义和经验批判主义》，第57页。
③ 蔡仪：《批判吕荧的美是观念之说的反马克思主义本质——论美学上的唯物主义与唯心主义的根本分歧》，《唯心主义美学批判集》，第7页。
④ 蔡仪：《朱光潜美学思想旧货的新装》，《唯心主义美学批判集》，第106—107页。

点上,便注定导向古典本质的思维框架内,并在"主观／客观""唯心／唯物"的言说中坠入"主客二分"及"心物二元"的话语域限内。正如朱光潜所反驳的,"这个看法离真理究竟还很远,因为蔡仪只抓住了'存在决定意识'一点,没有足够地重视'意识也可以影响存在'",因此"有时不免是片面的,机械的,教条的,虽然是谨守唯物的路向,却不是辩证的"①。受时代语境的制约,尽管朱光潜批评的视野也仍在哲学认识论框架内,并未能转向西方现代哲学视野中,但的确指出了蔡仪美学机械唯物的局限性。这种心物关系的剥离,尤其是在唯物反映论层面分析美感与美,必然导致在客观存在的层面上远离人的审美活动经验的丰富复杂性,这也是其马克思唯物主义美学话语建构在起点上的方法论缺陷。

第二节　唯物反映论与"典型论"美学话语建构

在马克思唯物主义美学的话语建构中,蔡仪将美学置于"存在"与"意识"的哲学视域内,毫不动摇地主张美是"客观说",认为美在于客观的现实事物。然而,究竟怎样的客观事物才是美的呢? 为解决这一问题,蔡仪又在"客观"与"唯物"的基础上尝试建立起"典型说"。

事实上,早在 1942 年出版的《新艺术论》中,蔡仪就对"典型"进行了思考,认为"艺术的形象则是主要地以个别显现着一般。这里在个别里显现着一般的艺术的形象,就是所谓典型"②。随后,在《新美学》中蔡仪又在美学问题上进一步阐发了客观事物所以美的本质:

> 我们认为美的东西就是典型的东西,就是个别之中显现着一般
> 的东西;美的本质就是事物的典型,就是个别之中显现着种类的一

---

① 朱光潜:《美学怎样才能既是唯物的又是辩证的——评蔡仪同志的美学观点》,文艺报编辑部编:《美学问题讨论集》第 2 集,第 20 页。
② 蔡仪:《新艺术论》,《美学论著初编》上,第 96 页。

般。……总之美的事物就是典型的事物，就是种类的普遍性，必然性的显现者。……具有优势的种类的属性条件的客观事物，它较之具有优势的个别的属性条件的客观事物，是更完全地丰富地显现着种类，也就更完全地丰富地显现着事物的本质。普遍性，必然性，这个别的事物，就是我们日常所谓标准的事物，也就是我们上面所谓典型的事物。①

在蔡仪看来，客观事物之所以美，根源在于其显现着事物的本质和规律，即"种类的一般性"，也即"典型"，而且越具有优势的种类，典型的等级越高。这种将美完全建立在生物学属性基础上的理解，也遭受了广泛批评。

在对"典型论"的美学批评中，吕荧尤为尖锐，他驳难说："我们只要举一个简单的例子。如果说，'典型就是美'，那么，我们要问：典型的恶霸，典型的帝国主义者，是不是也美？他们不也是'个别中显现着一般'么？回答是否定的。那么，这就推翻了《新美学》的'典型就是美'的定义以及关于这一定义的论证。"②随后，吕荧还批评道："如果说，美是典型。这就是说，一切的典型都是美的。可是，为什么有许多的典型，如典型的猴子、鳄鱼、苍蝇、蛔虫……通常都认为不美呢？这些都是自然界的事物。还有社会中的事物，如典型的高利贷者、恶霸地主、帝国主义分子，为什么都不是美的呢？看到了这些事实，我们觉得典型说不能解释美。"③面对质疑，蔡仪也有着正面的回应："并不是认为一切种类的事物都一定有典型，相反的，认为许多事物虽有种类却不能有典型"，"一般无生物及低级的生物如虮虫、跳蚤等，都是种类关系非常简单，个别性作为事物的性质来说也非常简单，个别性与一般性的统一关系也非常简单，都没有所谓典型"，所谓典型的事物有高级和低级之分，也就是"有

---

① 蔡仪：《新美学》，第 68、80、85 页。
② 吕荧：《美学问题——兼评蔡仪教授的〈新美学〉》，四川省社会科学院文学研究所编：《中国当代美学论文选(1953—1957)》第 1 集，第 6 页。
③ 吕荧：《美是什么》，《人民日报》1957 年 12 月 3 日。

高级的美的东西和低级的美的东西",特别是社会事物的典型"随着社会关系、阶级性质的不同"而发生变化,在"本阶级的范围之内"是典型的美,但从"整个社会范围、从历史发展的必然性来说"却不是典型的、是不美的。① 显然,为了理论上的自洽,蔡仪试图从生物进化的等级秩序上对"美是典型"做补充论述。然而,又有人质疑:猴子是高级动物,蝴蝶是低级动物,岂不是蝴蝶不是美的,猴子不是丑的? 蔡仪回答说:"蝴蝶的美是蝶衣的彩色和形状的美,也就是单纯现象的美,而不是当作动物来说的个体的美;反之,所谓猴子的丑,由于它太近似于人类而很不同于人类,我们把它当作人类的远缘兄弟来看所以觉得它丑",但"一般动物所没有的智慧而又活动敏捷的猴子,却不是丑的"。② 不难见出,蔡仪的辩解十分牵强,态度立场游移不定,理论前提反复变更,其理论矛盾可见一斑。

尽管吕荧紧紧抓住了蔡仪"美是典型"的不足,也指出其美学观点在机械唯物主义路径上的缺陷,但是他未能提供美学的解决方案。直至李泽厚,才真正从社会性与马克思主义实践论的路径上完成对唯物反映论美学的超越。李泽厚批判说:"照蔡仪的理论,一张科学的自然图片和一张风景画,其美学价值就必然是相同的了。因为它们都同样表现了自然对象的'均衡对称'的美的法则……,显然这些是相当荒唐的","把美和美的法则看作是一种一成不变的绝对的自然尺度的抽象的客观存在,这种尺度实际上就已成了一种超越具体感性事物的抽象的先天的实体的存在了,各个具体物体的美感就只是'显现了'这个尺度而已"③。在李泽厚眼中,蔡仪美学的症结在于将美视为一种脱离人的"客观实体",认为它与社会性无关。然而,面对李泽厚的批评,蔡仪在承认社会美的基础上,却依然坚持"美是典型"的观点,认为:"'新美学'

---

①   蔡仪:《吕荧对"新美学"美是典型之说是怎样批判的?》,《唯心主义美学批判集》,第43—44 页。

②   蔡仪:《吕荧对"新美学"美是典型之说是怎样批判的?》,《唯心主义美学批判集》,第 47 页。

③   李泽厚:《美的客观性与社会性——评朱光潜、蔡仪的美学观》,《人民日报》1957 年 1月 9 日。

认为社会美在于社会事物本身,同样自然美在于自然事物本身,而李泽厚主
张自然美在于自然物的社会性;'新美学'认为美的本质是事物的典型性,自
然美是自然事物的个别性显著地表现一般性,而李泽厚主张自然美是自然物
本身包含了人的本质的'异化'或'人化'。"①

　　应该说,李泽厚从"社会性"角度对蔡仪客观自然的"典型论"美学观的批
判是极为有力的,这也使得蔡仪意识到问题,由此在论争中不得不承认"社会
美"的存在,只不过仍将这种"社会性"归结到"自然事物本身"。但是,李泽厚
对此却无法认同,由此反驳说:

　　　　蔡仪的"社会美"也是十足地缺乏社会性——真正历史的具体
　　的社会实践的内容。我认为,美的社会性,不仅是指美不能离开人
　　类社会而存在(这只是一种消极的抽象的肯定),而且还指美包含着
　　日益开展着的丰富具体的无限存在……蔡仪的美学"漠视(就社会
　　美说)或否认(就自然美说)美的社会性质"我们以为并非歪曲。②

　　显而易见,面对吕荧和李泽厚的质疑与批评,蔡仪从唯物反映论去解释
美学并试图通过"美是典型"支撑起自己马克思唯物主义反映论美学体系的
理论尝试漏洞重重,无法对复杂的审美经验现象做出令人信服的解释。尤其
是其近乎"见物不见人"的美学观,在自然领域尚好解释,一旦上升到社会美
领域,便无法令人信服。问题的根源仍在于哲学认识论的思维模式,尤其是
唯物反映论的真理观在分析解决美学问题上的学理局限。作为一种思维方
法,对事物本质规律的揭示在自然科学领域有其方法论价值,且在对真理的
探寻中能极大促进科学技术的发展和人类社会文明的进步。但在感性的文
学艺术领域中,运用认识论、反映论和真理性思维,就很难对诸如"移情""直
觉"等审美经验活动做出有效解释。因此,蔡仪"客观典型说"尽管遵循了马

---

① 蔡仪:《李泽厚的美学特点》,文艺报编辑部编:《美学问题讨论集》第4集,第247页。
② 李泽厚:《〈新美学〉的根本问题在哪?》,《美学论集》,第140页。

克思唯物论的美学路线,却在简单化的哲学思维模式中使马克思主义美学的方法问题陷入单一的唯物反映论视域内,不仅造成美学在形而上的思辨中兜圈打转,还在古典本质主义的"主客模式"中迟迟无法转到现代美学的方法路径上来。

第三节　"主客模式"的思维局限与"天人合一"

从蔡仪"典型论"美学的话语建构看,他始终坚持《新美学》中的一个观念:"美学不但是可以和哲学系统直接联结,而且必须和哲学系统直接联结的。不知道一般的存在和认识的关系及其发展的法则,也就不知道美的存在和美的认识及其发展的法则。"[1]据此,得出"美的观念是客观事物的美的反映""美就是事物的本身属性"诸如此类的结论。李泽厚、吕荧等美学家尽管对此进行了猛烈抨击,但在哲学认识关系的方法论上并未完全超越。李泽厚曾开门见山地指出:"美学科学的哲学基本问题是认识论问题。美感是这一问题的中心环节。从美感开始,也就是从分析人类的美的认识的辩证法开始,就是从哲学认识论开始,也就是从分析解决客观与主观、存在与意识的关系问题——这一哲学根本问题开始。"[2]

据国内流行的苏联《简明哲学辞典》解释,"认识论"是指"根据反映论,人的感觉、概念和全部科学认识都是客观存在着的现实的反映……人的感觉和概念就是自然界的现实事物和现实过程的复写"[3]。依照认识论,尽管蔡仪与李泽厚论美学的出发点不尽相同,但他们在思维路径上是一致的,都认为美感是对现实美的存在的反映,即美在先、美感在后,也即美感是对美的反映。这也符合客观唯物以及"存在决定意识"的哲学认识论图式。

---

[1]　蔡仪:《新美学》,第 35 页。

[2]　李泽厚:《论美感、美和艺术——兼论朱光潜的唯心主义美学思想》,《美学论集》,第 2 页。

[3]　罗森塔尔、尤金编:《简明哲学辞典》,中央编译局译,生活・读书・新知三联书店 1973年版,第 39—40 页。

　　然而,游学欧洲多年且对西方美学有着极深造诣的美学家朱光潜显然意识到了运用认识论和反映论解决美学问题的局限。在"美学大讨论"中,朱光潜就严肃批评认为"美学家们之所以走到这种荒谬可笑的结论",是因为不加分析地"死守列宁反映论"①。因此,朱光潜从马克思"生产实践"角度出发,将"意识形态论"和"艺术生产论"引入美学研究,不仅提出了"物甲物乙说",还强调"意识形态""主观能动性"及"生活经验"等主观因素之于美学的重要意义。遗憾的是,因时代局限,在与李泽厚、洪毅然等人的论辩中,朱光潜也在认识论的旋涡中与论敌周旋:"我也根据了感觉反映的原则,但是又加上意识形态反映原则,承认美有感觉素材做它的客观条件,这一感觉素材的来源是第一性的。"②这种对"客观条件"及"第一性"的强调,显然是为了符合"唯物"与"客观"的意识形态话语要求,却也在早期心理学美学的路径中倒退到古典形而上学的"主客模式"的哲学路径中去。

　　因哲学认识论的前提,主体与客体始终是"主客二分"的。这种思维模式存在于从柏拉图、莱布尼茨、狄德罗、鲍姆加登、康德、黑格尔直到克罗齐等源远流长的西方美学家的思想及其流变脉络中。在他们的美学体系中,要么将美理解成一种自然属性,将美与"多样统一""比例适当"等事物的客观属性紧密联系在一起,要么将美理解成一种感性的"内心诸能力的游戏中那种一致性(内感官的)情感"的感觉。③ 哲学认识论重在对现实本质、规律的正确认识,要从感性上升到理性、从具体上升到抽象。反映到文学艺术领域,这种对"客观""真理"的要求,集中表现在对非理性作家、艺术家非理性情感因素的扼杀,还导致形象思维与逻辑思维的混淆。

　　这种"主客二分"的认识论模式直到西方现代哲学的出现才实现了超越,尤其是海德格尔的人与世界的关系从存在的展开与界说中打破了"未曾言明

---

① 　朱光潜:《论美是客观与主观的统一》,文艺报编辑部编:《美学问题讨论集》第 3 集,第 16 页。
② 　朱光潜:《美必然是意识形态性的——答李泽厚、洪毅然两同志》,文艺报编辑部编:《美学问题讨论集》第 4 集,第 101 页。
③ 　康德:《判断力批判》,邓晓芒译,第 64 页。

却先入为主"①的思维定式,"此在与世界"的关系已不是主客体通过认识桥梁搭建起来的"对象化"的关系,而是非对象性的整体、互动的关系。与此相似,审美本是一种人与世界、主体与客体之间的双向互动的实践活动,如果仅通过审美认识出发把美与美感当成存在与意识的关系,主张科学所追求的"客观性",而撇开人的情感、意识、趣味,便是:在横向上把价值论的人文学科看作一门认识论学科,用认识论中的反映论去硬套美与美感的关系;在纵向上把美学的哲学基础问题当作美学本身的问题,把美学本体论等同于哲学本体论问题,②最终导致作为艺术学科的美学附庸于哲学科学而失却其价值意义。

事实上,中国古典美学以"审美意象"为内核,蕴含着极为丰富的思想资源,而中国传统思维模式中恰恰又少有"主客二分""心物二元"的认识论思想。中国古典美学观念从西周时期起就崇尚"天人合一"的混沌思想,主张人与自然的和谐混一。《道德经·道经·二十一章》云:"道之为物,惟恍惟惚。惚兮恍兮,其中有象;恍兮惚兮,其中有物。窈兮冥兮,其中有精;其精甚真,其中有信。"③刘勰《文心雕龙·物色》亦有云:"是以诗人感物,联类不穷。流连万象之际,沉吟视听之区;写气图貌,既随物以宛转;属采附色,亦与心而徘徊。"④柳宗元在《邕州柳中丞作马退山茅亭记》曰:"夫美不自美,因人而彰。兰亭也,不遭右军,则清湍修竹,芜没于空山矣。"⑤《姜斋诗话》中更有言:"夫景以情合,情以景生,初不相离,唯意所适。截分两橛,则情不足兴,而景非其景。"⑥诸如此类。从古代人与自然合一的思维中,我们也可以发觉美并不是

①　马丁·海德格尔:《存在与时间》,陈嘉映、王庆节合译,生活·读书·新知三联书店 2011 年版,第 80 页。
②　徐碧辉:《对五六十年代美学大讨论的哲学反思》,《中国社会科学》1999 年第 6 期。
③　老子:《道德经》,张景、张松辉译注,中华书局 2021 年版,第 325 页。
④　刘勰:《增订文心雕龙校注》,黄叔琳注,李详补注,杨明照校注拾遗,中华书局 2012 年版,第 563 页。
⑤　柳宗元:《邕州柳中丞作马退山茅亭记》,董诰等编:《全唐文》,中华书局 1983 年版,第 5863 页。
⑥　王夫之:《姜斋诗话》,岳麓书社 2011 年版,第 825 页。

"客观的物的属性",它离不开人的审美体验,只有在审美活动关系中,审美经验才得以可能,正所谓"美不自美,因人而彰"。张世英先生也指出:"绝不否认事物离开人而独立存在,决不否认,没有人,事物仍然存在,但事物的意义,包括事物之'成为真',则离不开人,离不开人的揭示。"①

可以说,在蔡仪马克思唯物主义反映论美学话语建构中,将美学扎根在哲学认识论中的反映论土壤中,不仅在真理性思维中造成美学逻辑起点上的失位,还在"心物二元"与话语对立中造成审美活动中"主体之维"的话语缺席。因蔡仪在美学问题上对认识论与反映论的坚守和延续,还客观上使得马克思主义美学的话语建构长期固定在唯物框架内迟迟难以突破,未能及时拓展出马克思主义思想中所蕴含的其他多元美学方法。

第四节　蔡仪美学的历史反思及当下启示

蔡仪美学思想的话语建构及其学术演进与现代以来中国社会的思想文化和美学观念息息相关。尤其是在 1949 年前后,苏联社会思想与欧美自由观念在中国土壤上形成巨大分歧。从左翼时期甚至更早,由"革命文艺"形成的批判传统便与朱光潜等自由主义文人的立场方法截然对立。这种分歧从毛泽东《在延安文艺座谈会上的讲话》的发表到全国第一次文代会召开前夕,便在外部语境中形成了一种从渗透式到蔓延式的话语整合趋势。这种强大的意识形态规训力量通过马克思主义的话语形式,逐渐实现了中国式的思想化合。这种"革命"的思想话语模式,也是 20 世纪五六十年代"美学大讨论"从政治批判转型为学术讨论的话语前提。思维模式与话语资源的确立,使得新中国成立初期的美学讨论成为建立马克思唯物主义美学的"制度性要求",并与意识形态的运作相联系。带有浪漫艺术气质的高尔泰曾试图打破这一美学规则,提出绝对的美感的自由,因此不幸出局。作为一种意识形态的话语建构要求,马克思唯物主义思想作为一种"崇高性"的真理性话语,使得人们个

---

① 　张世英:《哲学导论》,北京大学出版社 2008 年版,第 63 页。

个以"马"自居,而马克思唯物主义反映论也成为分析和解决美学问题的方法论。在此时代语境中,即便朱光潜这样的学贯中西的美学大家,也难以挣脱时代意识形态的话语束缚。

但作为一种审美经验活动,单一的认识论和反映论在美学问题上存在着无可回避的方法论缺陷。因认识论强调"镜子式"的科学认知,其能够很好地对"对象"本质规律的生成发展做出符合客观真理的揭示。问题在于,美学问题是人的一种审美实践活动,它更强调的是人这个主体在审美活动中的能动地位。实际上,马克思主义也并非单纯的认识论、反映论,而是蕴含着实践论、价值论、符号论等多重方法维度的。对此,有学者便分析说:"以人的具体的历史的社会实践为基础,从实际活动着的人及其主体尺度出发,反省和批判人的生成过程和对世界的历史性改变,特别是通过哲学的反思与批判,通过哲学对现实世界的治疗和'变革',将社会变革得更美好,提升和创造人自身,使人更加'成为人',这应该才是马克思哲学的真谛所在",而这"已经是一种价值哲学了"。① 苏联美学家斯托洛维奇也指出:"马克思主义美学有可能把认识论态度同价值说态度结合起来,而没有任何逻辑上的不协调。我们有时片面地看待美学同哲学的相互关系,仿佛美学只同认识论相联系。这种联系无疑是存在的。但同时不能忘记,美学可能也应该运用马克思列宁主义的所有方法论财富,既辩证又逻辑地并从社会学角度来研究自己的对象。"②将美学从"唯认识论化"思维模式转到与"价值论"等马克思主义其他丰富多元方法论相联系,进而避免将美学模式化、将美实体化的做法,不仅是 20 世纪五六十年代苏联美学界讨论中存在的问题,同样也是反思蔡仪美学话语建构的经验教训。

蔡仪美学的话语建构在长期的论争中生成和发展,但论争背后却过多地陷入概念的形而上学的抽象言说,不仅主题单一、思维封闭、话语陈旧,还远离现实生活和艺术。在一定程度上说,围绕蔡仪美学的很多话语论争,在"主

---

① 孙伟平:《作为价值哲学的马克思哲学》,《学术研究》2007 年第 1 期。
② 斯托洛维奇:《审美价值的本质》,凌继尧译,第 21 页。

义"的喧嚣之外,并未能将当代中国美学的发展推向更高的学术理论层面,它代表的仍属于 20 世纪 40 年代的美学话语。因时代历史的局限,在蔡仪美学的话语建构和理论论争中,"主观／客观"与"唯心／唯物"的模式局限及其话语方式,客观上使得丰富复杂的美学本体论问题被搁置,过多地在形而上的概念中僵持,消耗于无谓的论争中,造成很长时段内美学的发展既与中国古典美学相脱节,也与世界美学潮流相脱离。然而,时至今日,这些论争似乎仍在上演。各种美学新词汇、新口号以"宗派"的名义依然盛行学界,种种新的"主义"的狂欢似乎并未停息。尤其是很多论争和讨论,"口号"有余,"成果"不足,或是勤于描述、热衷呼唤,或是简单重复西方已有成果,真正深入思考且具有原创性的突破很少。如果仅仅停留于功利性的"占领"与"宣传",或者学步西方、割裂中国传统审美文化,尤其是剥离与中国当下社会生活和现实艺术的内在关联,忽视当代人的精神状态和现实状况,忽视中国美学自身的发展规律和本土语境,忽视美学本体问题的深入开掘,就同样可能陷入自立门户、自说自话的凌空蹈虚之中,对当代中国美学的话语建构和美学学科的进步发展实无益处。

总而言之,蔡仪的美学话语建构历时长久、体系完备,尤其是在抗战时期,围绕"美是典型"的唯物主义新美学话语建设,较早地建构起了马克思主义美学的话语体系,为马克思主义美学的中国化发展以及当代中国美学的奠基做出了重要贡献。然而,其谨守西方古典本质主义的思维模式,坚持哲学认识论,并将唯物反映论和真理观全盘运用到美学话语的建构中,由此导致诸多的矛盾与不足,且饱受质疑和批评。但在历史的经验教训外,蔡仪却几十年如一日坚定不移地贯彻唯物主义的美学理想,不停地丰富与完善马克思主义唯物反映论的美学话语体系,矢志不移地推动中国美学和文艺理论的话语建设、学科建设与人才培养,这是蔡仪先生可贵学术人格给学界留下的一笔无法轻视的重要美学财富。

| 第九章 |

马克思《巴黎手稿》与"实践观点"美学的确立

马克思《1844 年经济学哲学手稿》是当代中国美学论争、发展与建构中最为重要的思想话语来源。尽管在与中国当代美学的互动中,存在着理论问题"模式化"、哲学思维"惯性化"、话语方式"经典化"且与中国古典美学和世界美学发展格局长久剥离等不足,但它们却构成了以李泽厚"实践美学"为代表的当代中国美学流派的思想原点和学理依据,还为当代中国美学的论争发展提供了最为持久的理论动力。尤其是在 20 世纪 80 年代,作为"美学热"中至关重要的一页,"手稿热"不仅对社会转型时期的思想变革发挥了重要作用,还确立起了"实践美学"学科理论话语形态在当代中国美学思想中的主导性地位,由此形成了具有中国特色和流派风格的美学谱系,影响至今。因此,深入当代中国美学历史进程,集中考察《巴黎手稿》如何在与中国当代美学的互动关系中推动"实践美学"的形成确立及其对中国马克思主义美学建设的价值意义,对当下中国美学话语建构仍大有裨益。

第一节　《巴黎手稿》在中国的译介和美学影响

《1844 年经济学哲学手稿》是马克思 1844 年探索政治经济学时写下的一部手稿,当时他正流亡巴黎,因而通常这部手稿又称为《巴黎手稿》。作为早期未完成的著作,这部手稿在马克思生前从未发表过,直至 1927 年在苏联马克思恩格斯列宁研究院院长梁赞诺夫主持下,手稿的部分译文才以《〈神圣家族〉的准备材料》为题辑录于《马克思恩格斯文库》(德文)第三卷,但并未引起注意。1932 年,这部手稿又在苏联马克思恩格斯列宁研究院院长阿多拉茨基等人整理下,以《1844 年经济学哲学手稿:国民经济学批判》为题,首次全文收入《马克思恩格斯全集》德文版中,影响同样有限。直至 1956 年,苏联政治书籍出版社以《1844 年经济学哲学手稿》为题,将手稿全文收编在俄文版《马克思恩格斯早期著作选》中,还重新整理,加了若干小标题并大量发行,才引发国际社会广泛关注。①

　　尽管这部手稿的内容早在 20 世纪 40 年代和 50 年代初期也曾引起周扬、冯契等人的关注甚至话语挪用,但限于种种原因未能引发反响。直至 1956 年 9 月,受苏联影响,中国出版了由何思敬翻译、宗白华校对的第一个马克思《经济学—哲学手稿》中译本②,自此才开启了这部手稿在中国当代美学研究中的序幕。

　　作为马克思主义美学的奠基之作,尽管《经济学—哲学手稿》(以下统称《巴黎手稿》)在中国出版后立即成为 20 世纪五六十年代"美学大讨论"的重要理据进而引发较大反响,但就《巴黎手稿》本身的研究和运用而言,受限于时代语境和话语方法,其文本解读仍较为初步。譬如,李泽厚、高尔泰、吕荧等美学家相继从马克思《巴黎手稿》中引入"自然人化"观点解释美学问题,但限于美的本质问题模式,理解基本陷入哲学本源上"唯心／唯物"与"主客模式"的阈限中。黄药眠尽管在《巴黎手稿》和《资本论》等文献理解上,通过由"美是什么"向"审美评价"的思维转换,试图从马克思主义价值论进行理解进而克服"本质主义"的认识论美学局限,却因反右运动被剥夺话语权,未能形成后续影响。

　　随着"美学大讨论"的推进,到 20 世纪 60 年代初中期,在逐渐意识到运用

---

① 李圣传:《苏联美学与 20 世纪五六十年代中国美学大讨论——涂途先生访谈录》,《文艺理论与批评》2022 年第 4 期。

② 即马克思:《经济学—哲学手稿》,何思敬译、宗白华校,人民出版社 1956 年 9 月版。

唯物反映论分析"美／美感"问题的不足后,李泽厚、朱光潜又在马克思《巴黎手稿》基础上先后引入"劳动实践""美的规律"等命题,尝试从"实践观点"的角度解释美的本质。这在一定程度上冲破了唯物反映论的美学框架,不但萌发了"实践美学"的幼芽,还推进了美学的发展。遗憾的是,随着极左思潮的发酵,这些美学观点连同"美学大讨论"一道戛然而止,对马克思《巴黎手稿》的探究也不得不告一段落。

直至新时期初,随着"形象思维"与"共同美"的讨论,对"人""人性""人道主义"的关注重新将马克思《巴黎手稿》推向历史前台。尤其是后期"美学大讨论"中朱光潜、李泽厚、蔡仪等人围绕《巴黎手稿》展开的关于"劳动创造美"以及"美的规律"等尚未完成的论争,"战火"在新的时代语境中被再次点燃。对"共同美""人性""人道主义"与"异化"问题的探讨,使得学人们深刻意识到马克思《巴黎手稿》的重要价值,并竭力从中开掘马克思关于"人的本质"与"异化理论"的思想意涵,进而在新时期再次掀起一股"美学热",特别是研究马克思《巴黎手稿》中美学思想的热潮。

20 世纪 80 年代,"美学热"与马克思"手稿热"可谓交相辉映。甚至可以说,"手稿热"构成了 80 年代"美学热"的核心。这不仅因为发动"美学热"的人物如朱光潜、蔡仪、李泽厚等人早在 20 世纪五六十年代"美学大讨论"中便开始积极关注和研究《巴黎手稿》,更因为 80 年代"美学热"中的思想主潮——"实践美学",便是在对《巴黎手稿》展开论争的基础上得以进一步确立和巩固的,并在 80 年代获得了主导性的美学思想地位。①

众所周知,马克思《巴黎手稿》本是一部探索政治经济学而非美学的著作,但它之所以成为 20 世纪 80 年代美学论争的焦点平台,是因为它与"文革"后思想解放浪潮下诸如"人的本质""人性""异化"等关键话题密切相关。因此,围绕《巴黎手稿》的美学论争,也紧紧环绕着"人的本质""人化的自然""异化"以及"美的规律"等与人息息相关的核心话题。正是围绕这些话题展开的

---

① 　阎国忠:《走出古典——中国当代美学论争述评》,安徽教育出版社 1996 年版,
第 106 页。

美学论辩,不仅赋予了 80 年代"美学热"极具深度的马克思主义"人学"思想高度,还在 20 世纪五六十年代"美学大讨论"基础上逐渐确立和巩固了"实践美学"在当代中国美学思想中的主导地位。

第二节　《巴黎手稿》"人化的自然"与两种"实践观"的形成

早在 20 世纪五六十年代"美学大讨论"中,黄药眠、李泽厚、高尔泰、朱光潜等美学家便较早地引入了马克思《巴黎手稿》中关于"自然人化"的思想,对美的本质进行解释。只因唯物反映论的思维方法以及意识形态的话语局限,人们对马克思这一观点未能做进一步深入有效的思想阐发。到了新时期感性解放的语境中,通过对马克思《巴黎手稿》的重新翻译和研究,学者们不但得以在后期"美学大讨论"基础上再次对手稿发表新的理论见解,还在一些具体的美学问题和美学观点上引发激烈论争,由此实现理论的突破。其中,关于"人化的自然"的论争尤为尖锐,并在"是否属于马克思主义美学思想"上形成了两种颇为对立的观点意见。

一种意见以蔡仪为代表,反对用"人化的自然""人的本质力量的对象化"等短语去解释美的本质,认为这些并非马克思主义的美学思想。蔡仪认为,这些观点并非马克思"直接、明白而正确地论述美和美感的言论",不但有"人本主义的倾向",而且"这种观点是完全唯心主义的,是完全错误的"。[①]　钱竞也认为,所谓"人化的自然"显然是与"人的感觉的解放有关系,和'合乎人的本性的人的自身的复归'有关系",这种社会思想实则是与"马克思主义截然不同的,不能说是什么历史唯物主义观点"。[②]　这种意见显然是认为马克思《巴黎手稿》并非专门性的美学论著因而不能直接作为马克思主义美学问题

---

① 蔡仪:《〈经济学—哲学手稿〉初探》,程代熙编:《马克思〈手稿〉中的美学思想讨论集》,陕西人民出版社 1983 年版,第 304 页。
② 钱竞:《试论"人的本质异化"》,程代熙编:《马克思〈手稿〉中的美学思想讨论集》,第 360—361 页。

的依据,当时这种观点在学者中不乏支持者。

另一种意见则以朱光潜、李泽厚、程代熙为代表,认为"人化的自然"是马克思《巴黎手稿》的重要思想内容,由此主张据此出发进行美学探索。尤其是朱光潜先生,不仅以高龄重新学习俄语并亲自节译《巴黎手稿》中涉及美学问题的核心内容,还在深入研究后认为手稿实则贯彻了一条"人道主义与自然主义统一"的红线,因为人凭借长期的生产劳动的实践改造,自然变成了"人化的自然",成了"人的本质力量的对象化"。因此,自然体现了"人的需要,认识,实践,意志和情感",体现了"人与自然的统一和互相依存"的基本原则。①在对蔡仪观点的反驳中,陈望衡也认为"自然人化"与"人的对象化"是贯穿"人的全部历史的活动,是人类一般的生产劳动",进而主张"实践观点"的美学。② 程代熙也指出,在人与自然关系上,马克思主义者与机械唯物论者不同,马克思主义既承认"人是自然的一个部分",又指出"自然也是人的组成部分","人化的自然"就是"主体(人)和客体(自然)的辩证的统一",自然也恰恰是"由于人的劳动的作用,它才成为人的审美感受的源泉"。③

仔细分析上述两种意见的分歧,不难看出与前者对"唯物论"美学的坚守不同,后一种意见紧紧抓住马克思《巴黎手稿》对"人化的自然"的论述,并延伸到美学问题的阐发中,由此从"生产劳动"与"实践改造"层面阐明"实践观点"在马克思主义美学思想中的蕴涵。这不仅体现了美学思维方法的发展和理论话语的更新,还在反驳机械唯物论以及人的维度中逐渐将美学问题的思考聚拢到实践层面。

当然,在持马克思主义"人化的自然"观点的内部,对《巴黎手稿》"自然人化"的理解与阐释也存在内部观点上的分歧,并形成美学观点在"实践观"层

---

① 朱光潜:《马克思的〈经济学—哲学手稿〉中的美学问题》,程代熙编:《马克思〈手稿〉中的美学思想讨论集》,第 56—57 页。

② 陈望衡:《试论马克思实践观点的美学——兼与蔡仪先生商榷》,程代熙编:《马克思〈手稿〉中的美学思想讨论集》,第 206 页。

③ 程代熙:《试论马克思、恩格斯"人化的自然"的思想》,程代熙编:《马克思〈手稿〉中的美学思想讨论集》,第 370、378 页。

面上的思想差异。

一是"精神化"与审美艺术实践。朱光潜认为,"人化的自然"是指"人不断地改造自然,就丰富了自然;人在改造自然之中也不断地在改造自己,也就丰富了人自己",其中,"生产劳动实践"以及"人的自意识(即自觉性),观念,目的,意志,情趣等精神方面的本质力量"如审美艺术实践都发挥重要作用。①王南的观点与朱光潜相似,认为"自然界的人化或人的对象化并不是仅仅通过生产劳动这唯一的途径来实现的。人对自然的实践关系还应把征服与占有、认识与发现、支配与使用、密切共处、艺术创造等多种活动包括在内"②。

二是"物质化"与生产劳动实践。与朱光潜偏重审美艺术实践之精神活动理解不同,大多数美学家与李泽厚一样,主张通过生产劳动实践去改造自然之"自然的人化"过程。李泽厚指出,虽然好些人讲实践与"人的本质对象化",但"其实大不相同":

> 有的是指意识化,讲的是精神活动、艺术实践,有的是指物质化,讲的是物质生产、劳动实践。我讲的"自然人化"正是后一种,是人类制造和使用工具的劳动生产,即实实在在地改造客观世界的物质活动。③

显然,与朱光潜侧重"精神活动"的艺术实践观不同,李泽厚在制造和使用工具层面主张"物质活动"的劳动实践观。李泽厚基于"劳动实践"层面对实践的物质化理解也在讨论中得到较多学者的支持。李泽厚在对"人的本质的对象化"进行分析的基础上也指出"人的本质"是"通过劳动实践来实现的",因为"在劳动实践的过程中,人的本质力量得到了充分的运用和发挥,从

---

① 朱光潜:《马克思的〈经济学—哲学手稿〉中的美学问题》,程代熙编:《马克思〈手稿〉中的美学思想讨论集》,第67—68页。

② 王南:《美的本原》,程代熙编:《马克思〈手稿〉中的美学思想讨论集》,第255页。

③ 李泽厚:《美学四讲》,生活·读书·新知三联书店1980年版,第73页。

而使客观事物按人的意图而改变"。① 现在看来,以朱光潜为代表的侧重"精神活动"的艺术实践和以李泽厚为代表的强调物质生产的劳动实践的分歧,仍是欧美美学话语与苏联美学模式这两种不同思想来源的话语延续,体现了不同的思想底色和美学进路。尽管如此,这两种实践观却一并深深扎根在马克思《巴黎手稿》的思想土壤中。

不难见出,20 世纪 80 年代围绕《巴黎手稿》"人化的自然"的论争,仍延续了 20 世纪五六十年代"美学大讨论"中的部分论点,尤其是朱光潜艺术实践与李泽厚生产实践这两种实践观的美学差异,在精神性与物质性、精神活动与生产劳动的不同倾向上,仍可视为 20 世纪 60 年代后期"美学大讨论"思想的发展。而蔡仪作为唯物论美学的捍卫者,则在"非马克思主义美学思想"层面反对"人化的自然"在美学观点上的运用。尽管分歧依然存在,但围绕马克思《巴黎手稿》"自然人化"与"人化的自然"的反复论争,不仅树立起人的重要性——这恰恰是 20 世纪五六十年代"美学大讨论"中极为萎缩的思想话语,还为"实践观点"美学在 20 世纪 80 年代的形成与确立提供了持续的原动力。

第三节 《巴黎手稿》"美的规律"与"实践观点"美学的确立

马克思著作中对美和美学的直接论述并不多,而《巴黎手稿》中对此却有着为数不多的直接阐明,由此引发美学界的极大兴趣。马克思在手稿中指出:"动物只按照他所属的那个物种的标准和需要去制造,而人却知道怎样按照每个物种的标准来生产,而且知道怎样把本身固有(或内在)的标准运用到对象上来制造,因此,人还按照美的规律来制造。"②正是在这段话中,马克思关于"美的规律"及其"固有的标准"(或译作"内在尺度")引发了 20 世纪 80 年代"美学热"中学人们的广泛征引和深入持久的讨论,由此正式确立起"实践

---

① 李戎:《试谈"人的本质的对象化"》,程代熙编:《马克思〈手稿〉中的美学思想讨论集》,第 424 页。

② 马克思:《经济学—哲学手稿》(节译),朱光潜译注,《美学》第 2 期。

美学"的理论形态。

一、"内在尺度"与"美的规律"的分歧

围绕马克思《巴黎手稿》"内在尺度"的美学理解,在"美学热"中存在诸多论争并形成了种种论调,大体可归为三类。一是以蔡仪、程代熙、王善忠为代表,他们认为"所谓'内在尺度'也就是内部的'标志'或内在的'本质特征'。'物种的尺度'和'内在的尺度',无论从语义上看或从实际上看,并不是说的完全不同的两回事"[①]。王善忠认为所谓"规律"应指"美在于客观事物本身,或者说,在客观事物中存在着规定事物之所以美的客观规律"[②]。程代熙也认同并表示说:"尺度"或者说"规律"是"一种不以人的意志为转移的客观存在"[③]。二是以李泽厚、刘纲纪为代表,与上述"客观存在"论颇显对立的是,他们倡导人的内在的目的性,主张"尺度"应该是指"具有内在的目的的尺度的人类主体"[④],是"人根据他的目的、需要所提出的尺度"[⑤]。三是以朱光潜、蒋孔阳为代表,他们倾向于将"尺度"理解为"法则或规律"[⑥]。此外,值得注意的是,陆贵山强调所谓"内在尺度"不是"单指物的尺度或单指人的尺度",而是"既含有对象的尺度,同时又包括主体的尺度"[⑦],这种理解可视为前两种意见的综合,因而也显得更加辩证。

因对"内在尺度"的理解不同,对"美的规律"的解释自然也延伸出争执。蔡仪认为,"美的规律实际上就是事物的所以美的本质",而"规律都是客观

---

① 蔡仪:《马克思究竟怎样论美》,《美学论丛》第 1 辑,第 51 页。

② 王善忠:《也谈"美的规律"》,程代熙编:《马克思〈手稿〉中的美学思想讨论集》,第 484 页。

③ 程代熙:《关于美的规律——马克思美学思想学习札记》,程代熙编:《马克思〈手稿〉中的美学思想讨论集》,第 450 页。

④ 李泽厚:《美学三题议》,《美学问题讨论集》第 6 集,第 321 页。

⑤ 刘纲纪:《关于马克思论美——与蔡仪同志商榷》,《哲学研究》1980 年第 10 期。

⑥ 蒋孔阳:《"人类也依照美底规律来造形"》,程代熙编:《马克思〈手稿〉中的美学思想讨论集》,第 436 页。

⑦ 陆贵山:《试论"按照美的规律来塑造"》,《学术月刊》1982 年第 6 期。

的”，因此“美的规律就是典型的规律”。① 这种对“美的规律”的理解无疑仍是对早期“客观典型论”美学思想的延续。不同的是，李泽厚、刘纲纪认为“美的规律性”是“必然与自由的统一”，是“现实的感性具体的形象所具有的必然性同人的自由两者的统一”，也是“一切美之为美的本质所在”。② 与此类似，也有学者指出“美的规律”包含两个方面，一是“目的性与规律性的统一”，二是“利用自然规律但不受其规律的限制的自由创造”。③ 显然，与蔡仪早期对“客观唯物论”美学思想的坚守不同，李泽厚等人关于“美的规律”的理解，却见出思想上的巨大发展，尤其是对“自由”“感性”和“合目的性与合规律性”的理论阐发，更在马克思主义思想基础上见出对康德美学思想的汲取整合与互补改造。

二、美学“实践观点”的论争和确立

事实上，围绕“人化的自然”与“内在尺度”“美的规律”等问题讨论的背后，涉及一个更为根本的理论原则的问题，那便是在《巴黎手稿》解读基础上关于美学“实践观点”的分歧。这尤为体现在蔡仪对美学“实践观点”代表朱光潜、李泽厚的批评中，以及“实践观点”代表刘纲纪对蔡仪的反批评中。正是“实践观点”上的根本性分歧，不仅导致对美的本质等问题的不同理解，还在不断论争中逐渐确立起了“实践美学”的话语体系。

（一）蔡仪对美学“实践观点”的批评

蔡仪对美学“实践观点”的批评主要集中在对马克思《巴黎手稿》中关于“对世界的艺术的掌握方式”“自然的人化”“劳动实践观点”三个核心命题的理解上。蔡仪的批判逻辑是从苏联美学入手，再过渡到中国美学，试图巧借清理苏联美学中的社会派美学，来反驳国内从“实践观点”解释美的本质的做法。

---

① 蔡仪：《马克思究竟怎样论？》，《蔡仪美学论文选》，第 263、278 页。
② 刘纲纪：《关于马克思论美——与蔡仪同志商榷》，《哲学研究》1980 年第 10 期。
③ 杨咏祁：《试论“美的规律”》，《马克思手稿中的美学问题》，黑龙江人民出版社 1984 年版，第 116 页。

在充分肯定"劳动实践"对人的审美能力的影响这一前提下,蔡仪从马克思《关于费尔巴哈的提纲》出发,指出应从历史观和认识论两方面去理解实践:从历史观上看,就是要从客观方面去理解社会生活而"不当作人的感性活动,不当作实践去理解,不从主观方面去理解";从认识论上看,就是要克服"旧唯物主义"的直观的、脱离社会实践的,或不把"事物、现实、感性"当作社会实践去理解。蔡仪认为,"实践对于认识的关系,首先是认识的基础,其次是检验认识的标准。也就是说,认识论上的实践观点,并不规定认识的内容或认识的成果必须是所谓'人化的'云云,这是显然自明的"。[1] 围绕认识论,蔡仪分析说:"马克思正是由于批判了旧唯物主义,包括费尔巴哈的唯物主义的主要缺点,所以在认识论上克服了旧唯物主义的直观的、机械的、形而上学的观点,在历史观上克服了脱离实践的、脱离现实生活的、唯心主义的倾向。简单说来,也就是强调实践对认识的决定作用,强调革命的实践对历史发展的决定作用。"[2]正是立足认识论并以此去理解实践活动,蔡仪仍在"思维／存在"与"精神／自然界"这一本源关系上将实践落到客观唯物的层面。蔡仪分析说:

> 唯心主义不知真正的实践,而是虚伪的,如涅多希文等所谓和"艺术的掌握方式"相联系的"实践精神"也好,或万斯洛夫等所谓和"自然界的人化"等相联系的实践观点也好,实际上都是和马克思在《提纲》中所说的实践观点的意义显然不同的。用他们这种所谓实践观点去认识客观世界,达到所谓"自然界的人化"等物我不分、主客同一的地步,真实可以避免直观唯物主义了,却正好走到了主观唯心主义的泥坑里。[3]

---

[1]　蔡仪:《批评所谓实践观点的美学》,《蔡仪美学论文选》,第 231 页。
[2]　蔡仪:《批评所谓实践观点的美学》,《蔡仪美学论文选》,第 232 页。
[3]　蔡仪:《批评所谓实践观点的美学》,《蔡仪美学论文选》,第 233 页。

　　蔡仪认为，正是这种"实践观点"上的苏联美学，迷惑了中国美学家，并导致他们在"套用马克思主义词句"时歪曲篡改了马克思主义的原意以宣传"资产阶级唯心主义思想"。从蔡仪对"实践观点"美学的批评看，其基本视点与理论原则一以贯之，即：谨守认识论中的唯物反映论，将美学问题置于"思维／存在""唯心／唯物"的"主客模式"内进行理解。因此，他才将中苏美学中以涅多希文、朱光潜等为代表的主张"用艺术的方式掌握世界"及强调精神实践的"艺术创造活动"简单地划为唯心主义，认为它们是偏离了马克思主义的"实践观点"。当然，蔡仪的这种理解，不仅无法获得理论上的同情，还遭到支持"实践观点"的美学家的反驳。

（二）"实践观点"美学家对蔡仪的反批评

　　在对蔡仪的反驳中，朱狄、刘纲纪和陈望衡最具代表性。朱狄认为，蔡仪以《巴黎手稿》为依据对美的本质的纯粹性理解，一方面仅仅局限于马克思直接出现"美"的地方，但实际上"马克思恰恰是从一种更为广阔的背景上，即从人类实践活动与自然界的关系上为美的本质问题的探索照亮了前进的方向"，另一方面则紧紧挨着一个"物"字便把别人打入唯心主义。① 之所以如此，在朱狄看来，根本原因在于蔡仪发起美学论辩的同时却缺乏"一个新的起点"，因而才对"实践观点"美学家进行发难。陈望衡则抓住蔡仪在《巴黎手稿》研究中的五个核心问题，如对"对象化／异化"的等同误解、"自然人化"与美和美感的密切关系、不承认"生产实践"对美的影响、将美的规律之"内在固有的尺度"理解为"物的"而非"主体'人'的特征、将"艺术地掌握世界"纳入"认识论的范围"而看成与实践无关，进而对蔡仪美学观进行了批评，并指出："实践的观点是马克思主义美学的精髓。实践不仅是人的一切认识的源泉，

---

① 朱狄：《马克思〈1844 年经济学—哲学手稿〉对美学的指导意义究竟在哪里？——评蔡仪同志〈马克思究竟怎样论美?〉》，程代熙编：《马克思〈手稿〉中的美学思想讨论集》，第 109、112 页。

也是美的源泉。"①

　　针对蔡仪美学观点的批评,刘纲纪的理论回应尤为有力,也体现出其对"实践观点"美学的响应。在《关于马克思论美》一文中,刘纲纪从三个方面进行了翔实反驳。其一,针对蔡仪反对运用马克思《巴黎手稿》中关于"自然的人化"和"人的对象化"去解释美的本质,以及否认这一论点作为马克思论美的根本出发点的意见,刘纲纪反驳说,从马克思"劳动创造了美"与"人化的自然界""人也按照美的规律来建造"等重要思想看,马克思论美的基础仍然是"自然的人化和人的对象化"。② 其二,针对蔡仪对"所谓实践观点的美学"的批判,刘纲纪反驳说,其问题在于蔡仪仍站在直观唯物主义的立场看实践,且处处强调"唯物主义和唯心主义的区别"却忽视了"马克思的唯物主义和直观唯物主义的区别":如蔡仪将马克思在《关于费尔巴哈的提纲》中"对事物、现实、感性,只是从客体的或者直观的形式去理解,而不是把它们当作人的感性活动,当作实践去理解"这句话理解成"实际社会活动"就不妥,而应该看成"人改造世界的实践活动";再如蔡仪认为真正的实践观点并不讲"自然界的人化",但实际上,"实践既然是人改造世界的活动,当人把那原来同人的要求相对立的自然改造成了同人的要求相一致的自然时",那就是"自然人化";又如蔡仪把"自然界的人化"视为"物我不分、主客同一"的观点,实则也与马克思所理解的"自然的人化"论调完全不同,因为马克思的原意很清楚是指"人在实践中改造了自然的结果"。③ 其三,针对蔡仪将"美的规律"与"内在的尺度"视为"物种的内在的本质特征"的观点,刘纲纪也认为这"离开了马克思的原意":首先"尺度"虽和"事物的本质相关"却并不等于"事物的本质";其次,"内在的尺度"也并非"物种的内在的本质特征",而是"人根据他的目的、需要所提出的尺度"。鉴于上述蔡仪对马克思的理解偏差,刘纲纪认为,由此推论

---

① 陈望衡:《试论马克思实践观点的美学——兼与蔡仪先生商榷》,程代熙编:《马克思〈手稿〉中的美学思想讨论集》,第 229—230 页。

② 刘纲纪:《关于马克思论美——与蔡仪同志商榷》,《哲学研究》1980 年第 10 期。

③ 刘纲纪:《关于马克思论美——与蔡仪同志商榷》,《哲学研究》1980 年第 10 期。

下去的关于美的规律、美的本质等结论自然就不符合马克思的原意。

　　从"实践观点"美学家对蔡仪美学思想的反驳看，他们十分重视马克思《巴黎手稿》中关于"人化的自然""美的规律"等核心观点在美学研究上的意义，将之视为马克思论美的出发点，甚至认为马克思所说的"人的本质的对象化"是"一切美之为美的本质所在"，因为正是在"人的生活实践中"美才从这种完全感性的具体的对象上表现出来。[①] 通过上述论争，在马克思《巴黎手稿》基础上持"实践观点"的美学家们，也越来越将美学的阐发与建构聚焦到实践论土壤上来，并围绕"自然人化""人的本质力量的对象化""美的规律"及"劳动实践"等系列马克思主义美学范畴进行学理建构。而正是围绕"实践观点"的不断论争、阐发和建构，马克思主义"实践观点"的美学才逐渐明晰和确立起来。

　　在《巴黎手稿》"实践观点"美学基础上，李泽厚又通过实践论与主体性的结合，努力实现康德与马克思的双重整合，由此建立起"主体性实践论"美学，并在"工艺—社会结构（工具本体）""文化—心理结构（心理本体）"到"情本体""新感性"的纵深发展中不断拓展和丰富"实践美学"的创构。[②] 刘纲纪也围绕"实践""创造""自由"与"美的规律"等范畴在超越认识论美学的基础上逐步建立起独具特色的"实践本体论"美学，共同有效推动了"实践美学"在 20 世纪 80 年代的确立和发展。蒋孔阳同样从马克思《巴黎手稿》出发，围绕"美是人的本质力量的对象化"[③]"美的形象就是自由的形象"[④]等观点，在人与现实的审美关系中形成了以实践论为基础、以创造论为核心的"实践创造论"美学新形态，还在"美在创造中"与"层累突创说"等标识性美学命题的创构中，进一步推动了"实践美学"在 20 世纪 80 年代的发展和成熟。

---

① 刘纲纪：《关于马克思论美——与蔡仪同志商榷》，《哲学研究》1980 年第 10 期。
② 李泽厚：《哲学答问》，《李泽厚哲学文存》下，第 457、464 页。
③ 蒋孔阳：《对于美的本质问题的一些探讨》，《美学与文艺评论集》，上海文艺出版社 1986 年版，第 31 页。
④ 蒋孔阳：《美学新论》，人民文学出版社 1993 年版，第 196 页。

第四节　《巴黎手稿》在"美学热"中的论争缘由及其价值意义

马克思《巴黎手稿》作为一部政治经济学著作,书中关于美学的论述只是附带论及,也缺乏完备系统的撰述。尽管如此,《巴黎手稿》依然在 20 世纪 80 年代引发了美学界的广泛争鸣,且构成了"美学热"中极为重要的一页。现在看来,马克思《巴黎手稿》之所以能引发如此广泛的论争,甚而形成一股"手稿热",缘由是多方面的。

首先,在于后"文革"语境中破除"假恶丑"、追求"真善美"的强烈愿望。这种渴求一方面激发了人们对"美"的求索热情,另一方面推动着人们从马克思经典著作中找寻思想资源,而《巴黎手稿》关于"美的规律"的直接论述提供了这种理据,因而引发关注。在编辑《巴黎手稿》美学讨论集时,编者在"编后记"中指出:"正是由于现实生活的这种要求"因而出现了"学习、研究马克思《手稿》中美学思想的热潮。"①

其次,《巴黎手稿》蕴藏着丰富的马克思主义的"人学"内涵,这契合了新时期人的思想主题。围绕《巴黎手稿》美学讨论引发的"手稿热",无疑与人和发现人这一时代精神主旨密不可分。《巴黎手稿》美学的讨论聚集了朱光潜、蔡仪、李泽厚、刘纲纪、蒋孔阳、汝信、高尔泰、朱立元、陈望衡等老中青三代美学家,讨论的美学焦点也集中在关于"人化的自然""人的本质力量的对象化""内在尺度"及"美的规律"等与人息息相关的话题,不仅把握了时代精神脉搏,还凸显出迥异于 20 世纪五六十年代"美学大讨论"的新境域。

再次,国外马克思主义理论译介和研究的外部影响,也刺激了对《巴黎手稿》的文本学解读。事实上,早在 20 世纪 60 年代,苏联学界关于"人性、人道主义"的讨论文集便被翻译到国内,周扬在 1964 年前后也发表过关于"人道主义"与"异化"问题的观点文章。只因时代缘由,这些话题很快终止。"文革"后,卢卡奇、萨特、马尔库塞等西方马克思主义学者关于《巴黎手稿》研究的观

---

① 程代熙编:《马克思〈手稿〉中的美学思想讨论集》"编后记",第 591 页。

点被重新译介引入,并为越来越多的学者所熟知。尤其是东欧国家研究马克思主义的新成果,在 20 世纪 70 年代末至 80 年代初被大量翻译介绍到国内。正是东欧和欧美等西方马克思主义学者关于《巴黎手稿》研究的外部影响,加之内部语境中"人道主义"的诉求及对"异化"的批判,使得《巴黎手稿》在内因与外由的双重刺激下成为知识界普遍关注和解读的兴趣点。

此外,在 20 世纪五六十年代"美学大讨论"中,美学问题深陷认识论的唯物反映论模式内,尽管受苏联社会派美学话语影响,引入了马克思《巴黎手稿》中关于"自然人化"的观点,但因方法视野与时代语境的双重限制,讨论话题仍然显得封闭浅表,自始至终难以深入。进入新时期,思想上的感性解放以及西方美学话语和中国传统美学话语的重新对接,使得美学家们竭力冲破上一阶段美学讨论预设的话语框架,并在"新的论争起点"上进行美学"实践观点"的集中建构。而《巴黎手稿》作为马克思论美的奠基之作,使得美学家们不断重返手稿文本,以便汲取思想营养进行更好的美学论争和话语建构。

可以说,以上内因与外由共同铸就了马克思《巴黎手稿》在 20 世纪 80 年代"美学热"中的广泛争鸣,因而有着时代的必然性,还形成一股持续的"手稿热",对当代中国美学尤其是马克思主义美学的发展有着极为深远的价值意义。

其一,从马克思"实践观点"美学出发,逐步确立起具有中国特色的马克思主义"实践美学"学科形态和理论体系。尽管在"美学大讨论"后期,李泽厚和朱光潜便在《巴黎手稿》的阅读中相继提出了"美学的实践观点"[①]命题,但因意识形态话语的阻隔尚未做出更系统的阐发便戛然而止,遗憾未能形成体系。进入新时期,正是因为建立在对《巴黎手稿》文本解读的基础上,马克思关于"劳动创造了美""人化的自然""美的规律"等核心观点才使得美学家们以"生产劳动实践"为中介,进一步围绕这些命题进行美学上的自由阐发与系

---

① 朱光潜:《生产劳动与人对世界的艺术掌握——马克思主义美学的实践观点》,新建设编辑部编:《美学问题讨论集》第 6 集,作家出版社 1964 年版,第 208 页。

统理论创构,最终在实践观点、人的本质与美的本质等思想交织中,由李泽厚、刘纲纪和蒋孔阳等美学家逐步确立起了一套具有当代中国特色的"实践美学"话语形态和学科体系,且在清晰的本土问题意识中带有鲜明的流派色彩和中国特色。

其二,马克思《巴黎手稿》作为一个理论研讨的经典范本,承载着意识形态话语突围的历史重任,引导着社会转型期思想领域的感性解放潮流。一方面,从"形象思维""共同美"的讨论到"人性""人道主义与异化问题"的论争,实际预示着感性解放的人的启蒙觉醒的进程;另一方面,人的感性解放又与"美学热"交织并行,美学话语作为一种符号隐喻,负载着意识形态话语突围的重任。在上述过程中,马克思《巴黎手稿》始终作为一个理论的经典范本,担负着社会转型时期由人到美再到感性解放这一思想功能转换的历史重任,还提供了思想理论的资源和变革突围的动力。

其三,马克思《巴黎手稿》还为破解美的本质提供了新的思想方案。在20世纪五六十年代"美学大讨论"中,人们对美的本质问题的探寻基本停留在唯物反映论的模式框架内。受此阈限影响,只能从"主客模式"对美的本质做出"主观/客观/主客观统一/客观社会统一"的回答。然而,20世纪80年代"美学热"中,受《巴黎手稿》"内在尺度"以及"对象世界成为人的本质力量的确证"等思想话语的启发,美学家们意识到人的感性审美经验的重要性。由此,在思想解放的自由语境中,开启了从人的本质出发重新探寻和解释美的本质的方向,进而涌现出"美是自由的形式""美是自由的象征""美是自由的创造"等一系列新的美学命题,极大推动了当代中国美学的繁荣发展。

总体而言,马克思《巴黎手稿》在20世纪80年代的美学热潮和理论论争中形成"手稿热"有其历史的必然性。围绕《巴黎手稿》的论争,不仅将"人道主义"与"异化问题"这一社会转型时期的政治社会思潮落实到作为符号隐喻的美学问题中,还通过"美学热"带动和引领着全社会的思想转型、感性解放和文化开拓。而对《巴黎手稿》中"人化的自然""美的规律""内在尺度"等诸多问题的反复论辩,真正使得"实践美学"在当代中国土壤中得以巩固确立、生根发芽,由此形成了具有本土风格和中国特色的马克思主义美学流派,至今仍对美学学科的发展起到重要影响。

| 第十章 |

作为事件的美学政治
——"五讲四美"活动回望与阐释

德国著名思想家扬·阿斯曼(Jan Assmann)在列维–斯特劳斯"冷社会"与"热社会"区分的基础上,提出了"冷"回忆和"热"回忆两种文化记忆类型,并认为"以国家形式组织起来的文化倾向于在文化上'发热'",但这种"热"倾向"恰恰不是由统治者发起"而"更像是一种下层人士综合征",体现的是"作为革命性反抗运动的意识形态"而得以传播。[①] 而斯洛文尼亚哲学家齐泽克则把这种"超出了原因的结果"视为"事件"(event),并认为"事件都带有某种'奇迹'似的东西:它可以是日常生活中的意外,也可以是一些更宏大甚至带着神性的事情",而对"事件性结果"的回溯以及"事件空间"的展开,既可以揭示"各个观念的死结",也使"意义的视域"得以敞开。[②] 阿斯曼与齐泽克的这些理论思想,为我们重审当代中国美学与文化提供了重要参照。

众所周知,20 世纪 80 年代初,伴随着"美学热",在社会主义精神文明建设的方针鼓舞下,中国大地上掀起了一场广泛持久、影响深远的"五讲四美"活动。作为一个时代的流行语和关键词,"五讲四美"不仅表征着一代人追求

---

① 扬·阿斯曼:《文化记忆:早期高级文化中的文字、回忆和身份政治》,金寿福、黄晓晨译,北京大学出版社 2015 年版,第 68 页。

② 斯拉沃热·齐泽克:《事件》,王师译,上海文艺出版社 2016 年版,第 2—4 页。

"崇高理想、美好心灵"与渴望树立"道德秩序、文明新风"的集体文化记忆,还隐喻负载着"超越创伤"后对道德、心灵、秩序以及"美"的重建渴望。"五讲四美"活动是一个政治与美学的事件,从此入手回溯,揭示这一事件的循环结构及其展开空间,不仅可以彰显活动背后的政治逻辑与文化底色、民众的审美文化心理与情感结构,还为理解 80 年代美学文化思潮提供了一个学术史与思想史的勘查案例。

第一节　个体经验的抵抗与作为偶然事件的"学校美育"

沉潜到 1980 年前后的历史语境中不难发现:作为社会风气的对立物,这样一场全国性的"五讲四美"活动的出现既具有偶然性,又带有历史的必然性;它是党的十一届三中全会在群众社会生活中发生重要转变和影响的逻辑结果,也是拨乱反正工作不断向社会各领域深入推进后的历史产物。

一方面,在"真理标准"问题大讨论后,党的十一届三中全会在解放思想、实事求是的思想路线上重新确立了"及时地、果断地结束全国范围的大规模的揭批林彪、'四人帮'的群众运动,把全党工作的着重点和全国人民的注意力转移到社会主义现代化建设上来"①的工作要求。这一决策不仅标志着中国社会迈入新的历史时期,也为社会主义现代化建设提出了更高的要求。另一方面,在不断反思与清除"文革"带来的"不正风气"下,人民摒弃了"穷、拉、平",自然就要求消除"脏、乱、差"。这样,"随着党的对外开放、对内搞活经济政策的落实,我们在精神生活方面倡导文明新风,就是应运而生的事情了"②。

正是在这种十年动乱所造成的恶劣影响逐步得以清除的时候,作为"对经验摧残和萎缩的强烈反应","重申人的地位"及"被破坏的经验"的救赎,人

---

① 《中国共产党第十一届中央委员会第三次全体会议公报》,中央党校教务部编:《十一届三中全会以来党和国家重要文献选编》,中共中央党校出版社 1998 年版,第 3 页。

② 廖井丹:《转变社会风气建设文明城市——在全国五讲四美三热爱活动工作会议上的讲话》,中央五讲四美三热爱活动委员会办公室编:《建设文明城市经验选编》,人民出版社 1984 年版,第 12 页。

与人、人与社会关系的情感结构则亟待重建,以挽救"道德的沦丧,人际关系的脱节和恶化"①。为此,一场群众性的以追求崇高理想、优美情操、高尚志趣、美好心灵为精神旨趣的"五讲四美"活动才在全国范围内开展起来。当然,在发动语境上,这一方面首先是与20世纪70年代末80年代初全社会"自下而上"的"美学热"氛围同频共调,另一方面则与国家社会主义现代化进程中"两个建设"同时抓的指示精神密切关联。

值得特别注意的是,"五讲四美"之萌发,先有一个初期的理论雏形——"三美"("思想美、仪表美、行为美"),它的形成和提出便与突破"文革",恢复和重建"个体经验"以及重塑道德新风紧密相关。为超越创伤,恢复个体感性经验,无论是"美"还是"五讲四美"口号的萌发,都有着十分自觉的社会文化土壤,且契合了底层民众普遍求"真"尚"美"的文化心理心态。当时有评论就指出:

> 在十一届三中全会方针指引下,全党全国人民为消除林彪、"四人帮"对社会风气的污染,做了大量的工作,社会风气有了很大的好转。但是,也要看到,现在这方面也存在许多问题,不文明、不礼貌的现象还随处可见。一些人分不清楚什么是美、什么是丑,辨不明什么是文明,什么是不文明,甚至把礼貌看成为虚伪,把粗鲁当成直率。有的人虽然一心追求美,但却把美误认为时髦的发型和服饰。有的人不懂得按文明的准则来处理同志、朋友之间的关系,只知道用大吃大喝、"烟酒不分家"来表示亲密,用"白刀子进,红刀子出"来解决一切矛盾。有的人出口成"脏",粗话满嘴,语言受到了严重的污染。有的人自私自利,唯利是图,心灵被扭曲成可怕的畸形。②

可以说,道德风气与社会主义现代化建设和改革开放进程不相适应,成

---

① 王斑:《全球化阴影下的历史与记忆》,南京大学出版社2006年版,第73页。
② 社会科学研究丛刊编辑部编:《五讲、四美漫谈》,四川省新华书店1981年版,第11—12页。

为党和国家急需解决的一大难题。据此,在党的方针路线逐步落实、人民生活水平逐步改善的条件下,"建设一个清洁、整齐、美观、舒适的工作环境和生活环境,树立社会主义的文明新风,自然成为广大群众的共同愿望和强烈要求"①。这种文化心理与情感吁求,率先自觉而敏锐地反映到社会底层的群众日常活动中。"五讲四美"口号的正式提出,最早也正是发源于无锡三十四中开展的一次日常审美教育活动。

早在 1979 年 7 月 19 日,无锡市第三十四中学党支部就以《围绕四化这个中心加强学生的思想教育》为题,在《人民日报》发文,称该校"围绕实现四个现代化"这一问题"对学生进行思想政治教育工作"取得了良好效果,并谈了各种经验,如举办专题研讨会以及各种形式的团组织教育活动等,教育学生努力学习、全面发展,养成共产主义的情操和集体主义精神。② 紧接着,1980 年,针对一群"后进生"思想教育管理的难题,该校政工组与政教处再次提出了一个从"美"入手的"三美"教育活动,这就是意义深远的"思想美、仪表美、行为美"这一"三美"口号。据当事人回忆:

> 当时谁也没有想到后来会影响这么大,当时我们提"三美"很简单,是因为学校管理需要,学生管理需要。……记得当时有一名学生,经常逃课、打架。他还喜欢恶作剧,把铁丝剪断了撒在路上,然后看拉板车的经过,看到爆胎他就在旁边哈哈大笑,感觉很有趣。那个时候班主任老师几乎天天去家访啊。……徐荣照是当时学校的政工组组长,他与当时的政教处主任唐迅一直在想办法抓好这些后进生的管理

---

① 张大中:《前言》,中共北京市委宣传部编:《春风吹拂着首都——北京市五讲四美三热爱活动经验选》,北京出版社 1984 年版,第 1 页。

② 如团总支与教导处配合开展的以"五爱"(爱祖国、爱人民、爱科学、爱劳动、爱集体)和"五要五不"(不懒惰贪玩,要勤学习;不造反抢座,要守纪律;不损人利己,要讲道德;不辱骂师长,要敬师长;不影响卫生,要爱清洁)为内容的教育活动,把思想政治工作渗透到学生的日常生活中去,以促进学校学风建设。参见《围绕四化这个中心加强学生的思想教育》,《人民日报》1979 年 7 月 19 日。

问题。我们想来想去,觉得应从学生感兴趣的点上入手。那个时候的学生最关心什么呢？我们觉得就是美。当时男生留长发,女生烫发,甚至戴首饰,许多人喜欢穿奇装异服,其实都是学生自认为"美"的一种表现。那我们就来讨论美,宣传美,看看什么是美嘛！从 1979 年上半年开始,学校开始掀起了"美的概念"大讨论。1980 年,徐荣照和唐迅终于提出了一句简单却意义深远的口号:"三美"。①

围绕"学校美育",从当时学生最关心的"美"的问题入手进行德育管理,进而提出"三美"口号,这一偶然事件不仅引发《无锡报》(《市三十四中展开美的教育》②)、《文汇报》的争相报道③,《人民日报》"今日谈"栏目也专门刊发评论文章,指出"这是有胆识的,也是个很好的创造",并建议把"三美"教育在全国推广④。

《人民日报》的文章引发《新华日报》记者的关注,为此,《新华日报》记者在实地考察并亲身体验"三美"教育给学校带来的变化后也再次进行了追踪报道,称无锡三十四中开了个好头,并号召全国大中小学要学习"三美"教育,培养社会主义接班人。各路媒体对无锡三十四中"三美"德育活动的系列报道,不仅吸引各级领导的调研和暗访,还很快引起中央高层领导的关注和重视。这也为"三美"口号由无锡推向全国、由底层自发走向官方推广、由青少年推衍向全民,提供了一个实际案例和理论突破口。

作为超越创伤、恢复感性经验的个体抵抗,底层学生对"美"的自发性情感吁求使得"学校美育"工作和"三美"口号成为可能,更由此成为一场全民性运动发起的前奏。

---

① 《"五讲四美"源自无锡青山高中》,《江南晚报》2012 年 3 月 23 日。
② 《市三十四中展开美的教育》,《无锡报》1980 年 6 月 13 日。
③ 《引导学生做到思想美仪表美语言美——无锡三十四中学开展"三美"教育》,《文汇报》1980 年 6 月 14 日。
④ 《"三美"教育好》,《人民日报》1980 年 7 月 2 日。

第二节　从"三美"到"五讲四美"："底层自发"与"官方推广"

无锡市三十四中的"三美"德育活动无疑提供了社会底层的一面镜子,并反射出社会民众普遍的审美心理和情感吁求,也引发了社会关注。然而,作为一场运动的全国性推广,它却稍显稚嫩,也缺乏足够的内部动力。事实上,"五讲四美"作为一场全民性运动向全国推广之前,起初既非"三美"也非"四美",而是讨论稿中的"五美"。"五讲四美"作为一句活动口号正式出台,除"三美"德育活动的社会关注外,还存在着另外两方面的重要因素:一是与分管道德教育工作的时任团中央书记处书记高占祥的亲手策划与倡导息息相关;二是与中央在社会主义现代化建设进程中对精神文明建设的重要指示这一政策制度紧密关联。

正如德勒兹所言,"事件就仿佛晶体,它们只从边缘或在边缘上生成和发展"①。"五讲四美"活动得以由"底层自发"走向"官方推广",也是在一种特殊而复杂的社会历史结构中发酵循环的。只因受到若干事件互为因果的关联,它才得以由"三美"始,而逐渐导向全社会,并蓬勃开展起来。

1980 年,高占祥被选为团中央书记处书记,并分管道德教育工作。刚到北京的他,深切地意识到青年道德教育刻不容缓,却暂时找不到工作要点。为厘清头绪,找到工作切入点,他还请教了时任中宣部部长胡耀邦,胡耀邦告之说:"开展青年工作,一定要有个具体的抓手,否则抓不出东西来,并且一件事不抓则已,要抓就抓住不放,一抓到底",而至于"抓什么要从实际出发,你要去调查研究"。②

受胡耀邦"调查研究"的启发,高占祥立即组织人分往上海、北京、武汉等

---

① 吉尔·德勒兹:《什么是事件?》,陈永国、尹晶主编:《哲学的客体:德勒兹读本》,北京大学出版社 2010 年版,第 219 页。

② 董文华编:《春风化雨:全国广泛开展五讲四美三热爱活动》,吉林出版集团有限责任公司 2009 年版,第 3 页。

地调查研究,他本人也前往武汉深入考察。经实地调研后发现,如"抢座骂人""虐待老人""破坏公物"等青年道德滑坡现象十分严重。在掌握这些一手资料后,高占祥又在思考"抓手"问题——怎么找到合适的方式行使"发言权"? 他需要简单明了、针对性强的押韵口号,建立一种易记、易懂、易传播的道德规范。联系到古人"三从四德"以及孔子说过的"五美四恶"等德育思想,他豁然开朗。

于是,根据以无锡第三十四中学为代表的关于开展思想美、仪表美、行为美的"三美"审美教育活动经验,以及北京、武汉等城市的具体做法,再结合"文革"前开展的"五热爱"活动,经过与中宣部同志研究,高占祥对其做了综合加工,进而提出要在青年中开展一个"五讲"("讲文明""讲礼貌""讲卫生""讲秩序""讲道德")、"五美"("心灵美""语言美""行为美""仪表美""环境美")的新活动,以在思想上、政治上和社会风气上重塑社会主义青年形象。

然而,在镇江召开的共青团省市委书记扩大会议上,在讨论"五讲五美"时,与"五讲"顺利通过不同,"五美"遭到与会同志的强烈反对,尤其是在"仪表美"和"心灵美"问题上。针对"仪表美":有人反对,指出"现在的年轻人已经够臭美的了,袒胸露背,奇装异服,你还提倡仪表美,这到底是要把青年引向何方";也有人指出"中央刚刚提出艰苦奋斗,强调仪表美是不是强调资产阶级生活方式,这和中央的讲话精神是不是不一致"。争执之下,"仪表美被放弃了"。① 接着,"心灵美"也遭到众人质疑,因为"心灵提法有宗教色彩,不能用"。然而,高占祥用"马克思的学说能够掌握最革命阶级的千百万人的心灵",况且"毛泽东同志也没少用'灵魂'这个词,比如'政治是统帅,是灵魂'"②来解释。于是,"心灵美"被保留下来。

这样,原计划的"五讲五美"经反复讨论,最终被修改为"五讲四美"。这次讨论,仍可看出"左"的思想依然残留。尽管如此,"五讲四美"的提出,仍是思想文化战线上意识形态的一次重要突破,对于社会进一步解放思想、提升

---

① 董文华编:《春风化雨:全国广泛开展五讲四美三热爱活动》,第 5 页。

② 董文华编:《春风化雨:全国广泛开展五讲四美三热爱活动》,第 5—6 页。

精神文明的现代化建设起到重要促进作用。最终,在共青团中央的发动下,"五讲四美"活动率先在共青团系统和青少年中开展起来。

第三节　政治性循环结构与意识形态话语的全民推广

"五讲四美"活动发起之初,因局限于共青团系统,辐射面较窄,很难打开局面,也难以形成社会影响。正在此时,运动得以发动的另外一个重要因素——社会主义精神文明建设,发挥了重要作用。为更好地为改革、发展、稳定提供精神动力,要"治理社会风气"——这不仅是国民教育中的重要内容,也是社会主义现代化建设的重要组成部分。与此同时,随着社会重心向经济建设的调整,在物质水平逐渐提升的同时,精神文明建设也逐渐被提上了日程。

在 20 世纪 80 年代初期,与社会主义现代化不相适应的是,精神文明建设稍显滞后,急需提升。因此,从思想文化入手改造精神风气,并为政治与制度变革提供动力,既是"文革"后反思"封建主义"实现"感性启蒙"的重要抓手,也是文化刺激、思想变革与文化建设的内在要求。[1] 在 1980 年 12 月召开的中共中央工作会议上,邓小平在 25 日闭幕式上做了重要讲话,就政治思想工作,尤其是精神文明建设做出重要指示:

> 我们要建设的社会主义国家,不但要有高度的物质文明,而且要有高度的精神文明。所谓精神文明,不但是指教育、科学、文化(这是完全必要的),而且是指共产主义的思想、理想、信念、道德、纪律,革命的立场和原则,人与人的同志式关系,等等。……没有这种精神文明,没有共产主义思想,没有共产主义道德,怎么能建设社会

[1]　张昭军:《复兴之路:20 世纪八九十年代的中国文化史研究》,北京市社会科学界联合会编:《2012·学术前沿论丛——科学发展:深化改革与改善民生》上,北京师范大学出版社 2012 年版,第 161 页。

主义？……搞社会主义建设，实现四个现代化，同样要在党中央的正确领导下，大大发扬这些精神。如果一个共产党员没有这些精神，就决不能算是一个合格的共产党员。不但如此，我们还要大声疾呼和以身作则地把这些精神推广到全体人民、全体青少年中间去，使之成为中华人民共和国的精神文明的主要支柱……①

受中央精神文明建设要向全体青少年、全体人民推广的启发，联系到文明礼貌之社会风气不仅关乎青少年，同样还与家长、老师的言行举止相关，为此，团中央书记处书记高占祥又积极联系相关单位，协商"五讲四美"的社会宣传与推广事宜。

1981年2月25日，为响应中共中央关于开展社会主义精神文明建设的号召，共青团中央在青少年中倡导"五讲四美"以抵制不良风气、树立良好精神风貌与道德水准的基础上，又联合全国总工会、全国妇联、中国文联、中央爱国卫生运动委员会、全国学联、全国伦理学会、中国语言学会以及中华全国美学学会，发出了《关于开展精神文明礼貌活动的倡议》。倡议提出：

> 为了响应党中央的号召，推动社会主义精神文明的建设，我们要向全国人民特别是青少年倡议，开展以讲文明、讲礼貌、讲卫生、讲秩序、讲道德和心灵美、语言美、行为美、环境美为内容的"五讲""四美"文明礼貌活动，使我国城乡的社会风气和道德面貌有一个根本改观，让伟大的祖国以社会主义高度精神文明的新风貌出现在世界的前列。②

---

① 邓小平：《贯彻调整方针，保证安定团结》，《邓小平文选》第2卷，人民出版社1994年版，第367—368页。
② 《开展文明礼貌活动　大兴五讲四美新风》，社会科学研究丛刊编辑部编：《五讲、四美漫谈》，四川省新华书店1981年版，第1页。

　　紧随其后,1981 年 2 月 28 日,中宣部、教育部、文化部、卫生部、公安部也联合发出《关于开展文明礼貌活动的通知》,要求各部门积极支持群众团体开展文明礼貌活动,并将之作为当前社会主义精神文明的大事落实抓好。通知还要求各单位各部门要着重抓好“舆论宣传工作”“城镇特别是大中城市的普及工作”“使活动具体化、经常化”“加强城市管理,整顿治安、市容和搞好社会秩序紧密配合”“各部门要相互配合协作”等五方面工作,以扎扎实实将文明礼貌活动开展好,树立起新的社会风尚。①

　　最终,在团中央的协调发动下,在各群众团体的协作以及中宣部等单位的支持下,“五讲四美”活动迅速地变成了一场全民性运动,在全国迅速而广泛地开展起来。到 1983 年 2 月,中共中央和国务院提出开展“全民文明礼貌月”时,还将“五讲四美”同“三热爱”(“热爱祖国、热爱社会主义、热爱党”)活动结合起来宣传开展。中央为此还专门成立了以万里为主任的“五讲四美三热爱”活动委员会,各省区市也相应成立了“五讲四美三热爱”活动委员会,为这一活动更加深入广泛科学地开展搭桥铺路。这样,由学校扩散到社会、由青年推广到全民、从城市发展到农村、从内地扩展到边疆,一场轰轰烈烈的高唱社会主义精神文明赞歌的“五讲四美三热爱”活动宛如一缕春风,很快吹遍了祖国的四面八方,引发全民性的参与热潮,活动一直持续到 20 世纪 80 年代中后期才渐趋落幕。

　　由上可见,尽管“三美”活动起初作为一次底层群众“自发性”审美教育活动得到一定的社会关注,但由“三美”口号而来的“五讲四美”活动要想推广至全社会成为一场全民性运动,若没有中央精神文明建设的方针号召、没有群众性团体的联合倡议、没有宣教文卫和公安系统的参与,同样是难以发动、难以打开局面的。因此,从这一层面上说:“五讲四美三热爱”活动,仍是一场

---

① 《支持各群众团体开展文明礼貌活动》,社会科学研究丛刊编辑部编:《五讲、四美漫谈》,第 6—8 页。

"在党委领导下,统筹兼顾,合理安排,分工协作"①的意识形态话语的全民推广运动。借助群团组织及政府部门构成的政治性"话语循环"②,"五讲四美"活动发出了那个时代渴望走出思想禁锢、迈向自由社会的心声,并喊出了"人的美学"这一时代主题。正如当时学者所指出的,这一话题不仅指出了"关于人的美在生活中如何体现的问题",还在一定程度上象征着"生活中美的旋律、美的节奏、美的乐章",代表着"社会主义精神文明的交响乐章"③。"五讲四美"也的确"给了心灵以空间""给了美以空间",也"表达了人们对秩序、文明、道德的渴望"④,而且在一定层面上提出了"人的美"与"社会美"的关系问题,这在当时无疑具有重要的思想文化开拓性意义。当然,"五讲四美"这一口号作为特定年代底层民众的情感渴望及对美好社会生活的追逐,深刻记录着精神文明建设的前进轨迹,也在一定程度上改变了人们的"生活方式和价值观念"⑤,至今仍有影响。

第四节　作为事件的美学政治与日常生活审美实践

通过对事件的回溯,上文已将"五讲四美"活动展开的文化土壤及其历史脉络予以还原,倘使进一步追思这样一场群众性活动得以持续开展的逻辑动力,更可清晰感受到"五讲四美"活动所派生出的深层次的政治与社会意义。

---

① 《关于一九八三年元旦、春节前后继续深入开展"五讲四美"活动的通知》,《中华人民共和国国务院公报》1982年第21期。

② 这种循环是指"五讲四美"运动通过群团组织及政府部门以文件形式接连发布的"同一样"制度性话语,并对人们的生活方式和行为习惯形成直接影响,这种循环结构不仅指涉美学话语在学理层面上的循环,更是朗西埃所指涉的"政治哲学"层面的演绎和循环。参见雅克·朗西埃:《政治的边缘》,姜宇辉译,上海译文出版社2007年版,第133页。

③ 景克宁:《论五讲四美——社会主义精神文明三部曲之一》,《运城师专学报》1985年第1期。

④ 叶匡正:《1981年流行词:五讲四美》,《观察与思考》2008年第23期。

⑤ 陈坚:《"五讲四美"口号提出前后》,《共产党员》2011年第12期。

事实上,作为后"文革"时期社会主义精神文明建设的重要一页,"五讲四美"活动不仅承载了社会风气与道德风尚重建的全民性社会吁求,更是意识形态观念通过活动形式获取正当性后,进入民众日常生活并得以改变民众思维方式与行为规范,进而达到政治治理与社会变革的一场政治话语的全民性日常审美实践。这种"审美政治"的日常生活话语实践,鲜明地体现在如下诸多方面。

首先,"五讲四美"发源于底层群众自发性的审美教育,但直至依附于精神文明建设这一宏大国家话语后,才获得了内驱力与正当性,并成为全社会公认的生活指导原则。一方面,"五讲四美"口号与崇高的理想、美好的心灵、文雅的言行、优美的举动联系在一起,不仅与中华民族优良的文明传统交相辉映,更与"文革"中灭绝人性、扼杀"美"的残暴行径截然相反,具有丰富的思想内涵,很容易获取民众思想与身份的认同;另一方面,这一运动又通过精神文明建设的渠道渗入日常生活,因而不仅改变了传统政治宣传的工具性、阶级性的空洞口号,还在思想宣传的形式创新中使全民乐于参与其中,并成为群众相互激励、相互约束、人人自觉遵守与响应的生活指导原则。这种自发自觉的道德规范之身份形塑,恰恰是"五讲四美"活动发起的重要目的。

其次,"五讲四美"活动通过"讲文明""讲礼貌""讲卫生""讲秩序""讲道德"以及"心灵美""语言美""行为美""环境美"诸多层面的思想动员,充分发挥了这一活动在政治观念上全方位、多角度的思想建设作用。比如说"心灵美",这不仅要求"维护党的领导和社会主义制度,爱国、正直、诚实,不做有辱国格、人格的事,不损人利己,不弄虚作假等",还要求"要有崇高的理想,要有为这个崇高理想而奋斗的决心和毅力"。① 这里实则暗含两层意思:一是要求

---

① 《理想崇高　心灵美好——谈心灵美》,社会科学研究丛刊编辑部编:《五讲、四美漫谈》,第 58 页。

树立"崇高理想"以实现"生命的价值",进而更好地工作以做"共产主义新人"①;二则是要求有爱国之心,为社会主义现代化建设尽心尽力。从学校德育工作的"三美"到向全社会推广的"五讲四美",此活动无疑也被赋予了更高的美学要求,并让民众的思维方式和行为准则得以改变。

再次,通过"五讲四美"与"三热爱"的结合,进一步提升了"爱国主义"的思想基础与"五讲四美"的道德内核,也为这场全民运动增添了新的强大动力,并使其得以持续深入地开展。"五讲四美"活动发动后不久,中共中央和国务院又决定增加"三热爱",将"热爱祖国、热爱社会主义、热爱党"这一"爱国主义"思想加入宣传运动中,这既凸显了"五讲四美"的要点和精髓,也为此活动注入了深厚的"爱国主义"思想基础,使之达到更高的思想层次与审美水平。②

此外,作为一场"次生性"活动,"五讲四美"是20世纪80年代"美学热"的重要组成部分。它依附于更大的社会政治话语,因而当宏大美学政治话语深入渗透到日常生活中时,它既激励着人民群众发挥更大的积极性和创造性,以更好地为社会主义现代化建设服务,又在"以美化人"之道德规范和审美形塑中形成了培育社会主义新人的合力。正如当时中央批转文件《文明礼貌月活动总结会议纪要》中所指出的,"五讲四美"活动"是在当前具体条件下党的思想政治工作群众化的一种创造","它使我们找到了一个在实践中教育、培养、训练一代社会主义新人的好办法"。③ 可以说,正是在健全的各级"五讲四美三热爱"活动委员会以及具体办事机构的组织领导下,社会不断涌现出少儿英雄、教师模范,各行业中(列车、干警、轮渡、工厂)也不断有"英雄典型"涌

---

① 北京市第五中学:《对中学生进行共产主义思想教育的尝试》,中共北京市委宣传部编:《春风吹拂着首都——北京市五讲四美三热爱活动经验选》,北京出版社1984年版,第41页。

② 《"五讲"、"四美"、"三热爱"》,《人民日报》1983年1月6日。

③ 转引自廖井丹:《转变社会风气 建设文明城市——在全国五讲四美三热爱活动工作会议上的讲话》,中央五讲四美三热爱活动委员会办公室编:《建设文明城市经验选编》,人民出版社1984年版,第15页。

现。这种有领导的群众性热潮,不仅营造了一个以"美"启真、以"美"扬善、以"美"化人之"移风易俗"的社会氛围,树立了诸如张海迪一样的"时代人物典型",以及三明市一样的"文明城市",还使得这次原本自发性的群众性"美育"事件逐渐演变成一场具有浓厚意识形态色彩的思想文化建设运动。正是在"两个文明建设一起抓"方针的指引下,这项群众活动不仅"在各条战线和城乡广大基层进一步得到落实"①,还为党的思想教育工作创造性地提供了新的方法与指南。

　　总而言之,"五讲四美"作为 20 世纪 80 年代广为流行的经典口号,镌刻着"一代人"的文化记忆。作为一场"次生性"活动和"偶然性"事件,"五讲四美"最初发源于"美学热"背景下反抗"文革"、超越创伤、追逐"美"的底层自发性、群众性、偶然性"三美"审美教育活动,但在精神文明建设的宏大国家话语介入后,逐渐由"底层自发"走向"官方推广"、由"青少年"推衍向"全民",并演变成一场由党领导的全民性"移风易俗"活动,还由浅入深地向后期"五好家庭"②"文明单位建设"③"文明村庄"④等领域不断拓展,构成了 80 年代"美学热"的重要一页。作为一场美学政治话语的群众性日常生活审美实践,"五讲四美"一方面因隐喻契合了后"文革"超越创伤与人性复归的呼求,因而具有

---

① 《中央五讲四美三热爱活动委员会关于一九八四年五讲四美三热爱活动的意见》,《中华人民共和国国务院公报》1983 年第 4 期。

② "五好家庭"活动是一项把建设社会主义精神文明深入社会细胞中去的基础工作,是综合治理社会弊病、深入持久地开展"五讲四美"活动、群众进行自我教育的一种好方法。参见《开展"五好家庭"活动》,董文华编:《春风化雨:全国广泛开展五讲四美三热爱活动》,第 86 页。

③ 如中央活动意见指出:五讲四美三热爱活动以建设文明单位作为基本形式和基本内容,是这项活动由浅入深的合乎规律的发展。几年来,在实践活动中,各地都涌现出一批文明村(镇)、文明厂(矿)、文明街道、文明商店、文明学校和其他各种文明单位。它显示了很大的优越性和很强的生命力。参见《中央五讲四美三热爱活动委员会关于一九八四年五讲四美三热爱活动的意见》,《中华人民共和国国务院公报》1983 年第 3 期。

④ 《搞好村镇规划,建设富裕、繁荣、文明的社会主义新农村——第二次全国农村房屋建设工作会议在京召开》,《建筑知识》1982 年第 2 期。

普遍推广的文化心理基础,激发了民众普遍高涨的参与热情,另一方面又在"以美化人"层面负载着建设社会主义精神文明的重要历史使命,并在政治活动形式中实现对民众思维方式与行为规范的审美形塑,因而获得了意识形态的话语支撑。由此,作为一场美学的政治活动,"五讲四美"既改变了人们的生活方式和价值观念,又达到了审美教育、政治治理、社会变革以及训练培养"社会主义新人"的多重意识形态目的,具有重要的历史意义和时代价值。

| 第十一章 |

符号隐喻与意识形态的美学突围

——80 年代"美学热"的潮起潮落

> 我下决心：用痛苦来做砝码，
>
> 我有信心：以人生作为天秤，
>
> 我要称出一个人生命的价值，
>
> 要后代以我为榜样：热爱生命。
>
> ——食指《热爱生命》①

　　在"思想改造／百家争鸣"的"大环境"与"小气候"中，新中国成立初便掀起了一场全国性的"美学大讨论"。这场讨论尽管在知识水平、话题论域、思想方法等层面均十分原初而有限，却充分激发起人们对于美学的想象、兴趣与热情，更培养了一大批青年美学爱好者。只因极左势力蔓延，这次美学热潮才渐趋平息。然而，这场美学论争的"未完成性"以及参与这次讨论的人物及学术观点，却成为新时期美学再次引发热潮的起点。在 1978 年"真理标准问题讨论"和中共十一届三中全会的促动下，直至 1984 年"清除精神污染"这一时段内，美学作为政治隐喻的符号，负载着意识形态思想突围的话语重任，再次引发社会热潮。

　　作为对意识形态话语的突破，"美学热"的发动与当时人们对于"真善美"

---

① 　食指：《热爱生命》，北岛、舒婷等：《朦胧诗经典》，长江文艺出版社 2011 年版，第 64 页。

的热切渴求紧密相关,由此奠定了广泛而深厚的社会心理基础。其因负载着国家意识形态的重建诉求,因而与 20 世纪中国数次"美学热"一样,超越了作为学科话语知识的美学,涉及哲学、文学、社会学、政治学等多重思想领域,尤其是通过形象思维、共同美、人道主义和异化、《巴黎手稿》及主体性问题等不同知识侧面,深刻凸显美学话语独特的历史意涵。"美学热"中的话语实践及内部张力,更呈示出 20 世纪 80 年代思想解放背景下美学作为感性解放、思想启蒙与文化开拓的思想史意义。据此,深入勾勒"美学热"的知识盛况及其缘起始末,揭示话语论争的知识倾向及思想论域,尤其是呈示出美学话语实践的历史复杂性及其隐喻的社会思想主题,在今天显得尤为必要。

第一节　先声:"形象思维"再讨论(1977—1978)

"美学热"作为一场感性解放的思想潮流,发源于意识形态领域的政治松绑,而意识形态领域的反拨与松动,除以"天安门诗抄""朦胧诗"及"伤痕文学"等为代表的"自下而上"的对自由平等与价值诉求的文艺表现外,还来自"自上而下"的思想领域文艺政策的调整。在文艺与意识形态领域内,最具代表性的就是思想方法上对"四人帮""文艺黑线专政"的反抗,其突破口则是关于"形象思维"的理论再探讨。因此,关于"形象思维"的讨论也成为后"文革"语境中思想解放背景下"美学热"的先声。

"形象思维"作为文艺领域的一个重要话题,在西方有着漫长的发生发展过程,在中国同样有着复杂的流变发展历程。早在 20 世纪 30 年代,受苏联无产阶级革命文学的影响,胡秋原《唯物史观艺术论——普列汉诺夫及其艺术理论之研究》、周立波《文艺的特性》以及胡风《剑、文艺、人民》等论著中便对"形象思维"概念有过初步探讨。① 在 20 世纪 40 年代,蔡仪在《新艺术论》中

---

① 　王敬文、阎凤仪、潘泽宏:《形象思维理论的形成、发展及其在我国的流传》,中国社会科学院哲学研究所美学研究室、上海文艺出版社文艺理论编辑室合编:《美学》第 1 期,上海文艺出版社 1979 年版,第 200—201 页。

也对"形象思维"进行了理论阐释,提出"艺术的认识是形象的思维"①。在 20
世纪 50 年代向苏联学习的语境下,从哲学认识论探讨形象思维的文章愈发增
多。譬如,霍松林《试论形象思维》②、陈涌《关于文学艺术特征的一些问
题》③、周勃《略谈形象思维》④、黄药眠《初学集》、蒋孔阳《论文学艺术的特
征》⑤、毛星《论文学艺术的特征》⑥及李泽厚《试论形象思维》⑦等,均就"形象
思维"的特点、过程以及与"逻辑思维"的区别联系等进行了深入研讨,并在
"百家争鸣"气氛中与"美学大讨论"形成互动。然而,1966 年《红旗》杂志发表
郑季翘《文艺领域里必须坚持马克思主义的认识论——对形象思维论的批
判》,"形象思维"问题被上升到一个"反马克思主义的认识论体系"和"现代修
正主义文艺思潮"的高度,该文指出:"如果不彻底破除形象思维论这个反马
克思主义的体系,那就等于给反社会主义的文艺在认识论的根本问题上留下
一掩蔽的壁垒。"⑧自此,"形象思维"也与美学问题一道,成为"文艺黑线"的理
论禁区。

　　文艺领域的反"形象思维",不仅造成艺术情感、艺术精神、艺术形象与灵
魂的丧失,更造成文学内"假大空""概念化"与"模式化"等诸多弊端。这种不
足直至"四人帮"倒台,在清理"文艺黑线专政"的潮流中才被扭转过来,而其
突破口同样肇始于毛主席谈诗的"形象思维"问题。在中央有关部门安排下,
《人民日报》1977 年 12 月 31 日登载了《毛主席给陈毅同志谈诗的一封信》。
信中,毛泽东认为:

---

① 蔡仪:《新艺术论》,《美学论著初编》上,第 11—14 页。
② 霍松林:《试论形象思维》,《新建设》1956 年 5 月号。
③ 陈涌:《关于文学艺术特征的一些问题》,《文艺报》1956 年第 9 期。
④ 周勃:《略谈形象思维》,《长江文艺》1956 年 8 月号。
⑤ 蒋孔阳:《论文学艺术的特征》,新文艺出版社 1957 年版。
⑥ 毛星:《论文学艺术的特征》,《文学评论》1957 年第 4 期。
⑦ 李泽厚:《试论形象思维》,《文学评论》1959 年第 2 期。
⑧ 郑季翘:《文艺领域里必须坚持马克思主义的认识论——对形象思维论的批判》,《红
旗》1966 年第 5 期。

> 诗要用形象思维,不能如散文那样直说……宋人多数不懂诗是
> 要用形象思维的,一反唐人规律,所以味如嚼蜡……要作今诗,则要
> 用形象思维方法。①

必须注意到:(1)1977 年 12 月,尽管"四人帮"已倒台,但"两个凡是"的主张仍主导思想领域;(2)《人民日报》在重大节日发表毛泽东的信,既是一种理论的方向性指示,又意味着思想领域将此信"作为一个重大行动来处理"②。仅就信中传达的内容来看:虽然信十分简短,但毛泽东对"形象思维"在诗歌创作中的重要性给予了特别重视,不仅将文艺的艺术标准与政治宣传区别开来,还为用马克思主义观点批判地研究文艺理论遗产提供了典范③。与此同时,尽管这封信是毛泽东 1965 年 7 月 21 日写给陈毅的,但在 1977 年底首次发表后并不妨碍它成为当时文艺界乃至整个社会文化生活中的一件大事。毛主席这封信,不仅直接肯定了艺术创作中"形象思维"的重要作用,更否定了此前文艺中出现的诸种"违反文艺创作规律的荒谬主张"④。

果不其然,围绕该信的发表,《诗刊》《人民文学》纷纷组织召开文艺界座谈会,还在 1978 年元旦后陆续刊出围绕"形象思维"问题的讨论文章。既有对郑季翘《文艺领域里必须坚持马克思主义的认识论——对形象思维论的批判》的反批评,也有对"形象思维"问题本身的进一步理论研讨。当时,《诗刊》座谈会纪要记录道:

> 毛主席在信中,总结了我国历代诗歌创作的丰富经验,阐明了

---

① 毛泽东:《毛主席给陈毅同志谈诗的一封信》,《人民日报》1977 年 12 月 31 日。与此同时,《光明日报》《广州日报》乃至《峰峰矿工报》等地方报纸均于当天转载刊发。
② 华迦:《郑季翘批判形象思维论始末》下,《当代文学研究资料与信息》2006 年 8 月 15 日。
③ 马积高:《光辉的指示　锐利的武器:学习〈毛主席给陈毅同志谈诗的一封信〉的初步体会》,《湖南师院学报》1977 年第 4 期。
④ 韩罕明:《指路的明灯　克敌的武器:学习〈毛主席给陈毅同志谈诗的一封信〉的初步体会》,《湖南师院学报》1977 年第 4 期。

诗歌创作以及各种文艺样式的艺术规律,指明了新诗的发展方向和
道路,对我国社会主义文艺事业的发展,具有极其深远和重大的意
义。毛主席的信,也为我们批判"四人帮"的唯心主义、形而上学和
文化专制主义,尤其是为我们当前批判"文艺黑线专政"论的斗争,
提供了十分锐利的武器。①

可以说,正是在批判"文艺黑线专政"论的历史基点上,毛泽东这封信的
发表具有了历史转折性的意义。它不仅重启了文艺界对"形象思维"问题的
讨论,还意味着思想领域对文化专制的调整,并成为当时"两个凡是"背景下
走出"文革"重拾"人性"的起点。以毛泽东"形象思维"发表为引子,自 1978 年
起学界再次掀起"形象思维"的热烈讨论,由此打开了社会"感性解放"的突
破口。

其一,"形象思维论"对打破精神枷锁、重拾人的思想与情感具有重要意
义。庞安福率先撰文就重提"形象思维"对打破"精神枷锁"以及"文艺黑线"
思维禁锢的意义进行了阐发:"毛主席给陈毅同志谈诗的一封信,是我们批判
'反形象思维'论的锐利武器。毛主席明确地指出'诗要用形象思维',这不仅
说明了诗歌创作的特点,而且也是对整个文学艺术的思维方式的科学概括。
艺术家要创作感人肺腑的作品是离不开形象思维的",因此,"我们要认真学
习毛主席给陈毅同志的信,掌握毛泽东思想的千钧棒,彻底砸碎'反形象思
维'论这个精神枷锁,坚决推倒'文艺黑线专政'论"。② 李焕之也认为,毛泽东
关于"诗要用形象思维"的思想有力反驳了"形象思维"即"主观唯心主义"的
说教,因为"人的思想与感情不可分割,没有冷冰冰的、无动于衷的思维活动,

---

① 《毛主席仍在指挥我们战斗——学习〈毛主席给陈毅同志谈诗的一封信〉座谈会纪
要》,《诗刊》1978 年第 1 期。
② 庞安福:《批判"反形象思维"论的锐利武器——学习〈毛主席给陈毅同志谈诗的一封
信〉的体会》,《河北师范大学学报》1978 年第 1 期。

也没有那种思想空白的情感的流露"①。刘厚明也指出,"形象思维绝不是主观唯心的","形象思维与逻辑思维不是对立的",以戏剧为例,与"主题先行""三突出"不同,形象思维方法重视主题表现、人物塑造以及情节组织等"矛盾冲突"因素,"反对那种从主观到主观,从概念到概念的唯心主义、形而上学的滥调"。②

其二,"形象思维"是文学艺术的根本特征,没有形象就没有艺术。蔡仪在《批判反形象思维论》中指出,"思维作用对于感性材料的加工改造所形成的东西,既有抽象性里的,也有形象性中的",而通常所谓"意象"是"意识中的形象,也即思维中的形象",思维的特点在于它是"形象的"并且"无碍于思维作用,无碍于理性活动,也无碍于思维的逻辑性"③。马明也对"反形象思维论"的"否定形象思维的存在""否定理性认识""一切文艺家遵循表象—概念—新表象的公式创作"三个论点进行了评析,认为"反形象思维论"的问题在于"把主题看得高于一切、支配一切,甚至产生一切,这就必然由形而上学颠倒主客观之间的关系,最后走入唯心主义的深渊。他们在颠倒了主题思想与生活(即主观和客观)的关系之后,又混淆了作家、艺术家的创作目的和具体作品的主题思想之间的区别",而"形象思维""既是文学艺术的特征,也是区别于科学的根本标志。没有形象就没有艺术"。④

其三,对"形象思维"的特点及思维方法进行了理论阐发。饶芃子指出:"作为一种社会意识形态,文艺区别于其他社会科学的地方,就在于它的形象性。文艺作品不是以概念的形式、逻辑的论证,而是用具体、感性的艺术形象来反映现实生活";因此,"形象思维是作家、艺术家根据文艺特点反映现实的思维形式。文艺作品要塑造艺术形象,就不能不运用形象思维。否定了形象

---

① 李焕之:《让形象思维展翅飞翔——喜读〈毛主席给陈毅同志谈诗的一封信〉》,《人民音乐》1978 年第 1 期。
② 刘厚明:《从写戏谈形象思维》,《人民戏剧》1978 年第 1 期。
③ 蔡仪:《批判反形象思维论》,《文学评论》1978 年第 1 期。
④ 马明:《略评"反形象思维论"》,《四川师范学院学报》1978 年第 2 期。

思维,就是否定了文艺的特点,否定了文艺创作的客观规律,也就是否定了文艺这种社会意识形态"。① 李维世认为"形象思维"的特点有三:一是"生动的直观性,形象的具体性";二是"富于想象,允许夸张,善于'比''兴'";三是"富有强烈的感情色彩,易于表达作者的爱憎和意图"。因此,"形象思维具有强烈的感情色彩,其目的是要用富有感情的形象去感染人,说服人,教育人"。②

其四,就"形象思维/逻辑思维"的区别与联系展开辨析。李泽厚提出:"形象思维"本意是指"艺术想象",但思维更能表达出事物本质的含义,而艺术的本质又不仅仅是认识,因而"形象思维"就有着"非逻辑思维"的方面;从美感来看,"逻辑思维"只是"形象思维"的基础,因为美感还涉及知觉、情感、想象、理解等因素;"形象思维"与"逻辑思维"不仅是认识方式和认识对象的不同,其作为认识的根本意涵也不同,因为"形象思维"并非从形象到形象,在"逻辑思维"准备的基础上,还需各种心理因素的交织,从情感到理解、从知觉到想象等创造性的思维过程。③ 蒋孔阳也就毛泽东"诗要用形象思维",依次从"构思的方式""构思的出发点""构思的过程""构思的方法"及"效果"五个方面就"形象思维/逻辑思维"的区别进行了辨析,并指出"文学艺术应当按照文学艺术创作的特殊规律,用形象思维来进行艺术构思"④。

其五,就"形象思维"与"美的问题"进行联系阐发。随着"形象思维"讨论的深入,"形象思维"与"美的问题"之关联被提了出来。崔绪治便提出"形象思维是文学艺术认识的规律。美是文学艺术的本质特征。形象思维的深入探讨,必将涉及美的问题","没有形象当然就没有美;没有形象与思维的对立的统一,也就没有艺术的美"。⑤

由上可知,1978 年关于"形象思维"的再讨论仍是对郑季翘 1966 年发表

---

① 饶芃子:《形象思维是文艺创作的规律和方法》,《学术研究》1978 年第 1 期。
② 李维世:《谈形象思维——兼与桑逢康同志商榷文艺创作的根本规律是什么?》,《河北师范大学学报》1978 年第 1 期。
③ 李泽厚:《形象思维续谈》,《学术研究》1978 年第 1 期。
④ 蒋孔阳:《形象思维与艺术构思》,《文学评论》1978 年第 2 期。
⑤ 崔绪治:《形象思维与美》,《江苏师院学报》1978 年第 1 期。

的《文艺领域里必须坚持马克思主义的认识论——对形象思维论的批判》批评的延续,而且是一种思想观点上的拨"乱"与反"正"。然而,重提"形象思维"不仅是理论层面上就文学艺术遇到的根本问题做出的学术上的澄清,还是特定历史文化语境中对文艺专制思想的反驳、调整及其对意识形态的一次试探性抵牾。现在看来,作为一桩历史事件,"形象思维"问题在新时期初被再次提及和讨论,有其独特意义。

首先,它是理论层面上未竟的学术争鸣的继续。郑季翘"否定形象思维"的观点与周扬相冲突,直至得到彭真与毛泽东同志的点名支持才得以在三年后的 1966 年的《红旗》杂志上发表。文章发表后原准备进一步组织朱光潜、何其芳、蔡仪等人进行研讨,但因"文革"戛然中断。"文革"结束后对此话题进一步研讨,则是文艺理论领域对某些悬而未决的重要基本理论问题的廓清,对文学艺术的发展起到方向性的影响。

其次,它是对"文艺黑线专政"思想的拨乱反正。在粉碎"四人帮"但"两个凡是"仍据主导的背景下,反思并走出"文革"只能以"和风细雨"的方式进行。《人民日报》选择在 1978 年元旦前夕发表毛泽东"诗需要形象思维"的信,显然希冀以此为出发点,通过"文艺问题"率先在思想领域寻求对过去偏执思想的拨正,并借助"形象思维"问题释放被长久压抑的思想与情感。

再次,由"形象思维"带出对"美的问题"的思考,构成了思想解放浪潮下"美学热"的先声。因"形象思维"与人的情感、心理、想象等诸多审美问题密切关联,这显然与 20 世纪五六十年代"美学大讨论"对美与美感问题的讨论密不可分。由此,"形象思维"问题的再研讨,既在走出"文革"这一感性解放的意识形态思想领域为"美学热"制造了学术气氛,又在具体"美的问题"的研讨中构成了"美学热"的先声。

总体而言,1978 年"形象思维"问题的再研讨,作为后"文革"文艺语境中的一桩重要事件,既通过文艺切口为思想意识形态领域冲出"文革"营造了氛围,又在"形象思维"与"美的问题"上为美学形成热潮提供了感性解放的土壤。

第二节　起点:关于"共同美"问题(1978—1979)

如果说"形象思维"再讨论在人的感性情感的复归中为思想文化的松动营造了学术气氛,使得"美的问题"逐渐升温并扮演了"美学热"的先声,那么"共同美"问题的提出与讨论,则正式成为"美学热"的发端。因为关于"共同美"的讨论,不仅直接反驳了长期盛行的"阶级论"观点(即在阶级性、人民性的立场上否认文艺与美学中的"人性"与"共同性"),还接洽延续了 20 世纪五六十年代"美学大讨论"中关于美与美感问题的讨论,再次点燃了老一代美学家以及知识青年的热情。

众所周知,从 1942 年《在延安文艺座谈会上的讲话》到"延安整风",到 20世纪 50 年代"美学大讨论",再到 20 世纪 60 年代"以阶级斗争为纲"时期,尤其是"文革"十年,诸如"人性""共同美"等话题始终处于思想禁区。因为"阶级性"要高于"人性",由此不同阶级之间(如资产阶级与无产阶级、地主与贫下中农)不可能存在"共同美"。然而,在拨乱反正的国家意识形态调整期,"共同美"问题与"形象思维"问题一样被提上日程。当然,这一敏感话题之所以能引发热议,与"形象思维"再讨论类似,其触发点同样是毛泽东对此有过直接论述。起因是 1977 年《人民文学》第九期发表了何其芳遗作《毛泽东之歌》,首次披露毛泽东在谈话中曾提出一个很重要的美学理论问题,即:

> 各个阶级有各个阶级的美。各个阶级也有共同的美。"口之于味,有同嗜焉"。[1]

毛泽东关于"共同美"的意见,无疑推动初显松动的思想文化界"人为地冲开了这个禁区"[2],由此拉开了一场关于"共同美"的论争。这场讨论在 1979

---

[1]　何其芳:《毛泽东之歌》,《人民文学》1977 年第 9 期。

[2]　楼昔勇:《关于"共同美"的讨论》,《文艺理论研究》1980 年第 2 期。

年前后形成高潮,并在有无"共同美"、"共同美"的含义、"共同美"的表现以及"共同美"产生原因等层面展开了深入研讨。仅就"有无'共同美'"问题,讨论便形成了鲜明对立的两派意见。

一派是少数反对者,坚决否认"共同美"的存在。其中又存在三种不同观点。(1)从"审美活动"出发否定"共同美",认为"美的意识从诞生的时候起,便具有鲜明的阶级性",因此,在审美活动上是无法有"超阶级"的"共同美"存在的。至于进步作品能引起不同阶级的"共鸣"也在于艺术作品表现出的"人民性"而非"共同美",因而"共同美"是一种"不能反映审美本质、艺术本质的抽象"。① 对此,胡惠林提出异议,认为:这种观点完全抹杀了"美的客观性"基础,因为美是"没有阶级性的",而"共同美"首先表现为"美的客观性",因为"人们在审美实践中都必须自觉和不自觉地遵循着这样的认识规律",因而"必然会有某些'共同'的感受";此外,"人民性"与"共同美"也绝非对立的两件事,相反,"人民性是共同美一个重要的思想基础"。② 对此,陈东冠在辩解中坚持否认"共同美",认为"从本质上看,处在不同时代的不同阶级不可能产生相同或相近的审美评价,也就是说,从本质上看,'共同美'是不存在的",而我们之所以欣赏过去时代的作品"并不是因为过去时代的艺术美变成了人类的'共同美',而是因为过去时代的艺术作品反映了过去时代的美"。③ (2)从"审美对象"出发认为美是"劳动历史的产物",因此美或不美是由历史、劳动与人民所决定的,因而所谓"共同美"也就不存在。(3)从"客观美"出发认为没有阶级的美,也就没有与"阶级美"相对立的"共同美"。④

另一派则是绝大多数支持者,充分肯定"共同美"的存在。只不过在论证"共同美"时内部观点同样差异较大,并形成如下三种观点。

其一,美是客观的且不依存于人的主观意识,因而具有"共同美"。覃伊

---

① 陈东冠:《"共同美"在哪?》,《复旦学报(社会科学版)》1979 年第 1 期。
② 胡惠林:《怎么没有"共同美"》,《复旦学报(社会科学版)》1979 年第 4 期。
③ 陈东冠:《再论"共同美"在哪里?》,《学术月刊》1980 年第 1 期。
④ 楼昔勇:《关于"共同美"的讨论》,《文艺理论研究》1980 年第 2 期。

平认为:应该承认"不同阶级也有共同的美",因为"美是客观的,美对不同阶级来说应是共同的",诸如桂林山水、西湖美景等"非意识形态的美"尤其如此;此外,"不同历史时代的不同阶级""对立阶级之间"以及"不同国家民族之间"在一定条件下也存在某些相同或相似的思想感情、愿望和要求,因而具有"某些共同的美"。针对肯定"共同美"即是宣传"人性论"和"超阶级文艺"的批评,覃伊平也反驳说:"肯定各阶级有各阶级之美,是看到了各阶级的美的差异,承认各阶级有共同美,是看到了异中有同。我们只有承认美的同中有异,异中有同,才能正确解释现实生活中的许多美的现象。"①

其二,美感及来源非常复杂,因而不同阶级有不同的美感,也有"共同美"。朱光潜认为"不同的阶级确实有不同的美感",但因美感及来源异常复杂,因而在"不同时代、不同民族和不同阶级有共同的美感",并以马克思与毛泽东为例论证了这种论点。② 杨振锋认为:"有些东西确实能引起不同时代不同阶级的人都产生美感",但必须在"某种条件下对事物取得一致的认识",尤其是在"自然美和形式美"之中;除自然美、形式美外,思想内容上因有"共同的利益"而存在"共同美",只不过这种"美"不完全相同而已,因此"共同美与美感的阶级性并不矛盾"。③

其三,不同阶级有"共同美",但来源于人们的社会实践。王振复认为"共同美"源于"客观存在的美本身的相对共同性"以及"不同阶级的人在一定条件下积极的共同的社会实践",只有当"阶级的人们由于正在从事相对共同的、积极的社会实践,不惧怕客观真理,并且能够对这种真理的形象加以欣赏时,才能面对同一审美对象,产生相对共同的美感"。④

在肯定"共同美"存在的基础上,许多学者还反对将"共同美"问题与"阶级性"简单画等号进而用文艺的"政治性"排斥"艺术性"的做法。朱光潜便对

---

① 覃伊平:《小议"共同美"》,《广西民族学院学报》1979 年第 1 期。
② 朱光潜:《关于人性、人道主义、人情味和共同美问题》,《文艺研究》1979 年第 3 期。
③ 杨振锋:《要辩证地认识共同美》,《复旦学报(社会科学版)》1979 年第 6 期。
④ 王振复:《从社会实践看"共同美"》,《复旦学报(社会科学版)》1980 年第 2 期。

"肯定共同美"即"否定阶级观点"进而将"共同美"纳入禁区的做法予以了严肃批评,认为这是一种"学风问题",直接破坏了古今中外文艺文化的批判继承与交流借鉴。① 钟子翱也认为"共同美的审美现象,是大量存在的",决不可"把美感的阶级与共同美的审美现象,把政治上的排斥与艺术上的欣赏,完全等同起来",强调"共同美的问题和'人性论'混为一谈,画上等号,是不正确的"②。

随着"共同美"问题讨论的深入,"共同美"的社会根源、审美主体以及美感心理结构等问题也引发关注。杨治经认为:"在考察和分析产生和形成共同美的社会历史根源时,必须既要考虑审美对象,又要考虑审美主体。从审美主体方面来看,我认为正是人性中的这些比较稳定、人人相通的因素(或者说共同人性),是人们在审美实践中产生和形成共同美感和按照美的规律创造共同美的物质基础。"③邱明正提出,美离不开"审美主体的能动性和创造性","美的社会性"也不能归结为"阶级性",因为"审美主体——人、人性、人的本质并不能仅仅归结为阶级性或阶级的素质","人性既有阶级差异性,又有共同性,而体现了人的本质力量、具有社会性的美,也客观具备着共同性"。④ 朱立元与张玉能则主张"放宽视界,打破禁区",并从"生理、心理基础"的角度将"共同美"问题的研讨转向"审美主体的内在方面",因为"共同美"的基础在于"多数正常人对某些美的事物有共同美感的生理基础"和"相同的心理结构",而这些又都是"人类长期社会实践的结果"。⑤

不难看出,在围绕"共同美"问题的讨论中,支持"共同美"的声音不仅占据上风,还从美感突进到了生理、心理等审美主体层面上。当然,这场论争的意义绝非停留在美学学术层面,而是有着更为重要的思想变革的时代价值。

---

① 朱光潜:《关于人性、人道主义、人情味和共同美问题》,《文艺研究》1979 年第 3 期。
② 钟子翱:《论共同美》,《北京师范大学学报(社会科学版)》1979 年第 5 期。
③ 杨治经:《论人性与共同美》,《学术月刊》1980 年第 9 期。
④ 邱明正:《再论共同美》,《复旦大学学报(社会科学版)》1981 年第 2 期。
⑤ 朱立元、张玉能:《浅谈共同美的生理、心理基础》,《复旦大学学报(社会科学版)》1981 年第 2 期。

一是"这次讨论对于完整地、准确地阐述共同美的科学含义,促进美学研究的繁荣和发展,具有重要意义"①。作为"五十年代美学基本问题讨论的继续和延伸"②,参与这场论争的有朱光潜等美学界的老前辈,也有朱立元、张玉能等美学新人,其对新时期中国美学的传承发展有着重要意义。

二是这次讨论以"共同美"为起点,重新激发起学界对美学的热情,接续起 20 世纪五六十年代"美学大讨论"的战火,并在意识形态话语的感性突围中成为"美学热"的开端,隐喻并负载起感性解放、思想开拓的时代历史重任。

三是这次讨论以"共同美"为切入点,携手"形象思维"问题一起打破"阶级决定论"口号、突破思想禁区,为进一步碰触"人性""人道主义"和"异化"等敏感问题奠定了基调。

在后"文革"意识形态调整期,"共同美"与"形象思维"问题讨论一样,均以毛泽东的相关论述作为触发点,借此权威理据去对抗长久形成的阶级斗争思维,进而冲开旧意识形态的阀门,实现思想解放。这种意识形态领域的艰难突围,既有国家意识形态变革的需求,更有广阔的社会心理基础和时代土壤。因此,当"共同美"成为思想解放的决堤口后,由此井喷出的巨大的社会动力,不仅引发了一场狂飙突进式的"美学热"潮,还将美学推到社会最前沿,使其发挥出全社会感性解放与文化开拓的角色功能。一场公共领域内由全民共同参与的"美学热",徐徐拉开历史的帷幕。

第三节　高潮:美学会相继成立与美学 刊物大量发行(1979—1982)

在"形象思维"与"共同美"问题讨论的推动下,思想领域的缰绳日渐松弛。1978 年 12 月,邓小平《解放思想,实事求是,团结一致向前看》的讲话以及紧随其后召开的中共十一届三中全会,更明确地将"勇于思考、勇于探索、

---

① 杨治经:《论人性与共同美》,《学术月刊》1980 年第 9 期。
② 潘家森:《"共同美"研究简介》,《国内哲学研究动态》1980 年第 2 期。

勇于创新"和"促进群众解放思想、开动脑筋"①的要求,以国家政治意识形态的政治任务向全社会发布。

解放思想的国家意识形态要求,加上当时正在持续发酵的关于"形象思维"与"共同美"问题的讨论,使"美学热"的爆发水到渠成。当年"美学热"最重要的标志性事件之一是中国社会科学院哲学研究所美学研究室主办的《美学》杂志正式创刊,《美学》第一期的"编后"便呈现了"美学热"爆发的动因:

> 在我国,美学还是一门年幼的学科。解放前,只有少数人进行过零散的研究。解放后,开展过一些学术讨论,为进一步研究奠定了良好的基础。由于林彪、"四人帮"的破坏,十多年来,美学园地,一片荒芜。现在,"四人帮"倒台了,美学也获得了新的生机,无论是美学专业工作者还是业余爱好者,都希望有一个美学刊物。《美学》(第一期)正是这种大好形势的产物。②

20 世纪五六十年代"美学大讨论"已充分激发起人们对美学的兴趣,因限于极左思潮的蔓延,美学问题讨论才被迫终止。在"解放思想"的新形势下,继续围绕相关问题进行研讨也是大势所趋。因美学属于"一门年幼的学科,'文化大革命'前,关于美学方面的一些文章"没有"专门的刊物发表",③但在思想解放的语境下,为配合美学讨论,各类美学刊物以及全国各地美学学会组织相继成立则成为势不可挡的重要文化事件,并为美学形成全社会的热潮提供支撑。

学界通常将 1979 年视为"美学热"的正式开端,其标志性事件有三:一是由中国社科院哲学所美学研究室主办的当代第一份美学专业刊物《美学》正式问世;二是由中国社科院文学研究所文艺理论研究室主办的《美学论丛》出

---

① 邓小平:《解放思想,实事求是,团结一致向前看》,中共中央文献研究室编:《三中全会以来重要文献选编》上,人民出版社 1983 年版,第 21 页。
② 《美学·编后》,上海文艺出版社 1979 年版,第 285 页。
③ 于麟:《〈美学〉(第一期)、〈美学论丛〉(1)相继出版》,《出版工作》1980 年第 1 期。

版;三是各种美学专著得以陆续出版。

1979 年 1 月,由李泽厚实际负责、中国社会科学院哲学研究所美学研究室和上海文艺出版社文艺理论编辑室合编的《美学》①正式出版,这也是中国当代美学研究的第一份专业刊物,俗称"大美学"。这份刊物的主要特点有三:一是作者群广泛,但主要以"实践美学"的拥护与建构为主。在创刊号中,便会集了朱光潜、李泽厚、朱狄、聂振斌、赵宋光、刘纲纪以及洪毅然等作者,随后几期中又刊发了杨恩寰、梅宝树等一大批拥护者的文章。二是涉及内容丰富,研究视野广阔,除关注"形象思维""《巴黎手稿》"等热点问题外,还发表了大量关于中国古典美学、苏联美学以及西方现代美学的研究论文,如关于屈原、王充等人的美学思想,现象学美学,符号学美学,以及对康德、黑格尔、克罗齐、卢卡奇、马尔库塞、弗洛伊德、荣格、伊格尔顿等人的美学思想的探讨等。三是重视美学研究与艺术的关联,尤其强调对门类艺术的探索与拓展,发表了大量关于电影、音乐、舞蹈、绘画、建筑以及戏剧等领域的艺术理论文章,还从哲学美学的角度予以了深入分析,大大拓展了美学研究的空间,对当代美学学科的深化发展起着积极的推进作用。

紧随其后,由蔡仪负责、中国社会科学院文学研究所文艺理论研究室编的《美学论丛》②也宣告问世,由中国社会科学出版社和文化艺术出版社出版,俗称"小美学"。这份刊物的特点同样有三:一是作者群基本固定,大多是蔡仪的学生以及持蔡仪相似观点的学者,如王善忠、杜书瀛、钱竞、许明、毛崇杰、张国明、吕德申等人,他们主要以社科院文学所理论室为平台,以《美学论丛》为阵地,因而所刊文章也大体代表了蔡仪美学的思想倾向;二是重视对《经济学—哲学手稿》等马克思主义经典作品的讨论研究,如创刊号上发表的蔡仪《马克思怎样论

① 从 1979 年 1 月创刊至 1987 年 11 月停刊,《美学》共出版七期。

② 从 1979 年 5 月创刊至 1987 年 12 月停刊,《美学论丛》共出版九辑。该刊在"编后记"中注明:"在党中央关于全党工作中着重点转移到实现四个现代化上来的号召下,在党的发扬科学民主,贯彻百家争鸣方针的鼓舞下,我们为要在美学研究工作中贡献一点微薄力量,编辑这个不定期的丛刊。"参见《美学论丛》,中国社会科学出版社 1979 年版,第 243 页。

美?》、吕德申《马克思恩格斯的现实主义理论》、王善忠《马克思恩格斯的悲剧理论初探》、杨汉池《学习恩格斯致保尔·恩斯特的信的体会》以及计永佑《论普列汉诺夫的美学思想》等几篇文章,均是对马克思主义经典作家作品的深入研讨,这也是该丛刊的重要特征;三是重视对中国美学史以及西方美学艺术的探讨,与李泽厚"大美学"办刊思路一致,蔡仪"小美学"同样十分重视对中西美学与艺术的关注,发表了诸如栾勋《中国古代美学的理性主义》、张宝坤《论王充尚"真"求"实"的文学思想》、何西来《真——杜甫美学思想的核心》、周忠厚《试论狄德罗的美学思想》、王春元《狄德罗的戏剧观》和杜书瀛《李渔论戏剧结构》等文章,有力地促进了文艺学界对中西方美学、文论的研究兴趣。

与上述两份"同人"刊物相伴而行的是各种美学专著得以陆续译介和出版。德国黑格尔的《美学》(商务印书馆)、苏联鲍列夫的《美学》(商务印书馆)、匈牙利巴拉兹的《电影美学》(中国电影出版社)、刘丕坤翻译的《1844年经济学—哲学手稿》(人民出版社)、朱光潜的《西方美学史》修订本(人民文学出版社)、刘纲纪的《书法美学简论》(湖北人民出版社)、施昌东的《先秦诸子美学思想述评》(中华书局)及李泽厚的《批判哲学的批判——康德述评》(人民出版社)等,极大推动了社会对美学的关注和研究热情。到1980年,"美学热"真正进入高潮,这尤其表现在如下方面。

首先,美学刊物继续大量创刊发行。《美学译文》在创刊号"后记"中明确指出:"为了适应广大哲学、美学、文艺理论工作者及美学业余爱好者的迫切需要……组织编译了《美学译文》……介绍美、英、德、俄、日、意等国有代表性的美学著作和美学论文。"[①]从刊登的文章看,的确体现了国别、译文的多样化:既有欧美美学也涉及东欧与日本美学,既有哲学美学、心理美学、门类美学也有对经典专著的介绍,尤其是对当代外国美学最新思潮如结构主义美学、符号学美学、格式塔美学等均有介绍。

其次,《美学》第二期发表了朱光潜重译的《1844年经济学—哲学手稿》,

---

① 《美学译文·后记》,中国社会科学出版社1980年版,第314页。

以此为引子又刊发了朱光潜《马克思的〈经济学—哲学手稿〉中的美学问题》、郑涌《历史唯物主义与马克思的美学思想》和张志扬《〈经济学—哲学手稿〉中的美学思想》三篇解读《巴黎手稿》的论文，引发了学界持续多年的"手稿热"。《巴黎手稿》与马克思主义美学问题，也成为"美学热"中极为重要的一页。

　　再次，1980 年 6 月 4 日至 11 日"中华全国美学学会"在昆明成立并召开了第一次全国美学大会。这个历经多时筹备的美学会议，不仅得到中宣部主管文艺工作的负责人周扬的指导①，还选举周扬为名誉会长、朱光潜为会长，制定了"学会工作计划纲要"②以及"关于美学工作的情况和建议"，同时成立了"全国高等学校美学分会"，由马奇担任会长。③ 会后，关于美学大会的召开以及学术研讨情况，《中国社会科学》《哲学研究》《国内哲学动态》以及《美学》等刊物都进行了详细报道，引发全国关注，由此产生极为深远的影响。④

---

① 在学会成立之前，周扬还专门就"美学大会"以及"美学研究工作"进行了指导，指出："四化建设需要美学"，尤其是"在人民群众之中，特别是广大青少年，实有一股渴望学一点美学知识的很高的热情。这种追求美的热情是我国人民在清除了'四人帮'之后，精神上获得解放的表现，是十分可喜的事情。它反映出，人们经过十年动乱，饱尝痛苦辛酸，看够了'四人帮'一伙的丑恶表演和由他们所造成的无数丑恶现象之后，要求过真正美好生活的强烈愿望。许多人在总结历史经验的同时，也在重新探索着思考着理论上的和现实生活中的美与丑的问题。现实生活和新的艺术实践提出了许多新的美学问题，有待我们回答"。周扬还指出，美学研究需要马克思主义指导，要整理"中国美学的遗产"，要"重视审美教育，加强美育研究"，此外还需注意学术问题需要鼓励"自由讨论"等。参见周扬：《关于美学研究工作的谈话》，《美学》1981 年第 3 期。
② 除各种学术研究工作外，还提出"协助实施美育，普及美学知识"等各项事宜。
③ 《第一次全国美学会议简报》第 8 期，1980 年 6 月 11 日。
④ 王一川先生在回忆中提道："1978 年初，我作为恢复高考后第一届(77 级)大学生进入四川大学中文系"，此时，"全国性的美学热浪涌进了川大。首届中华全国美学会议(1980)在昆明刚结束，美学家李泽厚就应邀顺道来讲学"，"我们早早地就轮流去'占'座位，大抵为的是一睹这位'著名青年美学家'的风采，感受中华美学学会成立的喜讯和美学发展的新动向。前去听讲的文理科同学都有。讲演时座无虚席，连过道和窗台都挤满了人(窗玻璃也被挤碎了)，大家屏住呼吸，似乎要努力听清美学家的每一个字眼，听过后还充满求知渴望地去提问。在这令人眩晕的美学热中，你如何能不深深地卷入?"参见王一川：《从哲学思辨到文学阐释——我在美学热潮中的经历片段》，《中文自学指导》1996 年第 9 期。

最后，教育部于同年10月又委托新成立的"全国高等学校美学分会"和北京师范大学哲学系联合举办了全国高校首期美学教师进修班，以满足高等院校对美学课程的迫切需要。进修班先后邀请朱光潜、王朝闻、汝信、蔡仪、李泽厚、马奇等著名美学家到场授课。所授内容不仅涉及美学研究的各个领域与方向，尤为重要的是培养了一大批美学师资力量，满足了全国高校学子的渴求。1981年1月培训结业后，由讲稿汇编而成的《美学讲演录》于10月出版，引发广泛反响。随后，全国高校纷纷开设美学课程，招收美学研究生，美学一时之间盛况空前。

以上"刊物热""手稿热"和中华全国美学学会成立及其后续效应，不仅构成了"美学热"的重要表征，还反哺推动着"美学热"的纵深推进。到1981年，"美学热"进入全盛期，并开始向全社会各领域蔓延。

一是2月25日，由共青团中央以及中华全国美学学会等联合发起的《关于开展精神文明礼貌活动的倡议》在全国推广，一场以"讲文明、讲礼貌、讲卫生、讲秩序、讲道德"与"语言美、心灵美、行为美、环境美"为主题的"五讲四美"活动在意识形态教化力量的促动下，开始向全国推行。作为"美学热"的重要社会表征，其对"美学热"同样起到推波助澜的作用。在"五讲四美"活动的号召下，"为了培养青少年对自然界、社会生活、文艺作品健康的审美观点，提高他们识别美丑的能力，以养成高尚的情操，建立文明的生活方式，树立共产主义人生观"[1]，湖南人民出版社也创办了《美育》丛刊。该刊有三个鲜明特点：（1）与纯学术性的理论刊物不同，它"以青少年、中小学教师、青年职工、文艺及美学工作者、爱好者为主要对象"，目的在于普及美学并进行审美教育，正如发刊词《致读者》所说"《美育》想撩开美学被人们弄得神秘莫测的面纱，促使她从美学家的书斋走出来，走到欢腾紧张的车间，走到色彩缤纷的田野，融进青少年的心坎"。[2]（2）内容丰富，侧重美学知识的介绍，雅俗共赏。为此，该刊设有《美学知识》《美育丛谈》《艺术美欣赏》《生活美探讨》《自然美欣

---

① 陈望衡：《湖南人民出版社创刊〈美育〉丛刊》，《国内哲学动态》1980年第8期。

② 庞亭：《湖南创办〈美育〉丛刊》，《出版工作》1981年第8期。

赏》《美学随笔》《美学家佚事》《读者园地》等栏目,不仅发表朱光潜、王朝闻、李泽厚、吴作人等学者的文章,还聘请朱光潜、王朝闻、蔡仪、李泽厚、洪毅然、蒋孔阳为《美育》的顾问。① (3)积极从现实生活以及艺术实践中提出各种美学问题并加以广泛研讨,如"国画《双鹤图》和洞庭山水的美""《蒙娜丽莎》微笑的美"等,对这些美学艺术问题的探索将"抽象的美学理论变成人们分析和欣赏'美'的武器",还"无形中培养和提高了读者的审美情趣和鉴赏水平"。② 应该说,《美育》丛刊的发行问世,受到读者好评,被誉为"进行'五讲''四美'活动的好教材"③,配合并促进了"美学热"的发展。

　　二是 1 月和 3 月,继中华全国美学学会成立后,"上海市美学学会"和"湖北省美学学会"也相继成立,各自举行了第一次美学学术研讨会。上海市美学学会选举蒋孔阳为会长,主张总结艺术实践、开展多样化的活动,为中国美学发展做贡献。④ 湖北省美学学会选举刘纲纪为会长,并围绕"人的本质和美学的关系""中国古代美学""美学研究与社会主义精神文明建设"等议题进行了研讨。⑤

　　三是 6 月 29 日至 9 月 28 日,受教育部和中华全国美学学会委托,上海市美学学会和上海戏剧学院联合举办了全国高校第二期美学教师进修班。此次进修班同样邀请到李泽厚、刘纲纪、汝信、朱狄等著名美学家进行学术报告,并组织了各种艺术欣赏活动。⑥

　　此外,除"五讲四美"活动向全国推广以及各地美学分会纷纷成立并举行各种研讨活动外,多种重要美学著作纷纷出版。譬如:朱光潜《朱光潜美学文学论文集》《谈美学简》《美学拾穗集》,王朝闻《美学概论》《王朝闻文艺论集》,李泽厚《美学论集》《美的历程》,宗白华《美学散步》,施昌东《汉代美学思想述

---

① 泽中:《〈美育〉新花迎春开》,《湘图通讯》1981 年第 2 期。
② 守忠:《加强美育,促进学生全面发展——读〈美育〉有感》,《天津教育》1981 年第 7 期。
③ 庞亭:《湖南创办〈美育〉丛刊》,《出版工作》1981 年第 8 期。
④ 《上海市美学学会》,《中文自学指导》2008 年第 5 期。
⑤ 南尔:《湖北省美学学会成立并举行第一次学术讨论会》,《美学》1982 年第 4 期。
⑥ 李长波:《第二期全国高校美学教师进修班结业》,《美学》1982 年第 4 期。

评》《"美"的探索》，洪毅然《大众美学》，刘再复《鲁迅美学思想论稿》，蒋孔阳《德国古典美学》《美和美的创造》，以及北大哲学系美学教研室《西方美学家论美与美感》《中国美学史资料选编》，等等。"美学热"由此进入鼎盛时期。

1982 年，"美学热"继续保持旺盛发展的势头，学者们不仅围绕《巴黎手稿》等美学问题发表了多篇论争文章，还接连创办了多份美学刊物，美学热潮还开始向其他学科延伸拓展。

首先，美学刊物继续大量创办发行。由蔡仪主编的《美学评林》（山东人民出版社）创刊，在"发刊词"中强调"不是为了立一家之言，或者先存门户之见，而是想作为在美学方面实现'百花齐放，百家争鸣'的一个小小园地"①。由西南师范学院中文系和重庆市文联合编的《美的研究与欣赏》（重庆出版社）创刊，在"发刊词"中同样提出"普及美学知识、提高人们审美能力"的希望。② 同时，由四川省社科院文学所编的《美学文摘》（重庆出版社）创刊，这份文摘可谓学术资料性的重要刊物，主要摘编报刊上有代表性的美学论著。③此外，在 1982 年后，中国艺术研究院外国文艺研究所编的《世界艺术与美学》（文化艺术出版社）、刘纲纪编的《美学述林》（武汉大学出版社）、蒋孔阳主编的《美学与艺术评论》（复旦大学出版社）④、汝信主编的《外国美学》（商务印书馆）、胡经之主编的《文艺美学论丛》（内蒙古人民出版社），以及《美学新潮》《美学文献》《技术美学》《艺术美学文摘》等刊物，也如雨后春笋般创刊发行，显示出美学热潮的强劲动力。

其次，随着"美学热"的持续发酵，美学逐渐向其他学科辐射拓展。如哲学、文艺学研究也纷纷转向美学，尤其是文艺美学的学科拓展，为美学与文学的发展开辟了新的道路，并使之获得持续发展。从 1980 年胡经之在中华美学

---

① 孙午：《〈美学评林〉丛刊问世》，《光明日报》1983 年 1 月 6 日。
② 蒋孔阳：《美学与艺术评论》第 1 集，复旦大学出版社 1984 年版，第 448 页。
③ 蒋孔阳：《美学与艺术评论》第 1 集，第 448 页。
④ 《美学与艺术评论》1984 年由复旦大学出版社出版，蒋孔阳任主编，刊物则明确地位为"上海的美学园地"。参见蒋孔阳：《写在〈美学与艺术评论〉出版的时候——代前言》，《上海文学》1984 年第 5 期。

会议上提出"文艺美学",到 1982 年发表《文艺美学及其他》,到 1986 年山东大学中文系发起召开"首届全国文艺美学讨论会",再到 21 世纪以来文艺美学学科方向的繁荣发展,可以说"美学热"不仅为文艺美学学科的草创发展提供了沃土,还为美学自身的学科纵深拓展开辟了新航向。①

再次,"美学热"不仅引发各地学生自发性地成立"美学兴趣小组",还促成了美学研究生的报考热潮。当年,中国社会科学院、北京大学、武汉大学等高校美学研究生的竞争极为激烈。受此影响,当时的青年学子高建平、王一川、王岳川、张法、徐碧辉等均纷纷选择报考美学领域的研究生,对当代中国美学的学科发展产生了重要影响。

此外,受美学知识的刺激,诸如文艺领域内"文艺审美本质"等问题也成为当时不断论争的话题,而诗歌领域"新的美学原则的崛起"乃至"主体性论争"的发动,也均与当时的"美学热"潮流紧密关联。当然,在 1982 年"美学热"的强劲热潮中,美学著作也持续着此前的出版热潮。如蔡仪《美学论著初编》、朱光潜《朱光潜美学文集》、宗白华《宗白华美学文学译文选》、高尔泰《论美》等,均在此时陆续出版。

综上言之,从 1979 年《美学》创刊,到各级美学学会先后成立、各类美学刊物相继创刊、各种美学培训班陆续举办,再到美学在高校学子中受到欢迎关注,均映衬出时代对美和美学的渴求。作为人们感性表达原始欲念、生命冲动以及追求自由的情感宣泄的符号隐喻,美学话语深深击中了时代精神的心脏。尤其当这种"美学热"过渡到"文化热",与中国感性审美传统和"现代化"相关联时,更爆发出感性解放之外更高层面的思想动力。当然,思想解放背景下意识形态的松绑为美学发展提供了契机,也是"美学热"真正得以兴起、鼎盛并引发全社会热潮的底色所在。而一旦这种感性解放的话语渴求与意识形态相抵牾,其内部的思想动力则会收缩,其热度也势必退去。

---

① 曾繁仁:《中国文艺美学学科的产生及其发展》,《文学评论》2001 年第 5 期。

第四节　降落:清除"精神污染"与反"资产阶级自由化"(1983—1984)

"美学热"的特殊意义在于它通过"非政治性"的学术话语获得了自由合法的言论空间,并在马克思"人道主义"层面上契合了思想转型期意识形态领域的思想解放潮流,因而在感性解放与文化开拓的历史转折线索中获得了思想内部的动力支持。然而,这种感性知识话语的美学动力一旦丧失了意识形态的支撑,势必在淡化的意识形态中发生转型,由此走向衰落。

作为社会主义精神文明建设的一部分,"美学热"在 20 世纪 70 年代末 80 年代初获得了思想文化领域的支撑,有效担负着走出"文革"的思想解放的历史重任,因而其营造的社会热潮也滚滚向前。尤其是在中共十一届三中全会后,在"实践是检验真理的唯一标准"及思想解放的大力促动下,关于"形象思维""共同美"等问题的探讨,使得"人性、人道主义和异化问题"成为论争焦点。自 1980 年到 1983 年初,关于马克思"人""人道主义""异化"问题以及《巴黎手稿》成为论争焦点,构成"美学热"最为重要的话语组成部分。

然而,到 1983 年,由马克思"人道主义"和"异化"问题而引发的思想战线上的"清除精神污染"政策,对"美学热"形成了强大冲击并使其逐渐退潮。1983 年 3 月 7 日,在纪念马克思逝世一百周年学术报告会上,周扬在中央党校所作的《关于马克思主义的几个理论问题的探讨》①,特别是"对有关人道主义和异化问题的讲法"引发了中宣部尤其是胡乔木的不同意见,引起邓小平同志的高度重视。邓小平认为,思想界的这种精神状况值得特别注意,这些文艺界党性人民性问题、人道主义和异化问题以及整党问题都需要在党的工

---

① 该文未经胡乔木、邓力群等主管意识形态工作领导同志的同意,《人民日报》便于 1983 年 3 月 16 日予以发表,为此,《人民日报》总编辑秦川以及副总编辑王若水被指"严重违反组织纪律"并被要求做"书面检讨"。后王若水被调出《人民日报》。参见卢之超:《80 年代关于人道主义和异化问题的争论》,《当代中国史研究》1999 年第 4 期。

作会议上特别强调出来,以作为思想战线上的重要任务。为此,在 1983 年 10 月 12 日召开的中国共产党第十二届中央委员会第二次全体会议上,邓小平做了《党在组织战线和思想战线上的迫切任务》这一重要讲话,就"党对思想战线的领导"尤其是"思想战线不能搞精神污染"做出重要指示。讲话中严肃指出:

> 　　理论界文艺界还有不少的问题,还存在相当严重的混乱,特别是存在精神污染的现象。……前年党中央召开了思想战线问题的座谈会,批评了某些资产阶级自由化倾向和领导上的软弱涣散现象,那个会收到了一些效果,但没有完全解决问题。领导上的微弱涣散状态仍然存在;资产阶级自由化倾向有的有所克服,有的没有克服,有的发展得更严重了。……有一些同志热衷于谈论人的价值、人道主义和所谓异化,他们的兴趣不在批评资本主义而在批评社会主义。人道主义作为一个理论问题和道德问题,当然是可以和需要研究讨论的。但是人道主义有各式各样,我们应当进行马克思主义的分析,宣传和实行社会主义的人道主义(在革命年代我们叫革命人道主义),批评资产阶级的人道主义。资产阶级常常标榜他们如何讲人道主义,攻击社会主义是反人道主义。我没有想到,我们党内有些同志也抽象地宣传起人道主义、人的价值等等来了。……这实际上只会引导人们去批评、怀疑和否定社会主义,使人们对社会主义、共产主义的前途失去信心,认为社会主义和资本主义一样地没有希望。[①]

中央高层对"人道主义和异化观点"的批评,尤其从党的思想战线高度上对社会思想领域"精神污染"现象展开的言论,使得中宣部连续召开涉及新

---

① 邓小平:《党在组织战线和思想战线上的迫切任务》,中共中央文献研究室编:《十二大以来重要文献资料选编》上,中央文献出版社 2011 年版,第 353—355 页。

闻、广播、电视等多部门的会议,要求在文教宣传各领域加强"清除精神污染"与"反对资产阶级自由化"的指导。① 受此影响,社会各阶层掀起了一股"清除精神污染"的潮流。如中共祁阳县委宣传部就要求文化出版单位对图书(如公安、武侠、言情)加强管理,以"警惕精神污染"②。首都各界也纷纷撰文,指出:"如果我们不坚决堵塞、清除那些形形色色的资产阶级的和封建主义的精神污染源,那么,我们所着力进行的社会主义精神文明建设便会遭到严重影响。"③至1983年,各种报刊上以"清除精神污染"为题发表的文章就达一百四十多篇,内容涉及思想领导、婚姻家庭、学术研究等各个领域。在学术研究上,正如《文史哲》所指出的,"思想文化界的精神污染问题"要特别地加以重视,尤其是"抽象地谈论人的本质、人的价值和人性、人道主义等问题",是"思想文化界的精神污染"的一个严重问题,"绝不可以轻视",其实质是"与共产主义的思想体系和社会主义制度相对立的",是"散布对于社会主义、共产主义事业和对于共产党领导的不信任情绪",它不仅可能"在思想上造成严重的混乱",还可能"在政治上起离心离德的消极作用",关系到"政治原则"问题。④

受"清除精神污染"政策的影响,正如火如荼进行的"美学热"不可避免地受到巨大冲击。尤其是关于"人性、人道主义和异化问题"的讨论,作为"美学热"的重要组成部分,更是被直接遏止。据资料统计,作为当时"美学热"的重要载体,中国社科院哲学所主办的《美学》发表了大量引发争议的美学研究论文。但受1983年"清除精神污染"的影响,关于马克思"异化"概念等问题的讨论,当时已经变成敏感的政治概念。尤其是《巴黎手稿》中关于生产劳动、美的创造等理论问题的探讨均不能避开"异化"理论,因而便具有了"精神污染"的嫌疑。由此,原本《美学》第五期组织好的研究《巴黎手稿》的一组"重头文

---

① 卢之超:《80年代关于人道主义和异化问题的争论》。
② 中共祁阳县委宣传部:《警惕精神污染》,《湘图通讯》1982年第3期。
③ 黎丁:《精神污染实可畏也》,《学习与研究》1982年第6期。
④ 《清除精神污染,坚持学术研究的正确方向》,《文史哲》1983年第6期。

章"被出版社"不经商量"地"撤掉",只因出版社领导怕"引火烧身"。① 如果说,此事件还无法说明"美学热"受"清除精神污染"影响而开始逐渐"退潮",那么其余几份刊物的出版发行量或许也能提供某些史料佐证。据王善忠回忆,《美学论丛》曾有过"辉煌的年代","第一辑印过三次,累计四万五千册;第二辑也印过两次,累计二万九千五百册;第三辑印行一万二千五百册;第四辑印了一万三千九百册。但此后,每况愈下,到了第十、十一辑,各辑只印行一千一百册"。② 从 1979 年第一辑的辉煌到 1983 年第五辑的衰落,除出版社方面随政策做出调整的原因外,或许与当时整个社会思想风气的转型和"美学热"的消退不无关系。

无独有偶,高尔泰在 1983 年 11 月 2 日为《美是自由的象征》写作"前言"时,也指出:"'美学热'正在悄悄地降落下去。代之而起的,是对科学技术和科学哲学、宗教哲学以及社会学、未来学、人才学等等的日益高涨的兴趣。"③与此同时,高尔泰在"前言(二)"中还指出:

> 我原先并没有计划要出这么一本书。本想继《论美》之后,出一本《论人》。某出版社已将《论人》列入出版计划,并作了预告。后来由于众所周知的原因,一九八三年那时,《论美》被禁止重印,《论人》的出版计划也同时被取消。本人也由于讲了人道主义,被停止上课,连研究生也不准带了。形势一时十分紧张,处境一时十分困难。④

如上种种,已充分表明,"人道主义与异化问题"引发的"清除精神污染"

① 聂振斌:《大〈美学〉的时光》,靳大成主编:《生机:新时期著名人文期刊素描》,中国文联出版社 2003 年版,第 471 页。
② 王善忠:《有关〈美学论丛〉的始末》,靳大成主编:《生机:新时期著名人文期刊素描》,第 467 页。
③ 高尔泰:《前言(一)》,《美是自由的象征》,人民文学出版社 1986 年版,第 1 页。
④ 高尔泰:《前言(二)》,《美是自由的象征》,第 3 页。

与"反对资产阶级自由化"的意识形态话语要求,使得"美学热"受到直接冲击。不仅关于"人性、人道主义、异化问题"的论争受到遏制,围绕相关问题的美学论争也受到冲击干预。有学者便指出,"从 1982 年至 1983 年,'美学热'显然已跨入后期"①,这种说法不无道理。

当然,作为"美学热"降落的退潮期,其余温尚存。仅就美学学术领域而言,尽管发行量急剧减少,但各种美学书籍仍在大量出版,各种刊物仍在不断发行其至创刊,各种美学活动也仍在不断举行。

首先,各种美学活动仍在如火如荼举行。除 1983 年初围绕马克思逝世一百周年而不断深入的关于马克思与《巴黎手稿》的美学讨论及相关座谈会议外,其他一些美学活动同样吸引了大量学者的积极参与。

1983 年 10 月 7 日至 13 日在厦门大学举行的"中华全国美学学会第二届年会",不仅拟定了"美学在社会主义两个文明建设中的地位和作用"这一中心议题,还吸引了包括中国台湾学者在内的来自二十九个省区市的一百五十余人参加,收到学术论文九十五篇,其中关于讨论《巴黎手稿》美学思想的便占三分之一。与会者围绕美学原理、审美教育、《巴黎手稿》美学思想、门类艺术美学和中西美学史研究等五个专题进行了分组讨论和大会发言。② 厦门市委宣传部代表在讲话中特意提道:"我们的人民迫切需要审美教育,我们的青年迫切需要美学修养。我们的祖国迫切需要美化。现在港台输入色情文化,社会上还存在封建残余,这都要求美学工作者去扫除这些精神污染,提供健康的精神食粮,希望探求真理,研究学术,为美的事业而献身的同志们在'四化'中做出新的贡献。"③

1983 年 10 月 17 日至 22 日由江苏省美学学会、《江苏画刊》编辑部、江苏省社科院文学所联合主办的"中国美学史学术讨论会"在无锡举行。作为国

---

① 祝动力:《精神之旅——新时期以来的美学与知识分子》,中国广播电视出版社 1998 年版,第 141 页。

② 潘知水:《中华全国美学学会厦门年会纪要》,《国内哲学动态》1984 年第 1 期。

③ 年会秘书处编:《中华全国美学学会第二届年会简报》第 1 期,1983 年 10 月 7 日。

内第一次中国美学史讨论会,会议共吸引八十余人参加,收到论文四十二篇,并围绕中国美学史的研究对象、方法,中国美学史的体系、范畴、概念,中西美学比较以及历代有代表性的美学思想家的美学思想进行了热烈研讨。①

1984 年 10 月 13 日至 18 日由中华全国美学学会、中国教育学会教育学研究会和湖南人民出版社《美育》杂志编辑部联合举办的"全国美育座谈会"在湖南大庸召开。会议集中总结了审美教育的经验,还就"审美教育"问题进行了研讨。②

1984 年 10 月 24 日至 27 日,中华全国美学学会与湖北省美学学会等单位在武汉联合举办了"中西美学与艺术比较讨论会",吸引了一百多人参加。会议主要就"比较美学和艺术学的方法论""中西艺术审美之比较""中西美学形态之比较"以及"中华美学民族精神"等议题进行了深入研讨。③

直至 1985 年夏天,美学会议仍在不断进行,如"中国美学史第二次讨论会",该会议在扬州举行,由江苏省美学学会和江苏人民美术出版社联合召开,共有五十多位专家、学者、出版界人士参加,集中就中国美学的范畴发展、中国美学史的方法论问题进行了研讨。④

其次,各种适应"美学热"潮流与需求的书籍仍在大量出版。如为适应"电大学员"以及"其他有兴趣学习美学的读者"的需求,1983 年齐一、马奇等编著了《美学专题选讲汇编》,⑤对美学基础理论、各种美学门类的知识以及中国古代、苏联等美学知识进行了讲授介绍。1983 年汝信《西方美学史论丛续

---

① 马鸿增:《中国美学史学术讨论会纪要》,《国内哲学动态》1984 年第 3 期。

② 中国社会科学院哲学研究所编:《中国哲学年鉴 1985》,中国大百科全书出版社 1985 年版,第 333—334 页。

③ 彭富春:《中西美学艺术比较讨论会综述》,《武汉大学学报(社会科学版)》1985 年第 1 期;鄂美:《中西美学艺术比较讨论会纪要》,《国内哲学动态》1985 年第 1 期。

④ 陈孝信:《中国美学史的范畴和目前研究中的方法论——江苏省"中国美学史第二次讨论会"侧记》,《江苏社会科学》1985 年第 10 期。

⑤ 齐一、马奇等编著:《美学专题选讲汇编·前言》,中央广播电视大学出版社 1983 年版,第 1 页。

编》和王朝闻《审美谈》出版。1984 年，李泽厚、刘纲纪《中国美学史》出版，吕荧《吕荧文艺与美学论集》与朱狄《当代西方美学》也相继出版。

再次，各种成系列的美学丛书仍在相继出版。最具代表性的是由李泽厚主编的"美学译文丛书"。该丛书虽然自"全国第一次美学会议"前后就着手出版，但首次出版却到了 1982 年，中国社会科学出版社率先推出了由缪灵珠翻译的乔治·桑塔耶纳的《美感》。随后，从 1983 年、1984 年直至 1992 年，又陆续出版了四十多本美学著作。① 这套丛书的出版，可谓"美学热"的结果，不仅推动了"美学热"的进行，还为随后"美学热"向"文化热"的充分展开与纵深拓展奠定了学术基础，影响极其深远。

应该说，处于美学"冷热交替"置换的 1983 年至 1984 年：一方面美学在"清除精神污染"这一意识形态干预下，"人道主义与异化"问题这一"美学热"的重要论题与意识形态发生抵触，因而出现了转折，并在美学论争、美学出版等各领域开始呈现"退潮"态势；另一方面由于社会主义精神文明建设以及"审美教育"的社会需求，尤其是大众对于美学的知识渴求与学术热情，"美学热"在消退中仍然扮演着社会思想感性解放与文化开拓的功能，因而仍在余温中发挥其社会效应并持续其热潮。

第五节　沉寂："方法论"转型与"美学热"的退潮（1985）

在当代中国文艺思想史中，1985 年被公认为"方法论年"。在 20 世纪 80 年代，"方法论热"是"文化热"的重要表征，却更与"美学热"交相辉映、密不可分。如果说 80 年代"美学热"的兴起与美学作为符号隐喻的意识形态话语突围重任相伴而行，"美学热"的高潮与后"文革"意识形态话语重建同步共振，那么"美学热"的降落与意识形态权力话语的干预同样水乳交融。尤其是对马克思"人道主义"意识形态的划分，使得人们逐渐偏离对马克思"人道主义与异化问题"以及《巴黎手稿》的诠释，并逐渐走出"以诠释马克思为中心"的

---

① 李泽厚：《关于"美学译文丛书"》，《读书》1995 年第 8 期。

美学传统路线,转移到对美学"方法论"的探求上。这正是 1985 年成为"方法论年"至为关键的内在线索。

美学从新时期初的"美学热"到 1985 年的"方法论热",既是意识形态嬗变中理论形态的变革,又是社会思想观念转变尤其是意识形态原动力改变的结果,这也是"美学热"逐渐降落退潮并逐渐被"方法论热"取代的历史根由。在意识形态干预和西方文论思潮译介的双重影响下,人们不得不从对马克思主义的诠释,走向对美学方法论的转型探求。因此,在 1985 年前后,文艺理论界几乎人人热衷于谈论方法论。

仅 1985 年,厦门、扬州、武汉就召开多次全国性方法论问题学术研讨会,北京、上海还成立了"新方法"专门研究室。一时间,方法论热度空前。这种学科方法意识的转型,使得人们纷纷从社会科学与自然科学中吸收最新成果,并将其与文艺美学研究相结合。在系统论、控制论、信息论、模糊数学理论、耗散结构理论、突变理论等新的科学方法的运用中,文艺美学也获得了新的发展契机,研究视野得到开拓。受此影响,在各种文艺理论和美学的论著中,"新三论"(控制论、系统论、信息论)、模糊数学、自然科学等科学主义方法,成为研究的新视角和新倾向。

从研究视野看,最具代表性的如:林兴宅《论文学艺术的本质》①、刘再复《用系统分析方法分析文学形象的尝试》②等运用系统论对美学文艺进行探索;黄海澄《从控制论观点看美的客观性》③《从控制论观点看美的功利性》④、紫川《运用控制论研究文艺与美学》⑤等运用控制论对美学文艺进行探索;姜庆国《信息论美学初探》⑥、王一川《从信息观点看艺术》⑦、野桃《运用信息论

① 林兴宅:《论文学艺术的本质》,《中国社会科学》1984 年第 4 期。
② 刘再复:《用系统分析方法分析文学形象的尝试》,《读书》1984 年第 7 期。
③ 黄海澄:《从控制论观点看美的客观性》,《当代文艺思潮》1984 年第 1 期。
④ 黄海澄:《从控制论观点看美的功利性》,《当代文艺思潮》1984 年第 3 期。
⑤ 紫川:《运用控制论研究文艺与美学》,《文艺研究》1985 年第 3 期。
⑥ 姜庆国:《信息论美学初探》,《当代文艺思潮》1985 年第 1 期。
⑦ 王一川:《从信息观点看艺术》,《当代文艺思潮》1985 年第 3 期。

研究文艺与美学》①等运用信息论对美学文艺进行探索。

从研究领域看,美学研究从此前持续了很长一段时期的马克思主义美学研究路线转移到了其他研究领域,尤其是技术美学、护理美学、生产美学、环境美学、景观美学、服装美学、体育美学等领域。在美学研究中运用新方法,不仅拓宽了美学的研究视野,还使得美学学科呈现出多元发展态势。运用新方法对美学进行研究,也逐渐脱离传统形而上学的哲学路线,而更多地与系统论、控制论、信息论等结合。这些自然科学方法论,在既有理论研究的基础上,开阔了美学研究的视野,使得美学研究方法的多元化成为不可阻挡的必然趋势。②

1985 年"方法论热"对于美学文艺学的开拓,贡献无疑是多方面的。王世德总结说,在"新的角度与途径研究美学界悬而未决的难题""自然科学与社会科学一体化交融进而产生亦此亦彼的交融性学科""面向广阔的生活中多样的审美领域""启发美学广开门路,兼收并蓄、面向各个学派""学科纵深发展与渗透综合""横向新兴学科的出现"③等方面,都有历史贡献。尤其是 1985 年"方法论热"还改变了新中国成立以来美学研究中重观念、轻方法,乃至没有方法论自觉的缺陷,极大激发了美学研究的热情,形成了美学研究多元方法论的格局。当然,其局限也是明显的,除科学主义思潮背景下方法论热潮表现出一种"纯技术运用"的倾向外,"将方法出新等同于观念创新""混乱了方法的层次秩序与相应规范,忽视美学研究方法的特殊性"④也是研究中暴露出的缺陷。

除对"方法论热"历史功过的省思外,还值得思考的问题是:在"清除精神污染"之后的 1985 年,也就是"美学热"业已退潮后,为何会再次上演这样一场同样影响广泛的"方法论热"?冷静来看,"热"的原因是多方面的。

---

① 野桃:《运用信息论研究文艺与美学》,《文艺研究》1985 年第 3 期。

② 朱立元:《美学研究的方法应当多元化》,《复旦学报(社会科学版)》1985 年第 1 期。

③ 王世德:《评美学研究新趋势》,《四川大学学报(哲学社会科学版)》1985 年第 3 期。

④ 谭好哲、韩书堂:《1985 年前后美学研究方法论热的学术史反思》,《社会科学辑刊》2009 年第 5 期。

　　一是以经济建设为中心的国情下对自然科学的提倡与重视。在"实践是检验真理的唯一标准"政策的影响下，社会的主要发展方向和重心逐渐转移到经济建设上来。历经多年"文革"，社会各领域均处于百废待兴的局面，这尤其需要自然科学的力量来加以改变。受此影响，科学主义成为社会进步与改革的重要力量。因此，包括人文科学领域在内的知识界各行各业中，大量引入和学习自然科学理论，成为一种趋势。在美学研究中，尽管"方法论热"集中爆发于 1985 年，但实际自 1982 年起，便开始有了相关探讨与自觉。

　　二是改革开放背景下对西方理论思潮的大量译介和影响。因很长一段时期内中国文论与美学基本处于封闭状态，无论是对西方还是传统理论资源，都缺乏有效的互动与借鉴。改革开放后文化外交上的政策转变，使得西方文论与美学短时期内大量涌入中国，这对此前相对封闭的文艺美学观念形成了强烈冲击。西方文艺思潮的译介，既为文论美学新发展提供了资源与参照，也大大拓展了中国学者们的学术视野，使得人们在学术研究中敢于打破传统，并大胆引入新知识、新视野，进行学术理论创新。

　　三是时代思想环境的更替和政治理想的模式改变。新时期初，意识形态的变革要求使得思想领域发生松动，并在感性的文艺美学领域内率先通过"形象思维""共同美"以及"人性、人道主义、异化"等问题的论争，将人的问题凸显出来。因此，"美学热"的爆发正是这种人们寻求"感性解放"与"人性觉醒"的符号隐喻，在僵化的意识形态与遮蔽人性的日常伦理突破中通过"学术论争"的方式得以登场和不断蔓延的结果。与此不同的是——到 1985 年前后，"文革"阴霾逐渐散去，在新的时代环境影响下，尤其是在西方思潮的不断涌动与刺激下，新一代知识青年已不满足于对马列传统的诠释，而是希冀创新与变革，尤其是希望在以欧美发达国家为代表的政治模式中寻求现代化的中国出路。于是，"方法论热"的爆发不仅是"美学热"基础上美学文艺领域进一步的理论变革，更是一种学科的范式转型，以及对方法论的自觉创新后社会政治理想的模式变革。

　　从某种层面上看，"方法论热"的兴起恰恰预示着"美学热"的沉寂、退潮，并在现代化与文化中国等新的理论问题域与社会政治模式的探求下,被新一轮的"文化热"替代。20 世纪 70 年代末至 80 年代初中期的"美学热",除了五六十年代"美学大讨论"的"未完成性"及其学术积累,以及后"文革"意识形态重建的因素外,还存在社会底层民众普遍的"人性"与"人道主义"的诉求。到了 20 世纪 80 年代中期,这些因素逐渐模糊,并在外来思潮的刺激影响下被"文化现代性"的新的政治社会诉求取代。因此,在 20 世纪 80 年代"丛书热"①中,金观涛"走向未来丛书"②、甘阳"文化:中国与世界"和王元化"新启蒙"等丛书相继出版,它们均在一种新的对中国传统文化模式的批判反思与西方现代化模式的借鉴学习之"学术力量"的合力作用下,驱动着新一轮"文化热"的高涨。这种"美学热"向"文化热"的过渡,既预示着社会思想发展潮流向更高形态的知识演变,又意味着美学研究逐渐回归到正常学科发展后的理论沉寂。

　　1985 年,促动"美学热"的社会因素逐渐弥散,时代思想的转型和新一代知识青年的崛起,尤其是以各种丛书为代表的"西学热"及其表征的社会新思潮的涌动,均使得"美学热"被"文化热"取代后渐趋沉寂。此后,"美学热"时期创办的各种刊物也在这种淡化趋势中被迫纷纷停刊,譬如:刘纲纪《美学述林》1983 年 6 月只办一辑即停刊,蔡仪《美学评林》1984 年第七辑后停刊,李泽厚《美学》1987 年 11 月第七期后停刊,中国社科院文学所理论室编《美学论丛》1987 年 12 月第九辑后停刊,四川省社科院文学所《美学文摘》1988 年第六辑后停刊,等等。这些现象均可视为"美学热"退潮的知识性标志。

---

① 据统计,20 世纪 80 年代中期,各类丛书有近千种,这是出版工作中出现的十分惹人注意的"文化现象"。这种"热"不是偶然的,而是与社会历史变动有着密切关联的。一方面与文化浩劫、精神贫瘠后对知识性丛书的知识渴求相关;另一方面又与特定历史条件下特殊的心态与需要,即民族深层反思后"时代精神和民族精神的庄重选择"相关。所谓"丛书热",作为"文化热"的重要表征,是时代精神反思之后,对民族历史的一种思想选择。参见方鸣、陈沙、余亦赤:《"丛书热"三人谈》,《出版工作》1988 年第 7 期。

② "走向未来丛书"侧重对新思想与新方法的介绍,突出新学科与交叉学科的特点,尤其在"比较文化"以及对"西方学术名著"的翻译介绍上,顺应了国内学术界文化研究的热潮。参见刘青峰:《研究、思考、借鉴和展望——"走向未来丛书"第三批十四本书内容简介》,《上海青少年研究》1986 年第 6 期。

尽管如此,受"美学热"驱动,"美学热"中的"主体性美学"思想话语被适时转化为"文学主体性",并以"向内转"的方式完成了由"他律性"向"自律性"的学科化转型。尤其是"美学热"背景下由于西方现代文艺思潮的译介影响,对方法论的重视随着"美学热"的退潮而走向前台,由此形成 1985 年的"方法论热"。如此,精神分析、神话原型论、新批评、结构主义、符号学、叙事学等均在方法论转型中纷至沓来。受方法论转型的影响,文学研究领域内不仅打破了传统现实主义的观念模式,还在荒诞、虚无、反讽、先锋、后现代的形式语言和技法上有力地推进了学科话语的自律性发展。这些跨学科领域的方法论被广泛运用于人文社会领域的学术研究中,既有效更新了学科话语的论域,又极大促进了人文思想领域的学术发展。

以上从"先声""起点"到"高潮",再到"降落"与"沉寂",基本厚描出 20 世纪 80 年代"美学热"潮起潮落的事件进程。作为后"文革"意识形态危机及其"现代性重建"与马克思"人道主义"思潮相融合的产物,"美学热"通过对"共同美""人性、人道主义及异化"等问题的探讨,实则在与意识形态话语的拮抗中提供了一种感性解放的动力,由此成为社会思想变革的中心。马克思"人道主义"与后"文革"意识形态重建的诉求,也构成了"美学热"最为核心的结构基础。作为一种感性解放的符号隐喻,"美学热"与意识形态的话语突围相辅相成,并在这种原动力的支撑下,通过精神文明建设等形式获得了全社会的广泛参与,进而形成鼎盛之势。但当这种社会热潮逐渐失去思想基础时,其思想热潮便归于沉寂,并由公共话语回落到学科话语中,最终在新的时代语境下被"文化热"取代。

总之,意识形态的思想变革直接决定着 20 世纪 80 年代"美学热"的潮起潮落过程,美学话语亦负载着走出"文革"以及后"文革"意识形态思想话语重建的新启蒙重任。作为感性解放的符号隐喻,扮演公共话语角色的美学在完成历史使命、退出历史中心舞台后,终将回落到知识型的学科话语中。

| 第十二章 |

从"美的本源"到"美的本体"

——80 年代"美学热"的意义及反思

美学变成了一块招牌，

什么爱情美学、军事美学、新闻美学、伦理美学……都出来了。

什么都挂一个美学，荒唐！

——《美的历程——李泽厚访谈录》①

对"假、恶、丑"的痛恨与对"真、善、美"的渴望，奠定了后"文革"文化语境中的社会心理结构。由此，在意识形态调整、思想松动转型下，感性的美学话语立即成为知识分子情感宣泄的符号，也成为社会思想解放与变革突围的"急先锋"。尽管"美学热"是一种隐喻的政治符号，但在学术知识领域同样意义重大：一是长期固定化的思维模式框架在感性解放中被冲破，束缚美学已久的认识论／反映论方法模式被抛弃，取而代之的是对本体论的探寻；二是被割斩的西方美学思潮话语被大量译介引入，中国古典美学话语也重新进入学界视野，中西传统美学在新时期得以复兴；三是"美学热"向"方法论热"的转型，带来了新视野、新方法，使文学、美学及各门类艺术的学术视野得以更新，知识话语及其方法论域得到极大拓展；四是"美学热"促动着文艺领域的审美转向，尤其是文艺美学、文艺心理学等新兴学科方向的提出推广，极大拓

---

① 　李泽厚、戴阿宝：《美的历程——李泽厚访谈录》，《文艺争鸣》2003 年第 1 期。

展了美学与文艺学研究的学科版图。这些学术层面的意义影响是 20 世纪五六十年代"美学大讨论"无法比拟的。当然,20 世纪 80 年代"美学热"仍存在诸多局限和不足,尤其是对西方美学文论话语不加甄别的引进、美学的泛化与庸俗化、马克思主义"经典美学"论争的长久持续及各美学流派之间的派系矛盾等,同样对美学的未来发展发出了警示。

第一节　走出古典:"美学热"与"美学大讨论"的纵横比较

从 20 世纪五六十年代"美学大讨论"到 20 世纪 80 年代"美学热",基本铸型了当代中国美学的思维方式、话语形态及其理论格局。通过这两次美学热潮,以李泽厚为代表的"实践美学"也渐渐获得了主导性地位。毋庸置疑,80 年代"美学热"仍延续着"美学大讨论"时期对美的本质探究的纯粹理性冲动,只不过在感性解放中对美学的理解注入了鲜明的人学内涵,并在中西传统美学的话语注入中彰显出截然不同的风貌。尽管两者在"美的本质""美感及艺术的本质"和"《巴黎手稿》'自然人化'"的理解等美学基本理论问题的论争上存在颇多相似性,但在文化构成、思维方法、审美方式以及话语来源等诸多层面,却存在巨大差异,体现出 80 年代美学"走出古典"通往"审美现代性"的理论诉求。

一、文化构成与思想来源的差异

20 世纪五六十年代"美学大讨论"旨在通过美学论争,确立起马克思主义唯物论美学的主导地位。在讨论的初衷上,也异常明确地以批判朱光潜"资产阶级唯心主义美学"为政治出发点。"双百"方针出台,针对朱光潜美学的政治批判转向学术讨论后,因众人阅读的马克思主义经典著作不同,对马克思主义美学的理解也各不相同,加之美学作为一门西方学科,其话语在新中国初期对大多数人而言较为陌生且无相关知识储备,而中央高层对此也无明确指示,因而学者们在"向苏联学习"的语境中只能纷纷转向苏联美学界,学习相关话语以便进行美学争鸣。当时,苏联学界因马克思《1844 年经济学哲学手稿》重新整理后首次以俄语全文出版,恰好引发了美学界对于美的本质的论争。因此,在苏联美学与文艺学论著被大量引进译介的过程中,苏联美学尤其是社会派美学话语被大量移植到中国美学论争中,由此在"苏化美学模式"的前置性阅读中,不仅导致苏联美学话语大量膨胀、欧美美学话语日渐萎缩,还造成中苏美学讨论之间呈现出同步共振的现象。换言之,五六十年代"美学大讨论"仍是在思想改造背景下针对朱光潜的"批判资产阶级唯心主义"政治运动的产物,是特定时期内"政治场域"向"文学场域"的一次学术突变,其知识话语则普遍源自域外经验下对"苏联美学模式"的借鉴移植。

　　20世纪80年代"美学热"则有着全然不同的文化格局及理论思想来源。在关于"实践标准问题"的讨论中,社会思想开始松动,意识形态领域也希冀变革调整。在这种情势下,《人民日报》和《诗刊》相继发表了毛泽东谈"形象思维"和"共同美"的信,不仅激发了人们感性情感的想象和对美的探求热情,还通过"人性""人道主义"和"异化"等美学话语论争带动整个思想文化领域的突围。这也是"美学热"的文化成因。

　　与此同时,与20世纪五六十年代"美学大讨论"对"苏联美学模式"的借鉴不同,20世纪80年代"美学热"作为后"文革"意识形态话语重建,是对思想启蒙的吁求,因而对待西方、传统与苏联,都有着与过去不同的文化态度。为此,无论是苏联美学、西方美学,还是中国古典美学,均在这一时期成为文化兴盛的重要思想来源。不仅欧美美学尤其是康德美学思想成为李泽厚写作《批判哲学的批判》的思想背景,苏联美学中布罗夫、斯托洛维奇等"审美派""价值论派"也成为文艺学美学领域内的重要理论资源,中国古典美学话语同样成为李泽厚《美的历程》和其他学者探讨美学的重要话语线索。这些古今中外的思想话语,均被有效纳入美学话语的论争与建构中,不仅共同引领"美学热"潮,还直接参与了思想意识形态突围与变革的进程。

　　此外,"美学热"作为一种文化现象,不仅是美学层面的话题,还在话语生产机制上有着深刻的时代意涵。一方面通过"美、美感、共同美"等话题论争,"美学热"试图改变"美学大讨论"时期单一的哲学认识论美学模式,转向到多元美学方法论视域,还在"人性启蒙"与"审美自律"路线上寻回美学作为感性学的学科内涵;另一方面通过"手稿热""翻译热""实践美学热""主体性热"等话语表征,"美学热"负载着由美学话语转向思想解放、文化开拓的功能,彰显着文化思想构成上独特的历史意涵。

可以说,在文化构成上,"思想改造"与后"文革"意识形态思想突围的差异,奠定了 20 世纪五六十年代"美学大讨论"与 20 世纪 80 年代"美学热"呈现不同风貌的基调。在思想来源上,"美学大讨论"中"苏化美学模式"话语的膨胀、"欧美美学模式"话语的斩决和"传统美学模式"话语的萎缩,也极不同于"美学热"中对古今中外学术话语的大量吸收借鉴。正是这种文化构成与思想来源的不同,在总体格局上铸就了两次截然不同的美学热潮,对美学学科的发展造成不同影响。

二、审美方式与风格指针的差异

如果说文化构成与思想来源的不同在总体格局上造成"美学大讨论"与"美学热"呈现出不同风貌,那么审美方式与风格指针的差异则使得美学在研究方法、话语形态等诸多层面实现范式变革。

先看审美方式的变化。20 世纪五六十年代"美学大讨论"最大的病症在于将马克思主义美学仅仅窄化为单一的认识论、反映论,将"美 / 美感"问题放在"思维 / 存在"路径上加以机械推演,进而将"主观 / 客观"与"唯心 / 唯物"等同起来,还在"主观"即"唯心""反动"的路径上将政治批判与学术研究混同,造成美学研究的偏失。20 世纪 80 年代"美学热"不但竭力超越"主客模式"的哲学认识论路向,还从古典形态的"美的本质论模式"转到西方现代美学路径上,着力实现美学的审美现代性转型。通过对"共同美""人性""人道主义""《巴黎手稿》""主体性美学",直至"后实践美学"与"审美文化"的讨论,借由"美学热"重拾美学的主体性及其感性内涵,弥补过去工具理性背景下感性的不足。此外,马克思主义美学各派在更新发展的同时,对西方现代美学新理论、新流派的译介以及对中国古代美学的研究整理,也使得当代美学在"走出古典"后真正呈现出新的多元发展的学科面貌。

再看风格指针的差异。"美学大讨论"在"思想改造／'双百'方针"制造的夹缝中生长，其话语模式和形态只是马克思主义框架内对"苏联美学话语"的借鉴与阐发，在意识形态话语挤压中，知识性话语的创构被严重阻塞，进而导致美学论争的思维方法较为狭隘，论争话题极为原初，学术层次较为有限。20 世纪 80 年代"美学热"则在后"文革"意识形态突围中，不仅在西方美学话语的学习借鉴下扭转了单一认识论美学模式的不足，更在多元方法模式的形态格局下呈现出旺盛之势。尤其是实践论美学，不仅形成了"美是自由的形式""美是自由的创造""美是自由的象征"等多种理论形态，更在人的主体动力与感性机制中充分散发出美学的感性魅力。

简而言之，从 20 世纪五六十年代"美学大讨论"到 20 世纪 80 年代"美学热"，既是意识形态语境变更下体现出的不同美学风貌，又体现了当代中国美学"走出古典"转向现代形态美学的发展路向。尤其是从五六十年代"主客模式"中"美的本源"出发去追寻美的本质，到 80 年代美学"实践本体论"的过渡，使得美学学科从认识论过渡到了本体论，在审美现代性的理论诉求中实现了美学范式的更新调整，还为中国美学的多元发展格局奠定了基调。

第二节　学科拓展："美学热"与美学理论话语的内突外转

20 世纪 80 年代"美学热"不仅负载着后"文革"意识形态话语突围与重建的历史重任，还对新时期人文学术产生系列深远影响。围绕"人性""人道主义""共同美"及《巴黎手稿》美学问题"等系列话题的论争，不仅确立起"实践美学"的主导地位，还在审美现代性路径上拓展了美学文艺学的学科版图。

一、"实践美学"与当代中国美学的新发展

早在"美学大讨论"后期，朱光潜便自觉吸收马克思《巴黎手稿》中关于"生产劳动""艺术掌握方式与实践精神掌握方式"的内容，并形成了"美学的

实践观点"。① 与朱光潜相似,李泽厚也在《巴黎手稿》"自然人化"基础上将美学的视野日渐转向实践论。但受"唯心／唯物"美学模式的掣肘影响,与朱光潜"有目的性的自觉的活动"这一理解不同,李泽厚将实践理解为"不依主观意识为转移的社会历史客观必然性"。前者强调艺术生产中的"精神性实践",强调个体的价值需要及其审美关系;后者则强调劳动生产中的"物质性实践",强调超越个体的客观社会的历史规定性。尽管对"实践观点"的理解存在分歧,但两者都显现出"实践观点"美学的萌芽。

在今天看来,尽管朱光潜在 20 世纪 60 年代所倡导的"实践美学"并未彻底摆脱认识论／反映论的模式框架,但其对人及其自由自觉的精神创造的强调,显然是李泽厚早期"实践观点"美学思想中所缺失的维度,这也是 20 世纪 80 年代学习借鉴康德"主体性美学"后,李泽厚"实践美学"所极力弥补与建构的部分。遗憾的是,朱光潜和李泽厚的上述思想还没有得到有效阐发和发展,便随着"美学大讨论"的终止而偃旗息鼓。

20 世纪 80 年代感性解放语境中的"美学热",为"实践观点"美学的继续发展与建构提供了更加广阔的空间。尤其是在与西方现代美学重新接轨后,朱光潜的人的自由自觉的"精神生产"不仅与西方现代心理美学颇多相似,更与后"文革"意识形态突围背景下对人的推崇相吻合。如果说朱光潜当时年事已高,并全身心倾注于对维科《新科学》的翻译,已无精力再对马克思"实践观点"的美学做出理论上的系统建构,那么当时的李泽厚正可谓年富力强,有足够的精力和时间空间对其早期美学思想做进一步修缮和理论建构。

据此,在《批判哲学的批判》《美的历程》《美学三书》以及"主体性系列提纲"中,其"实践观点"美学不仅对早期思想做了较大调整,更在马克思与康德美学思想的互补改造中建立起了新的"实践美学"的理论体系。通过对康德主体性美学思想的吸纳,在马克思与康德的互补改造中,其主体性实践美学强调实践的本体论特征,在主体性路线上摆脱了早期对"客体—唯物—反映"

---

① 朱光潜:《生产劳动与人对世界的艺术掌握——马克思主义美学的实践观点》,《新建设》1960 年第 4 期。

模式的依赖,较好地突破了哲学认识论框架,还在审美主体、情感本体、心理结构、新感性等美学建构路径上,彰显出"实践美学"旺盛的生命力。

自"共同美"到"人·人性·人道主义·异化"问题再到《巴黎手稿》的美学问题",20世纪80年代"美学热"建立在马克思《巴黎手稿》"劳动实践""人化自然"及"美的规律"的基础上,加之朱光潜、李泽厚对马克思"实践观点"美学倡导的影响,一大批学者也先后加入其中,如蒋孔阳、刘纲纪、周来祥等美学家也在"实践美学"路线上提出了"美是实践的创造"等系列美学命题,由此实现了"实践美学"的谱系发展。通过对马克思"实践观点"美学的论争、阐发、弘扬,"实践美学"出版了大量美学论著,培养了一大批美学人才,还在审美关系、审美经验、审美意识、文化心理、情感结构、情本体、新感性等大量美学艺术范畴的纵深推进中,将"实践美学"推向新的理路阶段。尽管"实践美学"内部仍存在学理差异,也遭到20世纪90年代后被称为"生命美学""超越美学""后实践美学"等阵营的理论批判,却在20世纪80年代产生了极为广泛的社会影响,推动着当代中国美学的创新发展。

二、"美学热"与文艺美学的学科拓展

在20世纪80年代"美学热"中,除"实践美学"获得巨大发展外,美学研究也呈现繁荣迹象,结出累累硕果,如:美学专著、美学刊物大量出版;美学专题著作,尤其是探讨具体艺术问题的著作大量出现;中外美学史不断拓展,学术视野日渐拓宽;等等。① 这种美学哲学的繁荣,也给文艺领域带来新的风气与契机。

在文学理论中,伴随"美学热"的延伸影响,"审美意识形态"日渐成为阐释文学活动的主流观点。受苏化唯物反映论的模式影响,与"美感是对美的反映"一致,"文学是一种认识"也成为一种惯性式观点。直至20世纪80年代"美学热"时期,文学艺术中的审美关系逐渐成为人们关注的重点,对文学审美关系、审美特征、审美规律与审美本质的探求,成为文艺理论研究的重要内

---

① 蒋孔阳、朱立元:《八十年代中国美学研究一瞥》,《文艺理论研究》1990年第6期。

容。尤其是受苏联审美学派思想的影响,①钱中文、童庆炳、王元骧等学者也有意识地将审美与认识、审美与意识形态相互结合,并逐渐形成了"文学是审美意识形态"这一解释文学的主流观点。② "审美意识形态论"的提出,将文学的独立品格及其规律凸显出来,也打破了长期"文艺从属政治"的公式,既敞开了文学的审美空间,也有效拓展了文艺理论的学科版图。

"美学热"将马克思主义"人学"凸显出来,也正是在人的感性经验路线上,文艺美学、文艺心理学等学科的交叉性研究成为新的生长点。文艺美学倡导人胡经之认为,文艺理论或文艺学不能满足于仅仅讲文艺的政治性、阶级性,而应当重视审美性,因而需要开拓美学视野。为此,"高等学校的文学、艺术系科的美学教学,不能只停留在讲授哲学美学原理,而应开拓和发展文艺美学"。③ 文艺美学即是要反对将艺术现象孤立起来,主张艺术的审美规律与人类普遍审美规律相联系,进而探索文学艺术的审美规律以及不同艺术自身的特殊审美规律。由此,在文艺美学这一新开辟的学术思路中,人们纷纷抛弃机械唯物论或庸俗唯物论,而投奔美学阵营。与此同时,美学中的实践主体性思想也被适时转化为文学主体性,文学由此以向内转的方式完成自律性的学科化建构。以李泽厚为代表的"实践美学"、胡经之为代表的"文艺美学"、刘再复为代表的"文学主体论"等文艺美学思潮,均从审美自律性出发,对审美等人的感性经验予以格外关注,并在主体实践、审美体验、文学本体等层面赋予新的时代价值,并成为学科发展的增长点。

由"美学热"降温后过渡而来的"方法论热",对美学文艺学多元化理论格局的形成同样意义深远。1985 年前后涌现的方法论思潮随着"美学热"的降落而走向前台。形式主义、新批评、精神分析、结构主义等思潮话语大量涌入,并被广泛运用于文艺研究中。受这些新观念与新方法的译介影响,在对

---

① 童庆炳、陈雪虎:《百年中国文学理论发展之省思》,《北京师范大学学报(社会科学版)》1999 年第 2 期。

② 杜书瀛:《内转与外突:新时期文艺学再反思》,《文学评论》1999 年第 1 期。

③ 胡经之:《文艺美学》,北京大学出版社 1989 年版,第 2 页。

西方理论思潮的借鉴中,学者们不仅使文学艺术的审美问题得到多层次、多维度的推进,还打破了传统的社会主义现实主义话语框架模式,并在荒诞、虚无、先锋、后现代等语言形式及技法上推进了文学批评与创作的发展,拓展了新时期文学、美学研究的理论空间。正如谭好哲教授所指出,这一轮"方法论热"对于文艺美学的学科发展意义重大,尽管在方法的借鉴与引入上存在诸多缺陷,但"方法论热"的形成不仅"改变了中华人民共和国成立以来当代美学研究重观念轻方法以至于完全没有方法论自觉的缺陷",还"直接造成了美学研究的活跃态势,推动了美学研究多元化格局的形成"①。

三、审美文化:"美学热"之后的美学话语转型

到 20 世纪 80 年代中后期,随着"美学热"的沉寂,一种新的大众日常审美文化实践日益代替了过往思辨哲学的美学传统,审美文化批评由此兴起。审美文化尽管是"美学热"降落后的产物,却在实用性审美路线上与过往狭义的精神性审美形成鲜明对峙,也预示着消费时代美学话语的文化转型。

与"美的哲学"这一思辨性美学传统不同,对音乐、影视、广告、模特等大众文艺形式的审美逐渐成为 20 世纪 80 年代中后期的社会趋势。审美领域不断泛化拓展,传统的美学中心被逐渐消解。人们也不再通过抽象思辨去对各种概念、名词进行内在逻辑的厘析,而是专注对社会各种现象的评析,以抽绎出某些有规律性的美学范畴。也就是说,从美(审美)本体去探讨审美经验的经典形式的美学话语逐渐与当代文化现实相隔离,人们更加呼求一种与当代生活、当代艺术、当下文化处境密切相关的美学话语。由此,从经典形式的美学话语有效过渡到一种适应当代文化现实的超越经典形式的美学话语,成为把握文化现实的终极本质,这也是审美文化批评的美学指归。

应该说,审美文化的兴起是当代生命精神及其现实文化处境的反映,也是"当代人生命精神及其价值实现的美学形式",它既关涉当代人的生命精神

---

① 谭好哲、韩书堂:《1985 年前后美学研究方法论热的学术史反思》,《社会科学辑刊》2009 年第 5 期。

在具体审美实践中的价值实现和实现形式,又突破了经典美学话语形式的局限,指向了更为广泛的文化层面。从更深层次看,"美学热"退去,便隐喻着主流意识形态话语权的危机与失落,而大众文化的兴起及其对主流传统的抵抗,也表明后现代文化语境中公共领域话语的多元性趋势。为此,审美文化批评作为当代文化建构中的一种引导力量,一方面是对"去中心化"的当代文化多样性的及时介入,另一方面也是在公共领域内主流意识形态话语权消解后对于当代文化建构的干预实现。①

当然,从美学知识场域的传承影响看,审美文化的话语转型契合了 20 世纪 90 年代消费大潮与国家意识形态这一新的拮抗的理论格局:一方面折射美学研究退潮后的学科化内在转向,另一方面表明美学知识分子对社会意识形态的重新介入。由此,无论是审美文化的兴起还是后实践美学的勃兴,无论是对"实践美学"的继承调整还是变革超越,均可视为 20 世纪 80 年代"美学热"的内在延续,也呈现出美学知识场域不断变革的努力,以及美学学科自身关注主体生存与自由生命的感性冲动,甚至还以文化研究的名义进一步参与到公共知识领域的批判建设中。

总体而言,审美文化作为社会转型期文化现实处境的美学吁求,是"美学热"退去后美学知识分子由抽象思辨的经典化美学路线走向日常生活艺术的现实需求表达,暗示着消费时代美学的发展动向,还预示着当代文化建构的新方向以及"美学热"之后美学话语的文化转型。

第三节　泛化与启蒙:"美学热"的学术意义及哲学反思

20 世纪 80 年代"美学热"无论是对思维模式的更新与突破、美学流派的拓展与深化,还是对学科的纵深与推进,均起到重要推动作用。尤其是各派美学围绕马克思《巴黎手稿》"人化自然"等问题的继续争鸣,以及"美学热"中出现的"李泽厚现象"(如美的历程、人类学主体性哲学、中国思想史论等),均

---

① 王德胜:《审美文化批评与美学话语转型》,《求是学刊》1994 年第 5 期。

使得文论美学乃至整个思想文化产生巨大震动,其价值意义极为深远。然而,教条化的征用与曲解及其经典化的阐释策略,对当代西方美学思潮话语的盲目引进及其亦步亦趋的态度,美学话语在日常生活与生产中的泛化及其庸俗化滥用,美学论争中的言说立场及其派系斗争情绪,也给美学研究带来一定的负面影响,同样值得总结和反思。

首先,"美学热"从很大程度上来讲就是"手稿热",而 20 世纪 80 年代围绕马克思《巴黎手稿》的论争在取得较大成绩的同时,也存在教条化的征用与曲解现象。尤其是过分附庸语词概念并在辨析中企图找到学派观点的支撑依据,这种经典化的阐释策略造成了言说立场的分歧,更导致理论论争的长久持续。如在"异化""美的根源""自然人化"与"美的规律"等核心概念的论争中,各派美学家均从各自的言说立场进行辩难,在一定程度上存在重"情"轻"理"、重"破"轻"立"的现象,由此造成论争相持不下。通过对马克思与康德的双重整合与改造,李泽厚美学在取得体系化建构与突破的同时,也产生了诸多问题,譬如"后实践美学"批判对"客观性""社会性"及其"积淀论"过分倚重,仍旧没有对"个体""感性"以及"自由创造"足够重视。

其次,得益于西方美学的大量引进与译介,"美学热"在思维模式、研究方法与对象上均得到极大变革,但短时期内形形色色西方美学思潮话语的涌入,不仅使学人们无法有效甄别、选择与消化,更使学界只能全盘照搬、亦步亦趋,不仅停留在众声喧哗的热闹上,还因缺少系统的消化与深入理解而未能真正实现判断性的选择与吸收。这种无差别、无批判的话语接纳,因异质文化的错位及其历史语境形成的不同,最终导致对当代中国美学建设的诸多不良后果。同理,在对待传统美学遗产上,在取得重大突破与拓展的同时,由于长久的忽视以及思想理论上的准备不足,没能进一步提升到更高更系统的层面上,也没能在资料整理的基础上做出进一步系统分析与反思,这也使 20世纪 80 年代中国古典美学的研究水平没能做出新的突破。

再次,美学研究在不断深化的同时,也不断被泛化或庸俗化,加之学人哲学理论基础的薄弱及对艺术问题的忽视,削弱了美学学科的严肃性。在"美学热"的驱动下,西方各种思潮话语不断涌入,尤其是各种新方法不可阻挡地大量进入美学研究园地内,这在开放拓展美学研究视野的同时,直接造成了美学研究的泛化与庸俗化。李泽厚谈及此便严肃指出:"美学变成了一个大家族,因此也出现了一些荒唐的事情。美学变成了一块招牌,什么爱情美学、军事美学、新闻美学、伦理美学……都出来了。什么都挂一个美学,荒唐! 军事美学,难道打仗也讲美学? 但这也表现出大家受'美学热'的影响。"①美学哲学诗性的取消或淡化,除以上诸种把美学降低为工具性学科的现象外,还大量反映在诸如音乐美学、绘画美学、电影美学、建筑美学、劳动美学等门类艺术美学上。这也体现了人们对哲学美学的淡化,以及对贴近现实的艺术生活的趋向。正如李泽厚所言,这些现象一方面反映了"美学热"的巨大社会影响,另一方面也反映出美学研究领域中日渐淹没或取消理论的倾向,因而受到诸多批评。蒋孔阳对此批评说:

> 由于美无处不在,因此,美学研究的对象和范畴,可以不断地扩大。扩大美学研究的对象和范畴,这是美学发展的一种表现,不仅无可厚非,而且是应当鼓励的。但是,有的同志不管对象具备不具备美学研究的条件,不管美学研究作为一门科学的严肃性,就在通俗化和普及化的名义下,任意扩大美学研究的范畴,结果使美学庸俗化,失去了它应有的尊严,这就成了泛化了。目前市场流行的爱情美学、整容美学,以至厕所美学等,就是例子。甚至有的把美学当成一种招揽顾客的广告,到处滥用,泛滥成灾。像这种"泛化"的倾向,在市场经济发展的过程中,难于全部避免。②

应该说,李泽厚与蒋孔阳均指出了"美学热"时期美学获得迅速发展的同

时所暴露出的泛化和庸俗化的情况。这些生活或现象层面的问题与美学的牵强附会，客观上"泯灭了美学与非美学的界限，削弱了美学学科的严肃性与科学性"①。

最后，尽管"美学热"在思维模式、论争话题、视野方法等诸多方面均有拓展与推进，但在诸如美的本质问题以及对待马克思《巴黎手稿》问题上仍存在较大缺陷。20世纪五六十年代"美学大讨论"时期形成的派别在20世纪80年代"美学热"中进一步发酵为派系之间的情绪，不仅相互批判与抵触，还各自为政，难以有效汲取对方的意见或优点。尤其是在论争中，不仅仍纠缠于对美的本质的争执，还进一步把《巴黎手稿》神圣化，将其视为揭开美学的万能钥匙，对手稿进行经典化的过度诠释，造成论争的相持不下、长久持续，这实则并不利于美学的学科发展。与西方马克思主义学者对《巴黎手稿》进行文化与意识形态的批判不同，80年代中国学界仍侧重于对"生产劳动""美的规律"等概念的抽象思辨，"实践美学"也未能完全摆脱传统学术的思维框架与研究路数。当然，这些不足到了80年代中后期"美学热"趋冷后，出现了一定的改观，尤其是以蒋培坤为代表的用审美活动代替美的本质推论的研究路向，以及杨春时、刘小枫、潘知常、王一川等学人发动的"后实践美学"，在西方后现代视野下超越了"主客模式"的传统学术框架，带来了20世纪90年代后美学学科的正常发展。

在透视20世纪80年代"美学热"诸多不足的同时，从知识学理上值得反思的层面也更为复杂。众所周知，80年代"美学热"绝非一个单纯的文学美学话题，而是在思想背景、话语机制、逻辑脉络等更深层次上均与后"文革"思想文化变革息息相关。在"共同美""人性、人道主义论争"《巴黎手稿》热""翻译热"等诸多知识谱系与话语表征上，"美学热"在指向文学美学学科自身的同时，也涉及新时期知识分子的公共性话语表达，以及意识形态断裂而新意识形态尚未成立时——美学知识场域与意识形态拮抗之间的复杂性逻辑。

---

① 蒋孔阳、朱立元：《八十年代中国美学研究一瞥》，《文艺理论研究》1990年第6期。

事实上,透过这些美学话语论争,既能看到诸如 20 世纪五六十年代"美学大讨论"时期知识话语与意识形态话语此消彼长的关系,还能透过人性启蒙的面纱,窥视 80 年代马克思主义美学框架下与西方思想资源之间的混杂与规约,并"告别'文革'",经由人道主义和人性启蒙完成意识形态话语突围的进程,促进思想文化的现代化转型。

　　然而,作为意识形态冲决的隐喻性符号,"美学热"从思想解放运动这一政治性维度开始,便与"新启蒙"思潮相互缠合,进而形成了一片马克思主义人性启蒙的文化景观。为此,"告别'文革'"的浪漫激情与思想解放的政治诉求既给"美学热"发动与兴起提供了土壤与契机,也给美学这一知识话语在意识形态化的知识场域内划定了有限生产的界限。正如有的研究者所指出的,"在'美学热'的知识学资源建构中,我们可以清晰地看出两条线索,第一个是针对外部政治和社会的对抗性原则,它以反思历史和对抗政治的努力,在外部争取知识合法性的空间;第二个则是人学的新启蒙原则,通过文学、美学自身的学科场域的回归与恢复,通过个体的自由性和感性等完成知识学的启蒙。前者与后者之间构成了'此消彼长'的关系,新启蒙原则逐渐争取到了主动权,并以激进的姿态参与历史的建构。所以,从知识学的外部功能而言,知识生产者以'介入'的姿态进入公共场域之中,依附于政治性的权威从而转化为'思想的力量',这也正是'美学热'总是与政治和社会具有复杂纠结关系的原因,也是促使其产生和发展的动力"①。

　　可以说,"去政治化"的外部对抗与"新启蒙"的知识回归成为"美学热"的动力,而美学知识话语背后"人道主义／阶级斗争"的互动对抗,也使美学话语呈现潮起潮落的过程,还使个体主体性话语在意识形态的反拨中日渐凸显。如果说人们对于"美与美感""人性与共同美"的探讨还只是反抗"文革"阶级性话语的初步美学尝试,朱光潜、李泽厚、高尔泰等美学家对《巴黎手稿》中的"人道主义与异化"问题的重新阐释还仅是马克思主义框架内对哲学认

---

① 裴萱:《20 世纪 80 年代"美学热"的理论谱系与价值重估》,《西南民族大学学报(人文社会科学版)》2016 年第 3 期。

识论美学思想的理论反驳,那么由李泽厚到刘再复引发的对"文学主体性"的讨论,则以理论家的姿态将人学主体性与个体自由性直接鲜明地彰显出来。这不仅深化了美学文艺学的自律性品格,还在文学美学层面内为文论话语建构的"向内转"提供了知识范型。由此,可以说,"美学热"作为意识形态突围与人性启蒙的符号,极大促进了美学、文论以及文学自身学科的谱系转化。

在对"美学热"的反思中,不仅应注意到 20 世纪 80 年代初期马克思主义人学及其美学话语对 80 年代中后期乃至 90 年代国家意识形态转变为现代化公共社会文化产生的积极影响,还应该看到"以人为本"及其相关思想已成为当下社会的合法性公共理念。这实则也可以看成是"文革"后马克思主义人学及其美学话语于今日积淀之成果。① 换句话说,在人道主义思潮反思中,以美学为符号隐喻的知识分子在对抗极左意识形态中所确立的"新启蒙"知识话语,不仅是思想界发动诸种美学话题及主体性、现代性等论争的知识动力,还是重建知识独立性与合法性及建构社会合法价值理论体系的前奏。80 年代以启蒙为基调的"美学热",在感性解放与意识形态突围中,一方面呼应了马克思主义哲学体系中"人的本质"这一主体性思想,因而获得了意识形态的土壤与支撑,得以不断延展和继续,另一方面也因接洽和延续了五四新文化运动"启蒙精神"的内涵,在主体性与现代性理论姿态中获得了意识形态空间外的延展,并成为思想界的主流。

总体而言,作为感性符号的情感表征,"美学热"负载着思想解放与意识形态话语突围的重任,与马克思主义"人学"话语耦合,参与了国家意识形态话语与思想的重建,对整个社会尤其是人文思想领域产生了重大影响。就美学领域而言,知识分子通过 20 世纪 70 年代末至 20 世纪 80 年代初中期围绕着《巴黎手稿》相关话题的论战,在各抒己见、共同讨论中极大推动了美学研究的纵深与横向发展,在实践美学、文艺美学、心理学美学等各个领域均结出丰硕成果,意义深远。而"美学热"退潮之后,生命美学、存在论美学、修辞论

---

① 　尤西林:《心体与时间——二十世纪中国美学与现代性》,人民出版社 2009 年版,第 193 页。

美学等"后实践美学"的理论提出，也映射着 80 年代"美学热"对当代中国美学的深远影响。现在看来，"美学热"的消退与沉寂，既是消费语境下"新启蒙"之于市场大潮的让位，是思想启蒙、文化开拓与感性解放之意识形态突围后，其意识形态变革力量淡化后的退场，也是美学研究及其话语不断泛化和实用化后向日常生活的回归。沉寂后的美学日渐回归到学科型正常话语的轨道上。屡屡越界与失位的美学，也在历经"美育"与"立人"的政治启蒙、"唯心/唯物"的红色预警、"异端"的颠覆与激情后，回归到艺术自律的路径上，体现了时代文化转型下美学发展的新趋向。从公共领域过渡到学科话语后，美学的不断减压、释负与转型，也预示着美学学科发展的远景。

| 第十三章 |

从五四启蒙到 80 年代"新启蒙"

——一条美学红线与两副理论面孔

20 世纪 70 年代末至 20 世纪 80 年代初,以"形象思维""共同美""人性、人道主义与异化"等美学问题为切口,当代中国掀起了一场思想解放运动。这场承载着感性解放与文化开拓的思想运动,是与"美学热"相伴相生的,并被知识界称为"新启蒙"①,被认为是当代中国的另一场五四运动。作为一股复杂的思想文化思潮,"新启蒙"发源于思想解放与改革开放的政治变革语境中,并成为当代中国通往文化现代化的思想路径。作为"美学热"背后所隐喻的意识形态思想主题,"新启蒙"既蕴含着对"文革"的告别以及对实现"四个

---

① 事实上,"新启蒙"一词并非 20 世纪 80 年代首创,早在 20 世纪 30 年代中后期,张申府、陈伯达、何干之等中共文化人便接连发起以"继承五四,超越五四"为口号、以"鲜明的爱国主义和民主主义"为特色、以"建立广泛的民族统一战线"为目的的"新启蒙运动",还在"星期天文学会"基础上成立了"新启蒙学会",只因"文化右翼"的反对及内部力量面对批判的软弱,加之日寇的入侵,"新启蒙"运动很快夭折,因而影响十分有限。直至 80 年代,尤其是以王元化主编的大型丛刊《新启蒙》为标志,大批知识分子试图完成五四运动尚未完成的启蒙工程,因而再次发起了一股席卷文化、政治、经济、法律、哲学、文学等各个领域的"新启蒙"思潮,并以"隐喻的方式"在反"文革"、反"封建专制"与反"现代迷信"等层面上为"改革实践提供意识形态的基础",由此,80 年代"新启蒙"思潮实则扮演着当代中国思想文化先声的角色。本书所论及的"新启蒙",也正是在这一理论层面上使用这一概念。

现代化"的美好诉求,又潜藏着对西方现代化文明的羡求。由此,借助人性、人道主义等启蒙话语,"新启蒙"与 80 年代"美学热"共奏,在知识话语与意识形态话语的拮抗与合唱中,共同负载着告别乌托邦社会主义的理想激情并探求文化现代性的社会变革任务。

当然,无论是五四启蒙还是 20 世纪 80 年代"新启蒙",显然都与欧洲启蒙运动相关。问题是,当我们追踪"新启蒙"的本土思想脉络时,便不得不追问 80 年代"新启蒙"与五四启蒙的异同,并进一步思考五四启蒙运动与欧洲启蒙运动的历史关联。尤其是在 20 世纪中国所谓"启蒙与救亡的双重变奏"之革命性语境中,我们究竟能否将五四启蒙中断的原因全盘归咎于"救亡压倒启蒙"? 倘若不能,中国五四启蒙运动中断的原因究竟何在? 80 年代为何又要重提"新启蒙",其"新"又有何特定历史意涵? 此外,在五四启蒙与 80 年代"新启蒙"思潮中,为何均由美学话语扮演主角? 这些问题均值得我们不断沉潜到历史语境中予以省思和辨察,并做出新的历史的理论回答。

第一节　何谓启蒙:启蒙的西方性质及其范式

启蒙(Enlightenment),本是西方 17 至 18 世纪新兴资产阶级反对封建专制主义及教会神权主义的口号,其标志则是象征着三种不同性质的三场启蒙运动。

一是法国启蒙运动。启蒙运动最初发生于英国,却在法国产生最深远的影响。启蒙运动是与法国大革命相继发生的。批判教会与王权,凸显个人至上的理性主义和个人主义,法国启蒙运动表达的是一种"批判偏见,表达我行我素、不受拘束的愿望"。① 作为对旧有力量的挑战,伏尔泰、狄德罗、卢梭等人在"反教权主义"以及倡导"自由与理性"中,呼吁建立使"个别意志"符合

---

① 丹尼尔・罗什:《启蒙运动中的法国》,杨亚平、赵静利、尹伟译,华东师范大学出版社 2010 年版,第 357 页。

"普遍意志"的"美德统治",以"重塑社会和人性"①。

二是德国启蒙运动。德国启蒙运动是与德意志民族的复兴相互联系的,高举理性旗帜、追求自由民主、批判封建专制,并与德国国家主义相结合,最终形成一种极为强势的德意志文化民族主义精神。

三是苏格兰启蒙运动。与法国启蒙运动将理性与宗教提升到中心地位不同,苏格兰启蒙运动"对理性在启动社会变革方面的效能持一种更加审慎的看法"②,他们对"个人主义"即"理性的个人"的批判,"不是因为这种服从是一份众所同意的契约(一份理性的协议)的一部分,而是因为人们已经被社会化,并进而接受了一种特定的管理模式"③。也就是说,与法国启蒙运动对可见的"理性干预"不同,休谟、亚当·斯密等英国思想家将理性置于次要地位,而将"道德情感""社会美德"及"同情""仁爱""怜悯"等观念作为时代精神更重要的特质,进而寻求一种社会美德与公共利益、个人自由与社会政治的平衡。④

以上三场启蒙运动体现了启蒙的三种性质,即:以激进的个人主义和权力主义反抗教会与王权的法国启蒙运动;彰显激烈的反传统主义和群体主义,进而又与民族精神相聚合的德国启蒙运动;追求个人价值与法治秩序、社会美德与公共利益、个人自由与社会政治平衡的苏格兰启蒙运动。其中,苏格兰启蒙运动对英、美社会建构,尤其是对美国"自由的政治"之社会道德秩序的建构产生了直接而深远的影响。

法国、德国、苏格兰三场启蒙运动提供了三条迥异的启蒙路径,而以此为基础,又进一步培育出了两条方向相反的现代理论和制度实践路线:一条是西方主流的资本主义社会路线,另一条是马克思以降的社会主义社会路线。

---

① 格特鲁德·希梅尔法布:《现代性之路:英美法启蒙运动之比较》,齐安儒译,复旦大学出版社 2011 年版,第 103 页。

② 克里斯托弗·J.贝瑞:《理解苏格兰启蒙运动》,《学海》2014 年第 1 期。

③ 格特鲁德·希梅尔法布:《现代性之路:英美法启蒙运动之比较》,齐安儒译,第 74 页。

④ 亚历山大·布罗迪:《苏格兰启蒙运动》,生活·读书·新知三联书店 2006 年版,第 24—25 页。

前者在欧美获得了巨大发展,后者则在中国获得了变异催生的土壤。

在分析以上两条路线的差异及其成因之前,非常有必要在三条启蒙路径之上进一步追问:到底"什么是启蒙"? 这一问题的提出也引出了西方关于"启蒙批判"的两种范式。

一、"康德与门德尔松"范式:理性的自我批判

康德在《答复这个问题:"什么是启蒙运动?"》一文中指出:"启蒙运动就是人类脱离自己所加之于自己的不成熟状态。不成熟状态就是不经别人的引导,就对运用自己的理智无能为力。……要有勇气运用你自己的理智! 这就是启蒙运动的口号。"[1]就在康德这篇文章发表前的三个月,摩西·门德尔松也在同一杂志上发表了对"什么叫启蒙"的回答,他认为:"一个民族的启蒙乃是取决于(1)知识的分量,(2)知识的重要性,这就是说,它与人的命运和公民的命运的关系,(3)知识在所有阶层中的传播,(4)知识与他们的职责的一致。"[2]尽管康德在文章末尾的注释中提到文章撰写过程中尚未阅读到门德尔松的文章,但两人对于启蒙理解的一致之处在于,两人均指出每个人都应担当起作为人与作为公民的使命,在不断的"自我批判"与"交互启蒙"中重建信仰。[3]

在此,康德、门德尔松对启蒙的思考范式是:将启蒙获得的途径建立在"公开运用自己理性的自由"之上,通过建立在道德哲学基础之上的"理性的自我批判",实现人际间的、交互形式的启蒙,并认为"通过一场革命或许很可以实现推翻个人专制以及贪婪心和权势欲的压迫,但却绝不能实现思想方式

---

① 康德:《答复这个问题:"什么是启蒙运动?"》,何兆武译,江怡主编:《理性与启蒙——后现代经典文选》,东方出版社 2004 年版,第 1 页。

② 摩西·门德尔松:《论这个问题:什么是启蒙?》,詹姆斯·斯密特编:《启蒙运动与现代性:18 世纪与 20 世纪的对话》,徐向东、卢华萍译,上海人民出版社 2005 年版,第 58 页。

③ 冈特·策勒:《关于启蒙的启蒙——康德的自治概念,理性的公共应用》,韩水法主编:《理性的命运:启蒙的当代理解》,北京大学出版社 2013 年版,第 51—52 页。

的真正改革"①。

二、"霍克海默与阿多诺"范式:理性的自我破坏

进入 20 世纪,启蒙运动及其评价反思不断升温,尤其是第二次世界大战之后,极权主义话题在冷战形式下不断发酵。为从思想上回应极权主义,尤其是在西方现代性成为功利主义、个人主义与技术主义的情境下,对启蒙的理解也出现了截然不同的批判声音。如卡尔·贝克尔在《18 世纪哲学家的天城》中就认为启蒙的事业要想"清除基督文本的最佳希望就在于重新改写它,使之现代化"②,而流亡到美国的法兰克福学派代表霍克海默与阿多诺,更在《启蒙辩证法》中把法西斯主义归因于资本主义文明的倒退,进而又追溯到"启蒙的异化、蜕变和局限"③,认为"启蒙精神从一开始就具有激进的性质",而资产阶级世界的极权统治或独裁长期以来就是"以启蒙精神为基础进行的欺骗"。④

应该说,在康德理性主义哲学批判分析的基础上,霍克海默与阿多诺将哲学批判的视角过渡到社会学,并向理性提出了挑战,进而在对工具理性的激进批判中将其转变成了理性的自我破坏。

爬梳以上关于启蒙运动的三种不同类型及其两种批判范式,一方面是为厘清启蒙的历史、脉络及其语境,廓清启蒙批判的文化差异,另一方面则为更好地观照与审视启蒙的中国历程提供了反思的哲学基础和理论的检视参照。

---

① 康德:《答复这个问题:"什么是启蒙运动?"》,何兆武译,江怡主编:《理性与启蒙——后现代经典文选》,第 3 页。
② 卡尔·贝克尔:《18 世纪哲学家的天城》,何兆武译,北京大学出版社 2013 年版,第 96 页。
③ 彼得·盖伊:《启蒙时代:现代异教精神的兴起》上,刘北成译,上海人民出版社 2014 年版,"译者序",第 3 页。
④ 霍克海默、阿多诺:《启蒙辩证法》,洪佩郁、蔺月峰译,江怡主编:《理性与启蒙——后现代经典文选》,第 163—164 页。

第二节　启蒙的中国语境与"启蒙与救亡"范式的历史检讨

在中国文化语境中,谈及启蒙,人们首先想到的自然就是五四运动。然而,对于五四概念及其意义的理解,历来存在诸多争议,主要有如下两种。

分歧之一在于对五四概念的理解。如胡适等人从狭义处入手,认为五四应专指学生政治爱国运动而不包括新文化运动,[①]而大多数人则做广义理解,认为五四既指 1919 年以"五四事件"为代表的学生爱国反帝政治运动,又指以《新青年》为主要阵地的新文化运动。在"政治运动"与"文化运动"的争执中,后一种观点得到多数学者的认同,尤其是在 20 世纪 80 年代"新启蒙"语境中,为突出五四新文化运动的思想意义及其启蒙性质,这种观点更是得到进一步加强。

分歧之二在于对五四性质的定位。这大体也存在三种不同的观点:一是如胡适的"文艺复兴说",代表了自由主义者的观点;二是"反传统说",代表了文化保守主义者的观点;三是"思想启蒙说",代表了马克思主义者的观点。同样,在三种性质定位中,"思想启蒙说"获得了更多支持。其实,早在 20 世纪 30 年代中国共产党就发动了当时所谓"新启蒙运动",并将五四的思想启蒙意义突显出来,认为:"在思想上,如果把五四运动称为启蒙运动,则今日确有一种新启蒙运动的必要;而这种新启蒙运动对于五四的启蒙运动,应该不仅是一种继承,更应该是一种扬弃。"[②]

当然,对五四运动启蒙性的提倡,影响力最大的首推李泽厚。其在《启蒙与救亡的双重奏》一文中,不但对五四运动的启蒙意义进行了深刻论述,还进一步提出了中国现代思想史中的"启蒙与救亡"范式。李泽厚认为,五四运动

---

① 胡适:《五四运动是青年爱国运动》,欧阳哲生编:《胡适文集》第 12 册,北京大学出版社 1998 年版,第 854—856 页。

② 张申府:《五四纪念与新启蒙运动》,《张申府散文》,中国广播电视出版社 1995 年版,第 298 页。

包含新文化运动、学生爱国反帝运动两个性质不同的运动,新文化运动就是
"用'西学'(西方资本主义文化)反'中学'(中国封建传统文化)的启蒙运动",
只不过新文化运动在"国民性改造"与"旧传统摧毁"这一民主启蒙的自我意
识上虽是"文化"而非"政治",但"从一开头,其中便明确包含着或暗中潜埋着
政治的因素和要素",李氏认为:

> 启蒙的目标,文化的改造,传统的扔弃,仍是为了国家、民族,仍
> 是为了改变中国的政局和社会的面貌。它仍然既没有脱离中国士
> 大夫"以天下为己任"的固有传统,也没有脱离中国近代的反抗外
> 辱,追求富强的救亡路线。……所以,当把这种本来建立在个体主
> 义基础上的西方文化输入以抨击传统打倒孔子时,却不自觉地遇上
> 自己本来就有的上述集体主义的意识和无意识……以上种种,使得
> 这种以启蒙为目标以批判旧传统为特色的新文化运动,在适当条件
> 下遇上批判旧政权的政治运动时,两者便极易一拍即合,彼此支援,
> 而造成浩大的声势。五四运动正是这样。启蒙性的新文化运动开
> 展不久,就碰上了救亡性的反帝政治运动,二者很快合流在一
> 起了。①

这是李泽厚"启蒙与救亡"范式提出的理论前提,并将"启蒙"视为用"'西
学'(西方资本主义文化)反'中学'(中国封建传统文化)"。然而,在"救亡、革
命、战争"的现实要求下,政治救亡的主题又终将全面压倒思想启蒙的主题。
对此,李氏进一步指出:

> 救亡的局势、国家的利益、人民的饥饿痛苦,压倒了一切,压倒
> 了知识者或知识群对自由平等民主民权和各种美妙理想的追求和

---

① 　李泽厚:《启蒙与救亡的双重奏》,《中国现代思想史论》,东方出版社1987年版,第11页。

需要，压倒了对个体尊严、个人权利的注视和尊重。……这种种启
蒙所特有的思索、困惑、烦扰……都很快地被搁置在一旁，已经没有
闲暇没有工夫来仔细思考、研究、讨论它们了。五卅运动、北伐战
争，然后是十年内战、抗日战争，好几代知识青年纷纷投入这个救亡
的革命潮流中，都在由爱国而革命这条道路上贡献出自己，并且长
期是处在军事斗争和战争形势下。……任何个人的权利、个性的自
由、个体的独立尊严等等，相形之下，都变得渺小而不切实际。个体
的我在这里是渺小的，它消失了。①

也就是说，五四启蒙性的新文化运动，在日益壮大的救亡性的反帝政治运动
中，启蒙终被救亡压倒，此后的一系列革命斗争更是将这种个人自由的启蒙
宣传彻底湮没。因为抗战救亡需要依赖民众的投入，这种依赖就必然造成启
蒙的搁浅与让步，最终导致启蒙的失范。这就是李泽厚著名的"救亡压倒启
蒙"论，也是五四启蒙运动中断的历史缘由。

　　客观地说，李泽厚"救亡压倒启蒙"论有其客观事实基础。然而，将五四
启蒙运动的中断纯粹归咎于救亡，并将这种"救亡压倒启蒙"的范式普遍推广
于中国现代思想的发生发展中，则并不能成为历史解释的普遍规律。② 因为，
在欧洲启蒙运动中，思想革命、宗教革命与政治革命也是紧密相关的，然而，
这些政治、宗教的介入却没有压倒启蒙，并造成西方启蒙运动的中断。实际
上，除了救亡这一时代性的革命主题外，还存在着诸多启蒙难以为继而被迫
中断的真正的历史缘由。

　　首先，对欧洲启蒙运动思想接受的偏差脱离了启蒙的本意。众所周知，
五四启蒙运动，更具体而言是五四新文化运动，主要就是吸收欧洲启蒙运动
的思想资源，正如李氏所言是用"西学"反"中学"。陈独秀 1915 年创办《青年

---

① 李泽厚：《启蒙与救亡的双重奏》，《中国现代思想史论》，第 33—34 页。
② 王元化：《为五四精神一辩》，王元化主编：《新启蒙：时代与选择》，湖南教育出版社
　1988 年版，第 13 页。

杂志》(1916 年改名为《新青年》,1917 年编辑部由上海迁至北京)、发动新文化运动,便深受法国启蒙运动的影响,杂志封面更是刊印了法文刊名,其所主张的"国民自觉"与"人民主权"也深受法国卢梭等人民主思想的影响,这也是陈独秀发动思想启蒙之新文化运动的初衷。此外,蔡元培等人留德期间也深受德国民族精神的涵养,康德"理性与自由"之启蒙精神便成为其教育理念的一大核心。然而,欧洲启蒙运动存在着法国、德国、苏格兰三种不同性质与类型的思想启蒙运动。但在中国,五四以来启蒙运动的底色和资源,主要就是法国启蒙运动和德国启蒙运动,恰恰忽略了苏格兰的"个人自由与政治社会平衡"的改良主义启蒙路线,加上现实救亡的危机,新文化运动很快"与德国的民族主义和国家主义结合在一起",并且"与社会主义合流",进而最终通往了一条"马克思主义的社会理论与实践道路"①。在这种启蒙的中国化路线上,"法式"的"个人主义和权力主义"逐渐被清除,但"激进的反传统和群体主义"被保留下来,并与随后的陈独秀、李大钊、瞿秋白等人引领的马列主义的"社会主义"与"无产阶级"先锋理论结合起来,成为社会主义的理论符号。②正是从这种意义上说,五四启蒙运动不但并不彻底,还因它在思想接受上的理论隔膜与偏差,使得中国五四启蒙运动并未能按照预想的路径和口号贯彻下去,反而被现实社会的政治救亡这一阶级话语取代。

其次,对马克思主义理论接受的偏差阉割了马克思主义的原意。启蒙运动提倡个性解放与人性自由,彰显人道主义与人的权力。在马克思主义经典原著中,无论是《巴黎手稿》还是《资本论》,人性与个体的自由发展都是应有之义。然而,一方面,受长期封建思想和伦理道德的心理规范,个人、个性在中国传统观念中失去了它的主体性,皇权、尊卑、等级、家族,这些压抑个性、制约自由的传统枷锁,仍深深束缚着民众的精神思想;另一方面,受苏联庸俗

---

① 高全喜:《从苏格兰启蒙的视角来看中国五四以降启蒙的意义》,许纪霖主编:《启蒙的遗产与反思》,江苏人民出版社 2009 年版,第 29 页。

② 高全喜:《从苏格兰启蒙的视角来看中国五四以降启蒙的意义》,许纪霖主编:《启蒙的遗产与反思》,第 29 页。

社会学的机械论及日本福本主义极左思潮的影响,个体、自由、自我意识、人性、人道主义等等,均被视为与马克思主义水火不容的资产阶级反动思想,甚至将马克思主义仅仅窄化为单一的认识论、反映论。由此,传统文化的制约束缚及"马克思主义思想传播与接受"中的不成熟,双向掣肘了启蒙话语在中国的进一步发展,这也客观导致了五四启蒙运动在中国的中断。①

最后,苏联马克思主义的传播及其"经济决定论""阶级斗争论"等方法论模式掣肘了启蒙主义的个体性思想。因五四启蒙缺乏本土的思想逻辑,启蒙的倡导者更多的是延续儒家传统的"进德修身""治国平天下"的理念,②这种思想原点与欧洲人文主义的思想启蒙稍显冲突。尤其是苏联马克思主义思潮及其共产主义运动实践的兴起和引入,使之逐渐成为一个"独特的部分",从启蒙内部发展并分化出来,并日渐形成完全不同于启蒙思想的目标、使命、历史观,从而成为启蒙运动的一种否定性力量。③ 这种思想上的拮抗、分化,以至于冲突、对立,也势必导致启蒙思想的内部混乱以及启蒙运动的瓦解。

在反封建、反传统的逻辑起点上,中国五四启蒙运动与 18 世纪欧洲启蒙运动有着直接的话语关联。但因启蒙的中国话语受本土语境的制约,与欧洲启蒙运动发生了严重偏差,脱离了启蒙的思想本意,并最终走向了马克思主义的社会理论与实践。然而,五四启蒙之中断虽有救亡的历史事实,但"救亡压倒启蒙"并不能成为解释中国思想进程的普遍规律,因为在革命与救亡之外,还存在着封建文化传统与伦理道德规范的长期束缚,马克思主义理论传播与接受上的思想偏差以及启蒙思想内部的混乱、分化与否定,如上诸层面的内在掣肘更是导致五四启蒙运动中断的历史根源。

简而言之,五四启蒙运动在欧洲启蒙运动思想的借鉴中,在反封建和反传统的口号中,已经触及个体、民主、自由等现代性思想,只不过由于特殊的

---

① 王元化:《为五四精神一辩》,王元化主编:《新启蒙:时代与选择》,第 12 页。

② 蔡元培:《〈美学原理〉序》,高平叔编:《蔡元培美育论集》,第 291 页。

③ 汪晖:《预言与危机——中国现代历史中的"五四"启蒙运动》下篇,《文学评论》1989 年第 4 期。

革命政治运动和庸俗化的马克思主义理论话语的介入,启蒙现代性的中国历程不仅惨遭中断,还在"十七年时期"为阶级政治话语所替代。未竟的现代性启蒙,还在等待着新的催生土壤。

第三节 重喊五四与"新启蒙"的由来

由于异常复杂的传统、现实及社会语境的影响,五四启蒙运动被迫中断,人性、人道主义、个体、自由被长期排斥于马克思主义的大门外,成了"资产阶级唯心主义"与"资产阶级反动派"的政治代名词。这种思想局面随着"真理标准问题"的讨论以及中共十一届三中全会的召开而日渐松动,一场源于权力体制内部的思想解放运动拉开帷幕。

为冲破长期僵化的意识形态教条:一方面,中国共产党采用了经济改革的策略,将政治阶级立场转移到经济建设上,强调"以经济建设为中心""科学技术是第一生产力"等,以实现"四个现代化";另一方面,支持并发动了一场以"人性""人道主义"为主题的讨论以进行政治变革,剔除后"文革"时期"文化专制主义"①的精神枷锁。相较于经济改革的科学主义思潮,人道主义讨论的政治变革更加彻底。正是在对"人性"与"人道主义"的讨论中,人们纷纷从文学、美学、艺术等各个层面将思想解放的全民运动不断推向深入。

在文学与艺术领域,从"天安门诗抄"到1978年北岛、芒克创办的文学刊物《今天》,尤其是以《今天》为枢纽掀起的"朦胧诗"热潮及"星星画展",在个性张扬与个体价值宣泄中,不仅奏出了思想解放背景下"人的美学"这一时代强音,还在反抗"文革"与寻求"人性"复归的话语表达方式,以及以"反叛"和"个性解放"为主题的启蒙话语倾向上,引发后"文革"时代反抗逆流的人的崛起思潮,也构成了"文革"之后极为重要的"美学文本"。如朦胧诗人梁小斌在《中国,我的钥匙丢了》一诗中写道:

---

① 《光明日报》特约评论员:《实践是检验真理的唯一标准》,《光明日报》1978 年 5 月 11 日。

> 天，又开始下雨了
>
> 我的钥匙啊，
>
> 你躺在哪里？
>
> 我想风雨腐蚀了你，
>
> 你已经锈迹斑斑了；
>
> 不，我不那样认为，
>
> 我要顽强地寻找，
>
> 希望能把你重新找到。
>
> …………①

　　这首诗歌通过极具象征性的"寻找钥匙"的行为，对特殊年代中失去的人的青春与真、善、美等进行历史的追寻，体现了一代人的启蒙、觉醒及思考，也发出了时代解放与思想启蒙的声音。

　　在哲学领域，美学作为一种隐喻的政治符号，更是扮演着思想解放浪潮下"新启蒙"话语的核心推手。在 20 世纪 70 年代末 80 年代初的思想解放浪潮中，作为对"文革"中假、恶、丑的批判和对真、善、美的诉求，美学是社会解放中重要的载体，因而掀起了一股自下而上的"美学热"。美学作为一种感性的意识形态符号，也担负起思想解放以及意识形态突围与重建的历史重负。在"美学热"中，通过"人性""人道主义与异化"以及《巴黎手稿》中的美学问题"等论争，美学直接参与到民族思想解放与国家意识形态建构的整体进程中，并成为"旧意识形态"破裂而"新意识形态"尚未形成时的建构力量，成为政治变革的切入口。在自下而上的"美学热"中，人们纷纷从《巴黎手稿》出发，将马克思关于"人性""人道主义"与"异化"问题的论述充分挖掘出来，以表明马克思主义的"人学"本质及对人性问题的重视，并以此对"文革"进行反思和控诉：一方面，美学作为感性话语，契合了个体自由的审美理想，因而获

---

① 　北岛、舒婷等：《朦胧诗经典》，第 240 页。

得了不断延展的滋生土壤；另一方面，又与马克思主义"人学"话语相结合，因而获得了意识形态的支撑。于是，"美学热"立即与意识形态话语聚合，不断向各个思想文化领域扩散与延展。

此外，"文革"结束后，社会也普遍吁求一场类似五四运动的启蒙运动，以便将中国推向现代化，同时接续被中断的五四启蒙。原因之一是长久的中国封建传统文化的心理积淀，加上救亡导致的"传统的复活"以及"苏化"社会主义模式的融合，使得"文革"中封建主义及其文化专制主义影响愈加深重。人们急切需要一场以知识分子为主体的激进的社会改革运动，以重建国家意识形态，并尽快走出"文革"、走向现代化。这也在思想文化层面上催发着一场"新启蒙"！阮铭在《时代与选择》一文中便对此有着异常精辟的分析：

> 中国要实现人的主体文化意识的觉醒，必须有一个彻底铲除封建文化专制主义的新的文化启蒙运动，70年前的五四运动是一次伟大的文化启蒙运动，走出了反对封建文化专制主义的第一步，举起了民主与科学的旗帜。它在火和血的年代里，为唤起民众觉醒、挽救民族危亡做出了重大贡献。但是作为文化启蒙的历史使命还远远没有完成。今日中国已经最终走出火和血的年代，开始了向现代商品经济和现代民主政治的新的跨越。这是一个从经济基础到上层建筑的根本转变，需要一次比五四运动更加深刻和广泛的新的文化启蒙运动，实现全民族的观念更新，彻底挣脱封建文化专制主义的传统枷锁，唤起每一个中国人的主体文化意识的觉醒。[①]

阮铭的论述尽管是基于中国经济、政治、文化的分析，是从"时代变化""生产力标准和人的解放"等角度对"新生产力时代的文化选择"做出的论断，但无疑有着普遍的历史意涵。可以说，在后"文革"时期，文学、艺术、美学等

---

① 阮铭：《时代与选择》，王元化主编：《新启蒙：时代与选择》，第60—61页。

各个人文社科领域都发出了对人性的呼唤,对人的自由、权力、尊严的诉求,对暴力、专制、压迫的反抗,成为思想解放在各个领域的冲决口。为此,在对人性、人道主义、个体权力的追求上,人们不禁联想到五四运动,而文艺美学理论实践中对人与人性的呼唤,也推动着人道主义的马克思主义讨论与五四启蒙思潮在 20 世纪 80 年代进行历史性的汇流,并在吸纳西方现代性理论成果的基础上,承担起了反思"文革"与批判"乌托邦的社会主义"之"文化专制主义"的"新启蒙"历史使命。

综上来看,作为思想解放运动的逻辑深入以及五四启蒙思潮的合流,在反抗"封建文化专制主义"枷锁以及对人的价值与尊严的吁求中,历史需要重新呼喊五四与"启蒙",由此"新启蒙"运动便孕育而生。这也是 20 世纪 80 年代"新启蒙"运动兴起的历史由来及其深层理论意蕴。

第四节　从启蒙到"新启蒙":一条美学红线与两副理论面孔

五四启蒙运动作为"新启蒙"思潮发动的基底与参照,20 世纪 80 年代的"新启蒙"运动与其无疑一脉相承。无论是作为民族危亡之际彻底反封建的五四启蒙运动,还是作为反抗"文革"以重建国家意识形态的"新启蒙"运动,都极力伸张个性解放与思想自由这一人的主题。也就是说,挣脱封建文化专制主义的枷锁以便重新发现人、尊重人的权力,这一人的主题是贯穿五四启蒙运动到 80 年代"新启蒙"运动的一条红线,也是启蒙之所以为启蒙这一启蒙精神的要义所在。此外,无论是提倡"美育""立人"的五四新文化启蒙,还是 80 年代"美学热"背景下的"新启蒙",美学作为一种符号隐喻,始终在美学意识形态的话语逻辑上承载着社会变革的推动力。

当然,除挣脱封建文化专制主义枷锁与高扬人性这条以美学为知识底色的红线外,五四启蒙与 20 世纪 80 年代"新启蒙"也存在着诸多复杂的异质性,甚至可以说,启蒙与"新启蒙"有着两副异样的理论面孔。

关于五四启蒙,胡适曾指出:

无疑的,民国六七年北京大学所提倡的新运动,无论形式上如何五花八门,意义上只是思想的解放与个人解放。蔡元培先生在民国元年就提出"循思想自由言论自由之公例,不以一流派之哲学一宗门之教义梏其心"的原则了。……民国十五六年的国民革命运动至少有两点是和民国六七八年的新运动不同的:一是苏俄输入党的纪律,一是那几年的极端民族主义。苏俄输入的铁纪律含有绝大的"不容忍"(intoleration)的态度,不容许异己的思想,这种态度是和我们在五四前后提倡的自由主义很相反的。……五四运动虽然是一个很纯粹的爱国运动,但当时的文艺思想运动却不是狭义的民族主义运动。[1]

胡适是严格区分"新文化运动"与"反帝爱国政治运动"的,与后者激进式的政治介入不同,他更强调前者的"自由之精神",并将之视为中国的文艺复兴运动。在《新思潮的意义》一文中,胡适便将五四新文化运动的启蒙意义归纳为"研究问题、输入学理、整理国故、再造文明"十六个字,"一方面是讨论社会上,政治上,宗教上,文学上种种问题。一方面是介绍西洋的新思想,新学术,新文学,新信仰"[2],由此深刻凸显五四启蒙对个人自由解放及对文化传统的评判态度。

对于 20 世纪 80 年代"新启蒙",当代学者汪晖先生指出:

"新启蒙主义"思潮是在马克思主义人道主义的旗帜下活动的,但是,在八十年代初期发生的针对马克思主义人道主义的"清除精神污染"运动之后,"新启蒙主义"思想运动逐步地转变为一种知识

---

[1]　胡适:《个人自由与社会进步——再谈五四运动》,《个人自由与社会进步》,北京大学出版社 2013 年版,第 25—26 页。

[2]　胡适:《新思潮的意义》,《胡适谈国学谈哲学谈人生》,中国华侨出版社 2014 年版,第 65—66 页。

分子要求激进的社会改革的运动，也越来越具有民间的、反正统的和西方化的倾向。……尽管"新启蒙"思潮本身错综复杂，并在八十年代后期发生了严重的分化，但历史地看，中国"新启蒙"思想的基本立场和历史意义，就在于它为整个国家的改革实践提供了意识形态的基础。[1]

应该说，将"新启蒙"视为"为整个国家的改革实践提供了意识形态的基础"是对"新启蒙"运动的最好评价，因为"新启蒙"作为后"文革"思想解放运动的延续，总体呈现出走出"文革"并通往现代性的时代吁求。

由上可见，在启蒙与"新启蒙"的诸种定位上，两者呈现出不同时期的不同时代意旨，体现了两种思潮在特定时期的不同意识形态内涵。

其一，高扬人性的语境与目的不同，也就是说，借启蒙途径"化解的问题"不同。五四启蒙运动的主调仍是反封建以"重塑文明"。因此，《新青年》先后推出专刊以严厉批评指斥"中国旧文化"，攻击"旧文学与旧礼教"，如"(1)孔教问题；(2)文学改革问题；(3)国语统一问题；(4)女子解放问题；(5)贞操问题；(6)礼教问题；(7)教育改良问题；(8)婚姻问题；(9)父子问题；(10)戏剧改良问题……"[2]，还主张以文学革命化人，以美育立人。与五四启蒙运动不同，20 世纪 80 年代"新启蒙"运动源于社会大改革、大变动、大转折的要求，为求得民族和国家的生存与发展，首先"必须思想解放，更新观念，树立新时代的意识形态"[3]，这急切需要一场类似西方启蒙运动性质的新的思想解放运动，以实现走出"文革"进而满足民族现代性的价值诉求。为此，80 年代"新启蒙"运动借助启蒙话语以反思"文革"的劣性(如"是非颠倒了，美丑不分"问题，"讲文明、讲礼貌、讲道德修养，被污蔑为'修正主义'"问题，"粗野、无礼、自私自利的恶劣

① 汪晖：《当代中国的思想状况与现代性问题》，《文艺争鸣》1998 年第 6 期。
② 胡适：《新思潮的意义》，《胡适谈国学谈哲学谈人生》，第 66 页。
③ 童大林：《中国改革开放与思想解放运动》，王元化主编：《新启蒙：时代与选择》，第 8 页。

风气滋长蔓延"①问题,等等),并为国家意识形态的突围与文化重建提供思想
基础。因此,离开"文革"时期反现代、蒙昧主义与封建主义的思潮,则很难把
握"新启蒙"运动推动思想解放与国家意识形态变革的思想史意义。

　　其二,启蒙的策略与方向也不尽相同。用胡适的话说,五四启蒙的策略
是"输入学理、研究问题",其目的方向还在于"整理国故、再造文明"。而所谓
启蒙,也是"启封建之蒙",以"打倒孔家店",这里面既有初期新文化启蒙运动
之"反对封建礼教和封建文化思想"以宣传西方"民主和科学"的情愫,也有后
期激进民主主义者对"尊孔复古"逆流的猛烈进攻,②但究其宗旨与方向而言,
则均可归纳为"反对旧道德提倡新道德、反对旧文学提倡新文学"的一次"彻
底地反封建文化的运动"。③ 与五四启蒙运动强烈彻底地"反封建文化"不同,
20 世纪 80 年代"新启蒙"运动则是强烈地响应"文化现代化"的政治诉求。也
即是,企图通过对人道主义马克思主义的理论讨论,突破"文革"时期长期的
"文化专制主义"的枷锁,以便实现制度层面的现代化,进而又在"主体文化意
识的觉醒"中最终通往文化层面的现代化。正如后来学者所指出的,作为一
场文化的"新启蒙"运动,"新启蒙"既要"摆脱政治意识形态话语",也要"力图
超越学科的知识体制",进而"通过民间的运作方式,在受控的公共传媒夹缝
和边缘之中,建构一个跨学科的、公共的思想界"。④ 这种对公共空间话语的
思想吁求,对文化中国现代性的愿景,正是"新启蒙"在 20 世纪 80 年代特定历
史语境中迥异于五四启蒙的另一副面孔。

　　其三,与五四启蒙倡导"民主"与"科学"略显不同,20 世纪 80 年代"新启
蒙"则竖起了"人文精神"与"科学精神"两面大旗,在继承与发扬五四精神的

---

① 　社会科学研究丛刊编辑部编:《五讲、四美漫谈》,四川省新华书店 1981 年版,第 11—12 页。
② 　徐素华、贾洪莲、黄玉顺等:《三大思潮鼎力格局的形成——五四后期的思想文化论
　　战》,百花洲文艺出版社 2007 年版,第 255—256 页。
③ 　毛泽东:《新民主主义的文化》,中共中央文献研究室编:《毛泽东文艺论集》,中央文献
　　出版社 2002 年版,第 33 页。
④ 　许纪霖等:《启蒙的自我瓦解:1990 年代以来中国思想文化界重大论争研究》,吉林出
　　版集团有限责任公司 2007 年版,第 7 页。

基础上，又进一步在马克思主义"人学"脉络上凸显人的主体性地位，以弥补五四启蒙运动时期因激进民主主义和民族主义所导致的人性维度的流失，充分彰显了建构启蒙哲学在当代的重要意义和迫切性。

总体而言，发轫于西方 17 至 18 世纪的法国、德国、苏格兰三场启蒙运动，严格说来，在性质上提供了三条迥异的启蒙路径，并培育出西方主流资本主义社会和马克思主义社会两条制度实践路线。以陈独秀、蔡元培为代表的五四启蒙运动深受德国、法国启蒙思潮影响，并在民族救亡危机中放弃了苏格兰改良主义路径上的启蒙运动话语，又在民族主义和国家主义的合流中，最终通往了马克思主义的社会理论与实践道路，造成启蒙话语内部的分化与瓦解。李泽厚"救亡压倒启蒙"论正是忽视了启蒙话语在本土语境中的拮抗、分化与变形，由此过分夸大了救亡的掣肘和压制作用，以及五四启蒙运动中断与让步的原因。作为西方启蒙运动中被掩盖的个体与自由话语，在中国 20 世纪 80 年代对封建文化专制主义的反抗和对人的价值与尊严的吁求中，"新启蒙"运动重新接洽起了五四启蒙运动思潮，并在思想解放运动的逻辑深入中孕育而生。作为 20 世纪 80 年代思想界最具活力和影响力的思潮，"新启蒙"运动席卷了文学、政治、哲学、文化等各个领域，也基本奠定了 80 年代的历史基调。作为五四启蒙中断后的再次启蒙，"新启蒙"在"传统与现代""中国与西方"等诸多框架中，为后"文革"时期民族与国家的历史走向把脉，更在文学、哲学等人文领域中，通过对人道主义马克思主义话语的论争，担负起国家意识形态突围与重建的历史重任。从某种程度上看，我们也可以说 80 年代"新启蒙"是五四启蒙的延续，或者说是启蒙现代性中断后的历史赓续。"未竟的启蒙"在屡遭苦难的中华大地上，终于在"文革"后走上历史舞台。在"新启蒙"的思潮话语中，以李泽厚实践论美学为代表，以"共同美""人性""人道主义""异化""《巴黎手稿》""主体性"等一系列美学话题为中枢，80 年代"美学热"不仅在"人性与人道主义"路径上负载并完成了意识形态突围的历史重任，还极大促进了思想文化的现代性转型。然而，由于时代和语境的历史变迁，除人性主题与其负载的美学意识形态这一红线外，80

年代"新启蒙"与五四启蒙在启蒙之目的、化解之问题,启蒙之策略、前进之方向及启蒙之旗帜、理论之意义等诸层面上均已发生变化,并呈现出两副异样的理论面孔。

参考文献

一、外文著作

[1] BELL C. ART[M]. New York：FREDERICK A. Stokes Company Publishers,1913.

[2] カント. 判断力批判[M]. 大西克礼,訳. 東京：岩波書店,1940.

[3] BEARDSLEY M C. Aesthetics：Problems in the Philosophy of Criticism[M]. New York：Harcourt, Brace & World,1958.

[4] TATARKIEWICZ W. History of Aesthetics. Vol. Ⅰ：Ancient Aesthetics[M]. The Hague：Mouton,1970.

[5] TATARKIEWICZ W. History of Aesthetics. Vol. Ⅱ：Medieval Aesthetics[M]. The Hague：Mouton,1970.

[6] TATARKIEWICZ W. History of Aesthetics. Vol. Ⅲ：Modern Aesthetics[M]. The Hague：Mouton,1974.

[7] KANT I. Critical of Judgment[M]. Translated by Werner S. Pluhar, Indianapolis：Hackett Publishing Company,1987.

[8] WELSCH W. Undoing Aesthetics [M]. London：SAGE Publications,1997.

[9] KELLY M. Encyclopedia of Aestheics：Vol. 1[M]. New York：Oxford University Press,1998.

［10］KELLY M. Encyclopedia of Aesthetics：Vol. 2［M］. New York：Oxford University Press,1998.

［11］KELLY M. Encyclopedia of Aesthetics：Vol. 3［M］. New York：Oxford University Press,1998.

［12］KELLY M. Encyclopedia of Aesthetics：Vol. 4［M］. New York：Oxford University Press,1998.

［13］カント. カント全集:8［M］.牧野英二,訳.東京:岩波書店,1999.

［14］KANT I. Critique of the Power of Judgment［M］. Translated by Guyer P, New York：Cambridge University Press,2000.

［15］JOSEPH J. Marxism and Social Theory［M］. New York：Palgrave Macmillan,2006.

［16］HYLAND D A. Plato and the Question of Beauty［M］. Bloomington& Indianapolis：Indiana University Press,2008.

［17］MILLER T. Modernism and the Frankfurt School［M］. Edinburgh：Edinburgh University Press,2014.

［18］LI S Y. Travel, Translation and Transmedia Aesthetics：Franco-Chinese Literature and Visual Arts in a Global Age［M］. New York：Palgrave Macmillan,2022.

［19］TRAF-PRATS L, VARELA A C. Visual Participatory Arts Based Research in the City：Ontology, Aesthetics and Ethics［C］. New York：Routledge, 2022.

［20］MIHAI M. Political Memory and the Aesthetics of Care：The Art of Complicity and Resistance［M］. Stanford：Stanford University Press,2022.

［21］STEJSKAL J. Objects of Authority：A Postformalist Aesthetics［M］. New York：Routledge,2022.

［22］MILLER T. Georg Luckács and Critical Theory：Aesthetics, History,

Utopia[M]. Edinburgh：Edinburgh University Press,2022.

[23] ERKAN E. Art and Posthistory：Conversations on the End of Aesthetics[M]. New York：Columbia University Press,2022.

二、中文著作

[1] 蔡仪. 新艺术论[M]. 北京：商务印书馆,1942.

[2] 蔡仪. 新美学[M]. 上海：群益出版社,1948.

[3] 黄药眠. 论约瑟夫的外套[M]. 香港：香港人间书屋,1948.

[4] 黄药眠. 初学集[M]. 武汉：长江文艺出版社,1957.

[5]《学习译丛》编辑部. 美学与文艺问题论文集[G]. 北京：学习杂志,1957.

[6] 文艺报编辑部. 美学问题讨论集：第 1 集[G]. 北京：作家出版社,1957.

[7] 文艺报编辑部. 美学问题讨论集：第 2 集[G]. 北京：作家出版社,1957.

[8] 蔡仪. 唯心主义美学批判集[M]. 北京：人民文学出版社,1958.

[9] 吕荧. 美学书怀[M]. 北京：作家出版社,1959.

[10] 文艺报编辑部. 美学问题讨论集：第 3 集[G]. 北京：作家出版社,1959.

[11] 文艺报编辑部. 美学问题讨论集：第 4 集[G]. 北京：作家出版社,1959.

[12] 新建设编辑部. 美学问题讨论集：第 5 集[G]. 北京：作家出版社,1962.

[13] 中国科学院文学研究所现代文艺理论译丛编辑部. 现代文艺理论译丛：第三辑[G]. 北京：人民文学出版社,1962.

[14] 新建设编辑部. 美学问题讨论集：第 6 集[G]. 北京：作家出版社,1964.

[15] 毛泽东. 毛泽东选集：第 5 卷[M]. 北京：人民出版社,1977.

[16] 李泽厚. 美学四讲[M]. 北京：生活·读书·新知三联书店,1980.

[17] 社会科学研究丛刊编辑部. 五讲、四美漫谈[G]. 成都：四川省新华书店,1981.

[18] 蔡仪. 美学论著初编[M]. 上海：上海文艺出版社,1982.

[19] 蔡仪. 蔡仪美学论文选[M]. 长沙：湖南人民出版社,1982,

[20] 李泽厚. 美学论集[M]. 上海:上海文艺出版社,1982.

[21] 高尔泰. 论美[M]. 兰州:甘肃人民出版社,1982.

[22] 程代熙. 马克思《手稿》中的美学思想讨论集[M]. 西安:陕西人民出版社,1983.

[23] 中共中央文献研究室. 三中全会以来重要文献选编[M]. 北京:人民出版社,1983.

[24] 周恩来. 周恩来选集[M]. 北京:人民出版社,1984.

[25] 吕荧. 吕荧文艺美学论集[M]. 上海:上海文艺出版社,1984.

[26] 李泽厚. 批判哲学的批判:康德述评[M]. 北京:人民出版社,1984.

[27] 朱狄. 当代西方美学[M]. 北京:人民出版社,1984.

[28] 四川省社会科学院文学研究所. 中国当代美学论文选(1953—1957)[G]. 重庆:重庆出版社,1984.

[29] 四川省社会科学院文学研究所. 中国当代美学论文选(1957—1964)[G]. 重庆:重庆出版社,1984.

[30] 朱光潜. 悲剧心理学[M]. 北京:人民文学出版社,1985.

[31] 高尔泰. 美是自由的象征[M]. 北京:人民文学出版社,1986.

[32] 凌继尧. 苏联当代美学[M]. 哈尔滨:黑龙江人民出版社,1986.

[33] 李泽厚. 中国现代思想史论[M]. 北京:东方出版社,1987.

[34] 王生平. 李泽厚美学思想研究[M]. 沈阳:辽宁人民出版社,1987.

[35] 蔡元培. 蔡元培美育论集[M]. 长沙:湖南教育出版社,1987.

[36] 黄药眠. 动荡:我所经历的半个世纪[M]. 上海:上海文艺出版社,1987.

[37] 王元化. 新启蒙:时代与选择[M]. 长沙:湖南教育出版社,1988.

[38] 蒋培坤. 审美活动论纲[M]. 北京:中国人民大学出版社,1988.

[39] 胡经之. 文艺美学[M]. 北京:北京大学出版社,1989.

[40] 黄药眠. 黄药眠美学论集[M]. 石家庄:河北教育出版社,1991.

[41] 童庆炳. 艺术创作与审美心理[M]. 天津:百花文艺出版社,1992.

[42] 邓小平. 邓小平文选:第二卷[M]. 北京:人民出版社,1994.

[43] 王玉樑,岩崎允胤.中日价值哲学新论[M].西安:陕西人民教育出版社,1995.

[44] 朱光潜.朱光潜全集[M].合肥:安徽教育出版社,1996.

[45] 阎国忠.走出古典:中国当代美学论争述评[M].合肥:安徽教育出版社,1996.

[46] 李华兴.民国教育史[M].上海:上海教育出版社,1997.

[47] 胡适.胡适文集[M].北京:北京大学出版社,1998.

[48] 冯友兰.冯友兰学术自传[M].北京:人民出版社,1998.

[49] 祝动力.精神之旅:新时期以来的美学与知识分子[M].北京:中国广播电视出版社,1998.

[50] 中共中央文献研究室.十一届三中全会以来党和国家重要文献选编[M].北京:中央党校出版社,1998.

[51] 冯友兰.中国现代哲学史[M].广州:广东人民出版社,1999.

[52] 李泽厚.李泽厚哲学文存[M].合肥:安徽文艺出版社,1999.

[53] 叶朗.美学的双峰:朱光潜、宗白华与中国现代美学[M].合肥:安徽教育出版社,1999.

[54] 蒋孔阳.蒋孔阳学术文化随笔[M].北京:中国青年出版社,2000.

[55] 许纪霖.二十世纪中国思想史论[M].上海:东方出版中心,2000.

[56] 郭绍虞.中国历代文论选[M].上海:上海古籍出版社,2001.

[57] 杨祖陶,邓晓芒.康德《纯粹理性批判》指要[M].北京:人民出版社,2001.

[58] 毛泽东.毛泽东文艺论集[M].北京:中央文献出版社,2002.

[59] 黄药眠.黄药眠美学文艺学论集[M].北京:北京师范大学出版社,2002.

[60] 乔象钟.蔡仪传[M].北京:文化艺术出版社,2002.

[61] 朱谦之.日本哲学史[M].北京:人民出版社,2002.

[62] 洪子诚.中国当代文学史·史料选[M].武汉:长江文艺出版社,2002.

[63]《中国共产党编年史》编委会.中国共产党编年史 1950—1957[M].北京:

中国党史出版社,2002.

[64] 马欣川.现代心理学理论流派[M].上海:华东师范大学出版社,2003.

[65] 靳大成.生机:新时期著名人文期刊素描[M].北京:中国文联出版社,2003.

[66] 陈景磐.中国近代教育史[M].北京:人民教育出版社,2004.

[67] 金春峰.冯友兰哲学生命历程[M].北京:中国言实出版社,2004.

[68] 张志伟.西方哲学十五讲[M].北京:北京大学出版社,2004.

[69] 江怡.理性与启蒙:后现代经典文选[M].北京:东方出版社,2004.

[70] 叶秀山,王树人.西方哲学史[M].北京:人民出版社,2005.

[71] 蔡元培.蔡元培文选[M].天津:百花文艺出版社,2006.

[72] 王柯平.跨世纪的论辩:实践美学的反思与展望[M].合肥:安徽教育出版社,2006.

[73] 王斑.全球化阴影下的历史与记忆[M].南京:南京大学出版社,2006.

[74] 薛富兴.分化与突围:中国美学1949—2000[M].北京:首都师范大学出版社,2006.

[75] 冯友兰.新理学[M].北京:生活·读书·新知三联书店,2007.

[76] 李德顺.价值论:一种主体性的研究[M].北京:中国人民大学出版社,2007.

[77] 邓晓芒,易中天.黄与蓝的交响:中西美学比较论[M].武汉:武汉大学出版社,2007.

[78] 李泽厚.美学三书[M].天津:天津社会科学院出版社,2008.

[79] 杜书瀛.价值美学[M].北京:中国社会科学出版社,2008.

[80] 朱光潜.文艺心理学[M].上海:复旦大学出版社,2009.

[81] 高尔泰.寻找家园[M].台北:台湾印刻出版社,2009.

[82] 刘再复.李泽厚美学概论[M].北京:生活·读书·新知三联书店,2009.

[83] 高建平.全球与地方:比较视野下的美学与艺术.[M].北京:北京大学出版社,2009.

[84] 尤西林. 心体与时间：二十世纪中国美学与现代性[M]. 北京：人民出版社，2009.

[85] 刘悦笛. 分析美学史[M]. 北京：北京大学出版社，2009.

[86] 许纪霖. 启蒙的遗产与反思[M]. 南京：江苏人民出版社，2009.

[87] 张祥龙. 现象学导论七讲：从原著阐发原意[M]. 北京：中国人民大学出版社，2010.

[88] 邓晓芒. 康德《纯粹理性批判》句读[M]. 北京：人民出版社，2010.

[89] 陈永国，尹晶. 哲学的客体：德勒兹读本[M]. 北京：北京大学出版社，2010.

[90] 朱光潜. 西方美学史[M]. 北京：人民文学出版社，2011.

[91] 李泽厚. 美的历程[M]. 北京：生活·读书·新知三联书店，2011.

[92] 中共中央文献研究室. 十二大以来重要文献选编[M]. 北京：中央文献出版社，2011.

[93] 马俊峰. 马克思主义价值理论研究[M]. 北京：北京师范大学出版社，2012.

[94] 邓晓芒.《纯粹理性批判》讲演录[M]. 北京：商务印书馆，2013.

[95] 蒋孔阳，朱立元. 西方美学史：第 3 卷[M]. 北京：北京师范大学出版社，2013.

[96] 高建平. 美学的当代转型：文化、城市、艺术[M]. 保定：河北大学出版社，2013.

[97] 韩水法. 理性的命运：启蒙的当代理解[M]. 北京：北京大学出版社，2013.

[98] 徐碧辉. 美学何为：现代中国马克思主义美学研究[M]. 北京：中国社会科学出版社，2014.

[99] 杜书瀛. 美学十日谈：以"审美与价值"为中心[M]. 北京：中国社会科学出版社，2015.

[100] 高宣扬. 后现代论[M]. 北京：中国人民大学出版社，2016.

[101] 罗钢.传统的幻象:跨文化语境中的王国维诗学[M].北京:人民文学出版社,2017.

[102] 宛小平.美的争论:朱光潜美学及其与名家的争鸣[M].北京:生活·读书·新知三联书店,2017.

[103] 邓晓芒.康德《判断力批判》释义[M].北京:生活·读书·新知三联书店,2018.

[104]《学术月刊》编辑部.实践美学与后实践美学:中国第三次美学论争论文集[G].上海:上海三联书店,2019.

[105] 高建平.文学与美学的深度与宽度[M].北京:商务印书馆,2020.

[106] 张法.西方当代美学史:现代、后现代、全球化的交响演进(1900 年至今)[M].北京:北京师范大学出版社,2020.

三、译著

[1] 甘粕石介.艺术学新论[M].谭吉华,译.上海:上海辛垦书店,1936.

[2] 甘粕石介.艺术史的问题[M].辛苑,译.东京:质文社,1937.

[3] 马克思.经济学:哲学手稿[M].何思敬,译.北京:人民出版社,1956.

[4] 车尔尼雪夫斯基.生活与美学[M].周扬,译.北京:人民文学出版社,1957.

[5]《学习译丛》编辑部.美学与文艺问题论文集[G].北京:学习杂志社,1957.

[6] 德米特里耶娃.论苏维埃艺术中美的问题[M].杨成寅,姚岳山,林文霞,等,译.上海:上海人民美术出版社,1957.

[7] 亚里士多德.形而上学[M].吴寿彭,译.北京:商务印书馆,1959.

[8] 黑格尔.哲学史讲演录:第一卷[M].贺麟,王太庆,译.北京:商务印书馆,1959.

[9] 黑格尔.哲学史讲演录:第二卷[M].贺麟,王太庆,译.北京:商务印书

馆 1960.

[10] 亚里士多德. 诗学[M]. 罗念生,译. 北京:人民文学出版社,1962.

[11] 柏拉图. 文艺对话集[M]. 朱光潜,译. 北京:人民文学出版社,1963.

[12]《哲学译丛》编辑部. 现代美学问题译丛(1960—1962)[M]. 北京:商务印书馆,1964.

[13] 图加林诺夫. 论生活和文化的价值(内部发行)[M]. 北京:生活·读书·新知书店,1964.

[14] 马克思. 资本论:第一卷[M]. 北京:人民出版社,1975.

[15] 黑格尔:美学:第一卷[M]. 朱光潜,译. 北京:商务印书馆,1979.

[16] 黑格尔:美学:第二卷[M]. 朱光潜,译. 北京:商务印书馆,1979.

[17] 黑格尔:美学:第三卷上册[M]. 朱光潜,译. 北京:商务印书馆,1979.

[18] 黑格尔:美学:第三卷下册[M]. 朱光潜,译. 北京:商务印书馆,1981.

[19] 北京大学哲学系美学教研室. 西方美学家论美和美感[M]. 北京:商务印书馆,1980.

[20] 奥伊则尔曼. 马克思的《经济学哲学手稿》及其解释[M]. 刘丕坤,译. 北京:人民出版社,1981.

[21] 叔本华. 作为意志和表象的世界[M]. 石冲白,译. 北京:商务印书馆,1982.

[22] 桑塔耶纳. 美感[M]. 缪灵珠,译. 北京:中国社会科学出版社,1982.

[23] 波斯彼洛夫. 论美和艺术[M]. 刘宾雁,译. 上海:上海译文出版社,1982.

[24] 杜夫海纳. 美学与哲学[M]. 孙非,译. 北京:中国社会科学出版社,1985.

[25] 布罗夫. 艺术的审美实质[M]. 高叔眉,冯申,译. 上海:上海译文出版社,1985.

[26] 斯托洛维奇. 现实中和艺术中的审美[M]. 凌继尧,金亚娜,译. 北京:生活·读书·新知书店,1985.

[27] 斯托洛维奇. 审美价值的本质[M]. 凌继尧,译. 北京:中国社会科学出版社,1985.

[28] 维科.新科学[M].朱光潜,译.北京:人民文学出版社,1986.

[29] 朗格.情感与形式[M].刘大基,周发祥,傅志强,译.北京:中国社会科学出版社,1986.

[30] 贾泽林,周国平,王克千,等.苏联当代哲学(1945—1982)[M].北京:人民出版社,1986.

[31] 鲍姆嘉滕.美学[M].简明,王旭晓,译.北京:文化艺术出版社,1987.

[32] 万斯洛夫.美的问题[M].雷成德,胡日佳,译.西安:陕西人民出版社,1987.

[33] 卡冈.马克思主义美学史[M].汤侠生,译.北京:北京大学出版社,1987.

[34] 布罗夫.美学:问题和争论:美学论争的方法论原则[M].张捷,译.北京:文化艺术出版社,1988.

[35] 吉尔伯特,库恩.美学史[M].夏乾丰,译.上海:上海译文出版社,1989.

[36] 培里,富兰克纳,莱尔德,等.价值和评价:现代英美价值论集粹[M].刘继,编选.北京:中国人民大学出版社,1989.

[37] 伯克.崇高与美:伯克美学论文选[M].李善庆,译.上海:上海三联书店,1990.

[38] 芒罗.东方美学[M].欧建平,译.北京:中国人民大学出版社,1990.

[39] 奥古斯丁.忏悔录[M].周士良,译.北京:商务印书馆,1991.

[40] 胡塞尔.纯粹现象学通论:第一卷[M].李幼蒸,译.北京:商务印书馆,1992.

[41] 列宁.哲学笔记[M].中共中央"马克思、恩格斯、列宁、斯大林"著作编译局,译.北京:人民出版社,1993.

[42] 梅洛-庞蒂.知觉现象学[M].姜志辉,译.北京:商务印书馆,2001.

[43] 德里达.书写与差异[M].张宁,译.北京:生活·读书·新知三联书店,2001.

[44] 康德.判断力批判[M].邓晓芒,译.北京:人民出版社,2002.

[45] 康德.实践理性批判[M].邓晓芒,译.北京:人民出版社,2003.

[46] 席勒. 审美教育书简[M]. 冯至,范大灿,译. 上海:上海人民出版社,2003.

[47] 霍克海默,阿道尔诺. 启蒙辩证法:哲学断片[M]. 渠敬东,曹卫东,译. 上海:上海人民出版社,2003.

[48] 北京大学哲学系外国哲学史教研室. 西方哲学原著选读[M]. 北京:商务印书馆,2004.

[49] 康德. 纯粹理性批判[M]. 邓晓芒,译. 北京:人民出版社,2004.

[50] 麦克莱伦. 马克思以后的马克思主义[M]. 李智,译. 北京:中国人民大学出版社,2004.

[51] 维特根斯坦. 哲学研究[M]. 陈嘉映,译. 上海:上海人民出版社,2005.

[52] 梅内尔. 审美价值的本性[M]. 刘敏,译. 北京:商务印书馆,2005.

[53] 布罗迪. 苏格兰启蒙运动[M]. 北京:生活·读书·新知三联书店,2006.

[54] 朗西埃. 政治的边缘[M]. 姜宇辉,译. 上海:上海译文出版社,2007.

[55] 霍布斯. 利维坦[M]. 黎思复,黎廷弼,译. 北京:商务印书馆,2009.

[56] 罗什. 启蒙运动中的法国[M]. 杨亚平,赵静利,尹伟,译. 上海:华东师范大学出版社,2010.

[57] 德里达. 声音与现象[M]. 杜小真,译. 北京:商务印书馆,2010.

[58] 洛克. 人类理解论[M]. 关文运,译. 北京:商务印书馆,2011.

[59] 休谟. 人性论[M]. 关文运,译. 北京:商务印书馆,2011.

[60] 哈贝马斯. 现代性的哲学话语[M]. 曹卫东,译. 译林出版社,2011.

[61] 希梅尔法布. 现代性之路:英美法启蒙运动之比较[M]. 齐安儒,译. 上海:复旦大学出版社,2011.

[62] 尼采. 悲剧的诞生[M]. 孙周兴,译. 北京:商务印书馆,2012.

[63] 盖伊. 启蒙时代:现代异教精神的兴起[M]. 刘北成,译. 上海:上海人民出版社,2014.

[64] 阿斯曼. 文化记忆:早期高级文化中的文字、回忆和身份政治[M]. 金寿福,黄晓晨,译. 北京:北京大学出版社,2015.

[65] 齐泽克.事件[M].王师,译.上海:上海文艺出版社,2016.

[66] 比厄斯利.美学史:从古希腊到当代[M].高建平,译.北京:高等教育出版社,2018.

[67] 霍布斯.论物体[M].段德智,译.北京:商务印书馆,2019.

[68] 朗西埃.美学中的不满[M].蓝江,李三达,译.南京:南京大学出版社,2019.

[69] 阿多诺.否定的辩证法[M].张峰,译.上海:上海人民出版社,2020.

[70] 福柯.知识考古学[M].董树宝,译.北京:生活·读书·新知三联书店,2021.

后 记

　　"中国当代文艺学话语建构丛书"第一辑推出并在学界形成广泛影响后，丛书主编吴子林先生告知接下来将推出该丛书的第二辑，经反复酝酿作者人选，将我纳入其中。收到通知后，在受宠若惊之余我也颇感压力，因为交出一部好的书稿绝非我个人的事，而是对丛书以及师长厚望的一个交代。

　　本书之所以题名为"人物、史案与思潮"，是出于多年来我对 20 世纪中国美学的一个整体设想。因 20 世纪是中国历史上风云变幻的一个世纪，政治上历经多次历史性巨变，这种政治变动尤其是文化转型给知识分子的治学理念乃至人格精神，带来了难以估量的影响。因此，要真正把握好 20 世纪中国美学话语的形成、演变及发展，一方面要处理好政治、学术与思想之间的动态关系，另一方面要处理好传统、西方与现代之间的互动关联，这是我最为关切的。而"人物""史案"与"思潮"，不仅是 20 世纪中国美学话语建构中三条紧密交织的逻辑线索，还在三维立体的互涵互动关系中为处理上述问题构筑起一个阐释的空间模型。

　　就 20 世纪中国美学而言，以"人物"构"史"固然重要，但倘若离开思潮与时代历史语境，恐怕很难真正"贴近"人物内心。譬如在抗战时期民族存亡之际，很难以"为学术而学术"的话语姿态对蔡仪、黄药眠等"入世"的马克思主义美学家及其学术话语予以过多苛责；同样，在新中国成立初期"思想改造"的政治语境中，对朱光潜、宗白华、李泽厚等学人而言，讨论西方美学话语或中国古典美学资源同样显得奢侈。正基于此，在受限的语境和话语框架中，文化精英们在"政治意识"与"人间情怀"间的学术倾向和话语选择,就需要以"史"来"鉴"。"史案"虽不能代替"史",却是"史"的一个重要维度。通过"史案"与"人物"之间的互文性关系,既能见出思想的闪光点及局限性,又能察觉出美学话语建构背后人物的内心声响,乃至心态人格。

其实,20世纪中国的美学话语建构,或许最能体现政治变动给人文思想学术所带来的巨大波动和影响。百年中国美学在无休止的"论争"中的演进以及数次"美学热"的发生,便是最好的明证。因此,离开"思潮"谈美学,恐怕也未必可取。当然,20世纪中国美学历经几个不同的发展阶段,且每一阶段都有代表性的"人物""史案"和"思潮"。出于学术兴趣和知识储备,本书所论只能说是提供一个典型性的纲领,希冀以此勾勒并呈现出整体的面相来。

这段日子,得益于国外合作导师泰勒斯·米勒(Tyrus Miller)教授的指导和德里克·克里斯蒂安·克萨达(Derek Christian Quezada)馆员的帮助,我在加州大学欧文分校朗森图书馆(Langson Library)特藏室(Special Collections & Archives)和批判理论档案馆(The Critical Theory Archive at UC Irvine)有幸阅读到大量批判理论家的手稿和档案资料,譬如雅克·德里达(Jacques Derrida)、J. 希利斯·米勒(J. Hillis Miller)、让-弗朗索瓦·利奥塔(Jean-François Lyotard)、爱德华·萨义德(Edward Said)、埃莱娜·西克苏(Hélène Cixous)、弗雷德里克·詹姆森(Fredric Jameson)、杰弗里·哈特曼(Geoffrey Hartman)、沃尔夫冈·伊瑟尔(Wolfgang Iser)、朱迪思·巴特勒(Judith Butler)、让·鲍德里亚(Jean Baudurillard)、佳亚特里·斯皮瓦克(Gayatri Spivak)、霍米·巴巴(Homi Bhabha)、阿吉兹·阿罕默德(Aijaz Ahmad)、戴维·卡罗尔(David Garroll)以及温迪·布朗(Wendy Brown)等人的手稿和档案资料。翻读抄写着这些全然异样的西方理论家的著作手稿和档案材料,再对照20世纪以来同一时段内中国文学理论和美学所走过的路,心中不免感慨万千,还时常生出一股股巨大的又难以名状的东西来……或许,这是留待本书出版之后,我将要说和要做的事情。

本书中的部分文字在《文学评论》《学术月刊》《社会科学战线》等期刊发

表之前,有幸得到过匿名评审专家们的修改意见,在此由衷地表示谢意。特别感谢吴子林先生,若非他好意将此书纳入丛书出版计划,这本书恐怕一时半会儿是无法与读者诸君见面的。感谢博士后导师高建平先生,是先生的教诲和厚爱,让我在博士毕业之后有机会不断重返 20 世纪中国美学现场,并在中西比较视野中对相关问题做进一步思考。感谢一路走来所有关心帮助过我的师友和家人,这本书如有些许价值,则同样凝聚着你们的心血。最后,还要感谢浙江工商大学出版社编辑老师们严谨细致的编校和精美的装帧设计,这为本书增色不少。因能力和水平所限,书中若有纰漏之处,敬请读者朋友们批评指正!